畜禽产品安全生产综合配套技术丛书

蛋鸡标准化安全生产关键技术

黄炎坤　主编

中原农民出版社

·郑州·

图书在版编目(CIP)数据

蛋鸡标准化安全生产关键技术/黄炎坤主编.—郑州:
中原农民出版社,2015.11
(畜禽产品安全生产综合配套技术丛书)
ISBN 978 - 7 - 5542 - 1333 - 9

Ⅰ.①蛋… Ⅱ.①黄… Ⅲ.①用鸡 - 饲养管理 - 标准
化 Ⅳ.①S831.4 - 65

中国版本图书馆 CIP 数据核字(2015)第 278319 号

蛋鸡标准化安全生产关键技术

黄炎坤　主编

出版社:中原农民出版社

地址:河南省郑州市经五路 66 号　　　　邮编:450002

网址:http://www.zynm.com　　　　　　电话:0371 - 65788655

发行单位:全国新华书店　　　　　　　　传真:0371 - 65751257

承印单位:新乡市豫北印务有限公司

投稿邮箱:1093999369@ qq.com

交流 QQ:1093999369

邮购热线:0371 - 65788040

开本:710mm × 1010mm　　1/16

印张:19

字数:320 千字

版次:2016 年 8 月第 1 版　　　　　　　印次:2016 年 8 月第 1 次印刷

书号:ISBN 978 - 7 - 5542 - 1333 - 9　　　　定价:39.00 元
　　　　本书如有印装质量问题,由承印厂负责调换

序

近年来,我国采取有力措施加快转变畜牧业发展方式,提高质量效益和竞争力,现代畜牧业建设取得明显进展。第一,转方式,调结构,畜牧业发展水平快速提升。持续推进畜禽标准化规模养殖,加快生产方式转变,深入开展畜禽养殖标准化示范创建,国家级畜禽标准化示范场累计超过4 000家。规模养殖水平保持快速增长。制定发布《关于促进草食畜牧业发展的意见》,加快草食畜牧业转型升级,进一步优化畜禽生产结构。第二,强质量,抓安全,努力增强市场消费信心。坚持产管结合、源头治理,严格实施饲料和生鲜乳质量安全监测计划,严厉打击饲料和生鲜乳违禁添加等违法犯罪行为。切实抓好饲料和生鲜乳质量安全监管,保障了人民群众"舌尖上的安全"。畜牧业发展坚持"创新、协调、绿色、开放、共享"发展理念,坚持保供给、保安全、保生态目标不动摇,加快转变生产方式,强化政策支持和法制保障,努力实现畜牧业在农业现代化进程中率先突破的目标任务。

随着互联网、云计算、物联网等信息技术渗透到畜牧业各个领域,越来越多的畜牧从业者开始体会到科技应用带来的巨变,并在实践中将这些先进技术运用到整条产业链中,利用传感器和软件通过移动平台或电脑平台对各环节进行控制,使传统畜牧业更具"智慧"。智慧畜牧业以互联网、云计算、物联网等技术为依托,以信息资源共享运用、信息技术高度集成为主要特征,全力发挥实时监控、视频会议、远程培训、远程诊疗、数字化生产和畜牧网上服务超市等功能,达到提升现代畜牧业智能化、装备化水平,以及提高行业产能和效率的目的。最终打造出集健康养殖、安全屠宰、无害处理、放心流通、绿色消费、追溯有源为一体的现代畜牧业发展模式。

同时,"十三五"进入全面建成小康社会的决胜阶段,保障肉蛋奶有效供给和质量安全、推动种养结合循环发展、促进养殖增收和草原增绿,任务繁重而艰巨。实现畜牧业持续稳定发展,面临着一系列亟待解决的问题:畜产品消费增速放缓使增产和增收之间矛盾突出,资源环境约束趋紧对传统养殖方式形成了巨大挑战,廉价畜产品进口冲击对提升国内畜产品竞争力提出了迫切要求,食品安全关注度提高使饲料和生鲜乳质量安全监管面临着更大的压力。

"十三五"畜牧业发展,要更加注重产业结构和组织模式优化调整,引导产业专业化分工生产,提高生产效率;要加快现代畜禽牧草种业创新,强化政策支持和科技支撑,调动育种企业积极性,形成富有活力的自主育种机制,提升产业核心竞争力;要进一步推进标准化规模养殖,促进国内养殖水平上新台阶;要积极适应经济"新常态"变化,主动做好畜产品生产消费信息监测分析,加强畜产品质量安全宣传,引导生产者立足消费需求开展生产;要按照"提质增效转方式,稳粮增收可持续"工作主线,推进供给侧结构性改革,加快转型升级,推行种养结合、绿色环保的高效生态养殖,进一步优化产业结构,完善组织模式,强化政策支持和法制保障,依靠创新驱动,不断提升综合生产能力、市场竞争能力和可持续发展能力,加快推进现代畜牧业建设;要充分发挥畜牧业带动能力强、增收见效快的优势,加快贫困地区特色畜牧业发展,促进精准扶贫、精准脱贫。

由张晓根教授组织编写的《畜禽产品安全生产综合配套技术丛书》涵盖了畜禽产品质量、生产、安全评价与检测技术,畜禽生产环境控制,畜禽场废弃物有效控制与综合利用,兽药规范化生产与合理使用,安全环保型饲料生产,饲料添加剂与高效利用技术,畜禽标准化健康养殖,畜禽疫病预警、诊断与综合防控等方面的内容。

丛书适应新阶段新形势的要求,总结经验,勇于创新。除了进一步激发养殖业科技人员总结在实践中的创新经验外,无疑将对畜牧业从业者培训,促进产业转型发展,促进畜牧业在农业现代化进程中率先取得突破,起到强有力的推动作用。

中国工程院院士

2016 年 6 月

前　言

　　我国蛋鸡业经过近 30 年的快速发展之后,蛋鸡的饲养量和鸡蛋的产量以及人均鸡蛋占有量均得到大幅度的提升,鸡蛋已经成为广大群众食品的重要组成部分。食品质量安全已经成为畜牧业发展的核心问题,同样蛋品的质量安全也成为蛋鸡业可持续发展甚至是蛋鸡场生存的重要基础。

　　标准化生产是落实蛋品质量安全的重要条件,国家对于畜禽标准化生产也给予高度重视,《农业部关于加快推进畜禽标准化规模养殖的意见》指出:发展畜禽标准化规模养殖,是加快生产方式转变、建设现代畜牧业的重要内容。要求各地畜牧兽医主管部门要围绕重点环节,着力于标准的制定、实施与推广,达到"六化",即:畜禽良种化、养殖设施化、生产规范化、防疫制度化、粪污处理无害化和监管常态化。文件对于畜牧业标准化给出了具体的内容要求,也为养殖企业的标准化生产指明了方向。应该说我国现阶段大多数蛋鸡养殖企业的硬件和软件条件与标准化的要求还存在较大的差距,这已经成为制约我国蛋鸡生产水平的重要因素。

　　规模化养殖是推进标准化生产的重要保障,只有蛋鸡养殖企业的生产达到一定规模才有利于各级政府职能部门的宏观调控,才能够为企业生产和管理提供技术保证,才能建立蛋品质量可追溯体系,才能从源头对产品质量安全进行控制,提升畜产品质量安全水平,才能有效提升疫病防控能力,降低疫病风险,确保人畜安全,才能对畜禽粪污进行集中有效处理和资源化利用,实现畜牧业与环境的协调发展。

　　在本书的编写过程中我们从我国蛋鸡业生产现状入手,紧密结合未来的发展趋势,以蛋品质量安全为引领,以规模化养殖为平台,以标准化生产和管理为基础,以实用技术传授为主旨,力争使本书能够为现代蛋鸡业生产发挥指导作用。本书的编写人员以河南牧业经济学院长期从事家禽生产教学和科研的教师为主,吸纳了部分市县畜牧局从事职业技术指导工作的人员,同时还有一些来自企业的专家。在本书的编写过程中作者参阅了大量先贤时俊的资料,部分资料和个别图片来自网络,河南金凤牧业设备股份有限公司提供了大量设备图片,在此一并表示感谢。由于各地自然气候条件和蛋鸡生产水平差异较大,不可能以点概面,书中不足之处在所难免,敬请读者指正。

编　者

2014 年 12 月

目　录

目　录

003

第一章　蛋鸡标准化安全养殖概述

　　我国蛋鸡养殖量居世界第一位,而近 5 年来我国商品蛋鸡的饲养量基本保持在 15 亿只左右,但是我国蛋鸡单产水平的提升还有很大空间,为我国实施蛋鸡规模化、标准化生产,提升产业水平,进而压缩养殖总量提供了基础。

第一节　我国蛋鸡业生产现状

一、我国蛋鸡的饲养量

自 1997 年以来,我国蛋鸡饲养量一直居世界第一位,近 5 年来我国商品蛋鸡的饲养量基本保持在 15 亿只左右(不同年份的饲养量在 12 亿～16 亿只波动),约占世界蛋鸡总饲养量的 40%。按照目前正常的生产水平和我国鸡蛋消费水平,12 亿只的蛋鸡饲养量即可满足国内市场对鸡蛋的需求。大多数年度由于蛋鸡饲养量大造成鸡蛋价格偏低、蛋鸡场效益不佳。

要稳定我国蛋鸡的生产效益和提高生产水平,适当减少饲养数量是必须的。因此,各地在发展蛋鸡业的过程中不能片面强调数量的扩张,要更多地关注规模化和标准化生产。

二、我国蛋鸡的生产水平

目前,我国蛋鸡配套系的产蛋量约为每只鸡(500 日龄)14.5 千克,产蛋量的波动主要受特定年度或季节传染病流行情况的影响。一些生产技术和管理水平高的蛋鸡场鸡群的产蛋量每只鸡(500 日龄)能够达到 16.5 千克,接近发达国家 17.5 千克的生产水平。由此可见,我国蛋鸡单产水平的提升还有很大空间,这也为我国实施蛋鸡规模化、标准化生产,提升产业水平,进而压缩养殖总量提供了基础。

我国蛋鸡整体生产水平不高的主要原因与传染病的发生关系最为密切,很多鸡群由于感染传染病而导致产蛋性能低下,甚至不得不提前淘汰。这种生产性能低下常常伴随着鸡蛋的质量安全问题。

三、我国的鸡蛋消费

近年来,我国人均每年的鸡蛋占有量约 17.5 千克,尽管其中包含了少量的种蛋,实际消费量也远高于 9.5 千克的世界平均水平。这主要是由于我国鸡蛋的生产总量大,而出口数量很少,所生产的鸡蛋主要在国内消费所致。

我国鸡蛋的消费形式主要是鲜蛋,占鸡蛋消费总量的 95% 以上,而加工蛋的比例很低,这不仅是造成鸡蛋价格频繁波动的重要原因,也是影响蛋品食用安全的重要因素。在发达国家和地区,加工后的蛋粉或蛋液等的消费量占鸡蛋消费总量的 70% 以上，这种形式既有利于蛋品的质量保持，也便于运输和保存。

由于鸡蛋是当前相对廉价的动物性蛋白质来源，今后人们对鸡蛋的消费依然可能会有适量的增长，而这种消费增长潜力也许主要来自农村。

四、我国蛋鸡的饲养方式

在经历了小规模、大群体的生产方式推进蛋鸡养殖数量快速增长后，我国蛋鸡业正在走标准化、规模化、产业化、生态化发展之路。小规模的饲养场、饲养户逐渐减少，而规模化的蛋鸡场正逐渐增加。目前，在蛋鸡生产中占主导地位的是饲养规模在 2 万 ~ 10 万只的蛋鸡场。而存栏超过 20 万套种鸡或 50 万只商品蛋鸡的大型鸡场也在逐年增多，但是其总量依然较少。

在我国当前情况下，5 万 ~ 20 万只的蛋鸡存栏规模也许是比较合适的饲养规模。这类规模的蛋鸡场有实力聘请专业技术人员，能够把产品质量管理认真落实到生产过程中，产品能够实施品牌化运营。如果鸡场存栏规模小，则技术和管理常常跟不上，管理的标准化、产品质量安全化很难落实；规模过大则生产成本会增高，粪污处理压力大。

我国的蛋鸡生产基本上都采用笼养方式，这种方式提供的鲜蛋约占总量的 96%；而放养方式主要是提供高端的鲜蛋，虽然近年来鸡群放养数量在增加，但是总数还不多。

五、我国蛋鸡的主要配套系

我国饲养的蛋鸡高产配套系主要是从国外引进的，约占蛋鸡养殖总量的 80%，甚至更多。当前养殖量较大的国外高产蛋鸡配套系主要有海兰褐、罗曼褐、巴波娜 - 特佳、海兰白、海兰灰、罗曼精选来航（白）、罗曼粉等。

国内培育的蛋鸡高产配套系主要有京红 1 号、京粉 1 号、农大 3 号粉壳蛋鸡、北京白鸡等。虽然其市场占有比例不足 20%，但是对于稳定蛋种鸡价格却发挥着重要作用。

六、我国蛋鸡的主要生产区域

我国地域辽阔，各地经济发展水平不同，人口密度差异很大，这也造成饲料生产和鸡蛋消费方面的巨大差异。从全国范围看，蛋鸡主产区主要分布在华北、华东和东北地区等粮食主产区和人口密集区。据有关资料统计，2012

年鸡蛋产量排在前6位的省份是河南、河北、山东、辽宁、江苏和四川。

近年来,安徽、湖北、山西等地的蛋鸡养殖量也逐渐增加。

在华中、华东等蛋鸡主产区,蛋鸡场的选址也在发生变化,在传统的蛋鸡养殖密集地区(主要是平原粮食主产区)由于蛋鸡养殖密度高、养殖时间长、环境污染问题突出,疫病发生较多,也迫使一些蛋鸡养殖企业将养殖场迁往一些山区和丘陵地区。

七、我国蛋鸡业取得的成就

改革开放以来,我国蛋鸡业得以迅速发展,取得了显著成效。

1. 鸡蛋产量增加,保障了鸡蛋市场供给

随着蛋鸡种业的发展以及标准化规模养殖水平的提升,我国蛋鸡生产水平不断提高,鸡蛋产量稳步增长,保障了国内鸡蛋市场的有效供给。2013年,全国产蛋鸡存栏达14亿只,鸡蛋产量2 300万吨左右,已连续26年居世界第一位,人均占有量17.5千克,达到世界发达国家水平。

2. 育成了一批蛋鸡品种,打破了高产蛋鸡配套系的国外垄断

30多年来,我国利用从国外引进的高产蛋鸡育种素材和我国地方品种资源,先后育成了北京白鸡、北京红鸡、京白939、农大3号、新杨褐、京红1号、京粉1号、新杨白、新杨绿壳等蛋鸡品种或配套系(以下均简称为品种),部分品种的生产性能已达到或接近国外同类品种水平,为进一步选育奠定了良好基础。同时,也打破了国外家禽育种公司对我国蛋种鸡市场供应的垄断。

3. 保护了地方鸡种资源

2007~2008年在全国范围内进行了第二次畜禽遗传资源调查,调查结果确认我国现有地方鸡种107个,是世界上地方鸡种资源最丰富的国家。近年来,农业部公布了23个国家级地方鸡保护品种,确立了2个国家级地方鸡种基因库和12个地方鸡保种场,各地也陆续公布了省级地方鸡种保护名录。对地方鸡种资源的保护不仅丰富了我国畜禽种质资源的生物多样性,而且为培育特色蛋鸡新品种积累了丰富的育种素材。

4. 建立了良种繁育体系,促进了蛋鸡良种化

目前,全国共有20多个蛋鸡祖代场和1 500余个父母代场,常年存栏祖代蛋种鸡50余万套,良种供应能力不断提高。在北京和江苏建立了农业部家禽品质监督检验测试中心,为客观评价蛋鸡品种质量提供了保障。

八、我国蛋鸡生产中存在的主要问题

尽管我国蛋鸡业经历了近30年的快速发展阶段,取得了重要成就。但是,发展过程中的问题依然存在,这也是今后我国蛋鸡业发展需要重点解决的环节。

1. 中小型规模蛋鸡场占主要地位

我国存栏蛋鸡约15亿只,其中大约80%是由规模在5万只以下的中小型蛋鸡场和养殖户饲养的。中小型蛋鸡场在生产中存在无序竞争、生产技术水平偏低、卫生防疫问题较多、不重视产品质量安全和环境保护等问题,是我国蛋鸡市场缺乏竞争力的主要根源。

2. 入行门槛低

我国鸡蛋行业长期以来缺乏明确的国家标准,市场准入制度缺位,很多从业者,特别是散户和小规模生产者,为片面追求眼前利益,阶段性低水平涌入,盲目性和从众性行为特点突出,行业主流受到严重冲击,养鸡利润持续降低。加之鸡蛋品质只能依靠仪器进行鉴定,在没有明确统一的国家标准、检测监管制度不完善的情况下,完全依靠市场的自由竞争,养殖过程简单、养殖环境较差、养殖成本较低的低质低价鸡蛋畅销,许多优质鸡蛋反而无法获得优价,鸡蛋市场"劣币驱逐良币"现象严重。一些生产环境和工艺通过国际标准认证的大规模蛋鸡养殖企业,投入很高成本建立起来的高端优质鸡蛋产品市场,经受不住一些"以次充好"从业者的冲击。

由于行业进入门槛较低,政府管理缺乏量化标准,加之消费者信息不对称,自由市场竞争的结果,必然使真正的优质鸡蛋迫于成本和利润的压力,难以为继,有的甚至不得不退出市场。尤其是对于走品牌化发展道路的企业,要坚守高质量的生产,就必须要付出高昂的成本,但市场价格的限制使企业不得不压缩利润空间,保证高品质鸡蛋的生产成为企业最大的软肋。

3. 疫病控制问题没有得到有效解决

尽管在近年来我国兽医科技方面取得了很多科技成果,但是在蛋鸡的卫生防疫方面并没有取得切实的成效。禽流感、新城疫、传染性法氏囊炎、传染性支气管炎等病毒性传染病依然呈现出间歇性流行的状态;大肠杆菌病、沙门菌病、败血支原体病、曲霉菌病等也在较大程度上影响鸡群的健康。有资料显示,在我国产蛋鸡群的月死淘率为1.2%左右,远远高于发达国家和地区0.6%的水平。

4. 蛋品的质量安全问题较多

鸡蛋是人们重要的消费品，蛋品的质量安全是食品安全的重要组成部分。然而，蛋品的质量安全问题却是不能令人满意的。

药物残留依然是蛋品质量安全的首要问题。抗生素在我国蛋鸡生产中对防治疾病、提高产蛋性能方面起到了十分重要的作用，但由于质量安全意识不强、养殖技术水平不高、药残检测手段落后等，休药期规定在小规模经营农户中几乎得不到执行，超量、违规用药现象常有发生。此外，饲料原料种植过程中，农药不合理使用、滥用，造成蛋品药物残留难以避免。

微生物污染也是蛋品质量卫生的重要问题之一。蛋内沙门菌、蛋壳表面的大肠杆菌等都是影响蛋品质量安全主要而且普遍性的因素。

5. 养殖环境污染问题突出

目前，我国蛋鸡饲养场（舍）的选址和布局弊端颇多，使用年代越长的鸡场（舍）环境污染越严重，尤其是一些蛋鸡养殖场户集中的地区。很多中小型蛋鸡养殖场户在进鸡、用料、污物处理、免疫制度等方面缺乏规则意识，缺乏统一的行业管理和指导。同时大环境不断变化，鸡场或鸡舍周边的大环境被病源严重污染，病源从地表、空气、各种媒介物全方位传播，流行性疾病不断发生，已造成的损失或潜在的危险非常严重。

近年来，鸡粪造成的环境污染问题也日趋严重，据报道，我国畜禽粪污COD排放量占全国总排放量的比例超过4%，如何有效地处理和利用鸡粪已成为产业亟待解决的问题。由于蛋鸡粪中水分含量较低，石粉等含量较高，常用的堆肥发酵和沼气发酵处理技术在蛋鸡粪便处理上难以有效应用。同时，由于认识和资金上的问题，蛋鸡主产区粪污污染问题普遍突出，相当部分的蛋鸡场没有对粪便进行有效处理，直接或间接排入沟河中，给当地百姓的生产生活带来隐患，也严重威胁着蛋鸡业的健康有序发展。这也是我国蛋鸡业疫病问题没有得到有效控制的根本原因。

6. 鸡蛋价格波动大导致产业发展不稳定

近年来，随着市场化程度的推进，以及市场竞争的日益激烈，鸡蛋价格波动的不确定性已成为影响整个产业稳定发展和蛋鸡养殖场户收入水平的重要因素。例如2012年全年鸡蛋的平均批发价格为7.8元/千克，每千克鸡蛋的生产利润约为0.4元；2013年鸡蛋的平均批发价格为7.3元/千克，每千克鸡蛋的生产利润约为-0.2元；2014年鸡蛋的平均批发价达到9元/千克，每千克鸡蛋的利润达到2元左右。

目前,我国鸡蛋需求趋于饱和,一些企业和个人依然盲目上马,导致蛋鸡养殖者竞争加剧,蛋鸡生产者处于微利或亏损的境地,从而引发了在需求稳定情况下的供给增加,促使鸡蛋市场价格快速下降;并且由于蛋鸡养殖过程中面临着较大的疾病风险,在我国农村地区很难做到全面防疫与科学防疫,导致生产不稳定性增强,最终导致鸡蛋市场价格的波动风险,不利于蛋鸡产业的稳定和发展,也不利于消费者的长远利益。

7. 部分地区养殖密度过高导致疫病问题突出

我国养鸡业缺乏整体的统一的规划,或者说没有执行科学的行业发展规划,致使我国养鸡业的门槛很低。在20世纪80~90年代,许多地方把发展蛋鸡业当作农民脱贫致富的重要途径,尤其是在蛋鸡存栏量高的地区,大力发展养鸡"专业户"、"专业村"、"专业乡"、"养鸡小区";在场与场、户与户、场与户之间没有防疫隔离带,形成了一个地区性的高负荷载畜量。在管理上不可能实行"全进全出"制,导致一户发病,多户遭殃,使疫病的蔓延无法得到有效控制。

在一些高密度区域内,雏鸡、青年鸡、产蛋鸡并存,同一饲养阶段不同日龄的鸡群并存,接种疫苗的批次不同、种类不同、数量不同,加上鸡粪、病死鸡的无害化处理跟不上,大环境的污染使场与场之间的疫病传染不可避免。

与一些高密度地区"养鸡难"状况相反的是,我国养鸡业欠发达地区鸡病的问题并不严重,养鸡数量依然在快速增加。地区性的低密度,为我国养鸡业提供着发展空间。

8. 鸡场设施条件差

我国目前缺少鸡场规划设计单位,很多蛋鸡场都是投资者自己设计或请一些高校或科研单位的专家帮助规划设计。其中,有很多鸡场由于选址受限制也给科学规划带来很多难题。这就造成不少蛋鸡场存在规划不合理的情况。

鸡舍的设计与建造也没有统一的标准,不同的投资者对于鸡舍的建筑材料选用也在观念上存在差异。很多鸡舍的设计以及建筑材料的选用有缺陷。

设备落后、配套不全也是影响鸡场设施条件的重要方面。没有良好的设施条件就很难为鸡群创造一个适宜的生活和生产环境,也就无法保证鸡群的健康和高产。

9. 生产成本不断攀高导致效益低下

随着我国经济的不断发展,我国蛋鸡的生产成本也在不断提高,在鸡蛋销售价格上涨缓慢甚至停滞的情况下,鸡蛋生产成本的上涨也让很多蛋鸡养殖场户感受到巨大压力。鸡蛋生产成本的增长主要来自4个方面:

一是人工成本的上涨。近年来人工成本一路上涨,蛋鸡企业普遍反映不仅饲养员难招,而且工资水平不断提高。2004年一个饲养员的月工资约1 200元,到2013年则上涨到2 500元甚至更高,更严重的是,打工旺季花钱也难雇到工。

二是饲料成本的提高。2004年蛋鸡配合饲料的价格约为每千克2.4元,2013年则上涨到了每千克2.7元。

三是鸡苗成本的上涨。尽管鸡苗费用在蛋鸡成本中的比重总体上不高,但对成本上升的推动作用不可轻视。鸡苗进价在2006～2011年持续提高,年均增长8%左右。

四是防疫成本的上升。蛋鸡养殖疫病种类越来越多,疾病诊治越来越复杂,鸡群的疫苗、药品费用不断增加。据有关资料介绍2006～2011年蛋鸡养殖防疫费用年均增长4.47%,与较高医疗费用不相称的是逐年增加的死亡损失费。

由于生产成本的不断增高,产品销售价格的变化很小,使得蛋鸡产业在近年来的利润微薄。因此,地方政府不应该再把因陋就简发展中小规模的蛋鸡养殖作为农民脱贫致富的项目来抓,而应该通过引资鼓励大型规范化蛋鸡企业建设。

九、我国蛋鸡业的出路

尽管我国蛋鸡业发展过程中存在许多问题,但是作为一个基础性产业其地位尚无法被替代,需要在发展的过程中不断进行改革和完善。

1. 走适度规模化发展之路

规模化养殖是我国发展畜牧业的政策性导向,是提高蛋鸡业生产和管理水平的根本性措施。走适度规模化养殖之路的优势在于:

(1)有助于落实对行业的宏观调控 发达国家和地区绝大多数的产业都是由相关的行业协会进行管理的,对于总体规模、产品产量、会员生产配额、产品质量管理、生产过程监管等环节都列入调控范围。我国虽然也成立了畜牧业协会以及多个专业分会,但是对全国畜牧业发展的宏观调控作用并不强,这主要是大型规模化企业所占比例小,无法对整体生产情况产生大的影响。很多中小型企业并不了解自己相关的行业协会,更没有听从行业协会的指导。

促进规模化蛋鸡场的发展,是增强行业协会对蛋品生产和经营调控力度的基础。

(2)有助于提高生产和管理水平　现代蛋鸡养殖企业的发展需要有雄厚的资金作基础,相对而言规模化蛋鸡场能够获得更大的资金支持,能够为鸡场硬件建设和软件提升提供保证。规模化企业能够聘用高水平的专业技术人才和管理人才,这是提高鸡场生产水平和管理水平的重要基础。

(3)有助于保证蛋品质量安全　规模化蛋鸡场更能够为蛋品的质量安全提供保证,一是具有良好的设施条件,能够为鸡群提供良好的生产环境;二是有强大的技术和管理力量,能够为质量安全管理提供基础条件;三是违法的成本高,企业负责人对产品质量会更加重视。

(4)适度规模化可以解决中小型鸡场所无法解决的问题　目前,中小型鸡场存在的问题主要是:留人难、技术水平落后、生产水平低;跟风现象严重,助推产业波动;重视生产性能,忽视产品质量;重视降低成本,忽视必要投入;不重视环境控制,污染问题较多;卫生防疫漏洞多,疫病问题复杂。

关于合适的规模,在不同地区会存在较大差异,一般来说在蛋鸡生产比较集中的中原各省区,单一场的饲养规模在 5 万～20 万只比较合适。这样的规模能够较好地应用现代化养殖设备,生产稳定性较好,能够吸引专业技术人才,污染物的排放量容易得到处理,投资资金的筹集不算太困难,地方政府职能部门的监管也方便。

2. 改善生产环境条件

环境条件建设是现代化蛋鸡生产的重要基础,然而没有良好的硬件条件就无法为鸡群创造适宜的环境条件,也就无法保证蛋鸡生产的顺利进行。当前,我国很多中小型蛋鸡场在硬件建设方面存在因陋就简、降低投资的情况,这就造成了鸡场环境易污染、鸡舍环境不适宜、鸡群经常发生应激等问题,这也是导致鸡群健康问题频发、生产性能不高、产品质量无法得到保证的重要因素。

(1)合理选址　当前我国鸡的传染病在饲养密度高的地区发生率也高,尤其是蛋鸡饲养密集地区几乎每年都有传染病的流行,这与鸡场的污染和卫生隔离条件差有很大关系。因此,在蛋鸡场选址的时候要重点考虑场址的地势和卫生隔离条件。

(2)鸡舍设计与建造水平　鸡舍设计与建造质量直接影响到鸡舍内的环境条件和使用效果,鸡舍的设计要合理,所用材料的选择要科学,保证舍内环境不因外界环境条件的变化而出现较大的波动。

（3）环境控制设备应用　现代蛋鸡舍的环境控制在很大程度上依赖环境控制设备应用，如温度、通风、光照等环境条件的控制。也只有合理应用环境控制设备才能使得鸡舍内环境条件能够符合蛋鸡各个阶段对环境的需要。

（4）机械化自动化水平　通过提高蛋鸡养殖过程各环节的机械化和自动化水平，才能有效改善工作条件和效率，才能缓解用人压力和提高人才留用率，才能减少人为因素对生产过程的影响。

（5）生产和管理区分离　将管理区与生产区分隔设置，管理区（包括管理人员的居住区）设在城镇，与生产区保持较远的距离。这样既有利于防疫，也有利于改善管理人员生活条件，有助于人才的稳定。

（6）加强环境污染治理　当前，食品安全已经成为政府和消费者关注的热点，而在蛋鸡生产中环境污染和由此导致的鸡群健康问题则是蛋品质量安全的焦点。如果不能把蛋鸡场环境污染问题彻底解决好，则很难把蛋品质量安全问题解决好。因此，在蛋鸡业发展过程中要认真落实农业部、环保总局有关养殖场污染达标排放的条例和办法，养殖场在粪便、污水、病死鸡收集、无害化处理和资源化利用方面有相应的规划和设施，要保证污物的无害化处理工作落到实处。此外，畜牧兽医综合执法部门要加强监管。

3. 控制存栏规模、提高单产水平

我国蛋鸡的存栏量约为 13 亿只，已经占全世界蛋鸡存栏总量的 43% 左右，但是平均每只入舍母鸡的年产蛋量约为 250 枚，远远低于发达国家和地区 280 多枚的单产水平。总体存栏量过大不仅造成国内鸡蛋价格长期处于较低价位、企业收益处于较低水平，而且消耗了大量的资源并造成严重的环境污染。如果能够使每只入舍母鸡的年产蛋量提升到 270 枚，则在保持鸡蛋总产量不变的情况下可减少 1.2 亿只产蛋鸡的存栏量。

提升蛋鸡单产水平需要全方位地改善生产条件、饲养管理与卫生防疫水平，也需要从政府层面进行宏观的指导和引导。

4. 落实综合性卫生防疫制度与措施

（1）疫病防控要全方位落实防疫管理措施　必须认识到鸡病需要通过综合性卫生防疫制度与措施进行防控，任何单一的措施都无法控制疾病，任何一个环节的缺失或弱化都会影响整体防疫效果。这些环节必须包括：控制种源质量、控制饲料营养与毒素、保持良好的环境质量、严格的隔离措施、加强消毒管理、合理使用药物、科学地免疫接种和检测管理。

（2）提高专业化水平，落实"全进全出"制　"全进全出"管理制度是指一个蛋鸡场在相同的时间内只饲养相同日龄和配套系的鸡群，饲养到一定周龄后将全场所有鸡淘汰，然后再进行全面的清理、消毒、设施和设备维修等，鸡场闲置一定时间后再重新饲养。这样做能够在鸡群淘汰后进行全方位的消毒，能够有效切断疾病的循环传播途径。因此，"全进全出"制是防控疫病的重要措施，是现代蛋鸡业管理水平的重要体现。目前，我国蛋鸡场的专业化程度不高，在一个场内同时饲养的有不同阶段的鸡群，只能实现一个或几个鸡舍的"全进全出"，无法落实全场在同一时期的"全进全出"。只有实现生产的高度专业化，即一个场内的若干个鸡舍只在同一时期饲养同一批次的蛋鸡，才能为"全进全出"制提供实施的条件。

5. 吸引和留住专业人才

目前，养殖业面临的重大问题之一就是缺乏优秀的技术和管理人才，甚至连优秀的熟练工人也很难寻找。究其原因不外乎鸡场远离城镇，生活不方便，限制人员活动，与外界交流少，生产生活环境条件差，工作责任大，待遇不高等。畜牧兽医类大学生毕业后能够长期留在鸡场工作的很少。

如何吸引和留住技术和管理人才，需要从以下几方面考虑：

（1）鸡场老板转变观念　要把优秀的技术和管理人才当作企业高效运转的人才保证而不仅仅是为老板赚钱的工具。只有企业能够长期高效运转，企业才能有好的效益，老板才能有稳定的收益。任何一个缺少优秀的技术和管理人才的企业都不可能长期获得稳定的效益。因此，作为企业老板（尤其是现代规模化企业）要使企业能够可持续发展就必须用好优秀的技术和管理人才。

（2）为留住人才提供生活条件　作为技术和管理人才不仅考虑的有工作方面的情况，而且也要考虑自己的生活，包括配偶的工作、子女的学习等条件。目前，很多养殖场之所以留人难，关键在于不能为人才提供满意的生活条件。如果住在养殖场内就会使人感到非常封闭、无法与外界有效地交流和沟通、子女上学不方便等。因此，一些规模化蛋鸡场已经开始探索在附近的城镇购置或建设住宅，让技术和管理人员住在相对繁华的城镇，对于解决配偶就业和子女就学提供较大的便利，这对人才的稳定能够起到很好的作用。

（3）改善工作条件　在人们传统的印象中，养殖场的环境比较脏、工作比较累、生活比较苦、可交流的人较少，这就造成有文化的年轻人不愿进入养殖场工作。因此，要改变这种观念就必须改善工作条件，目前在一些规模化蛋鸡场已经实现了机械化和自动化。很多又脏又累的工作已经实现自动化,不需要人员出力流汗;鸡舍环境控制设备的使用也使得舍内环境条件很舒适,冬暖夏凉,没有明显的异味;粪便污水经过无害化处理也使肮脏的环境变得干净整洁;管理人员在办公室通过监控即可及时了解鸡舍内的任何情况;远程自动化管理系统也使管理人员在办公室即可通过电脑控制鸡舍内的每个生产环节。

6. 实施清洁蛋与品牌蛋产销模式

目前,我国的鸡蛋有90%以上是以鲜蛋的形式销售的,其中有80%以上都是未经清洁处理的。这种方式不利于消费者的健康,不利于鸡蛋的保存,不便于产品质量的追溯。从蛋品安全角度看,清洁蛋将是今后鲜蛋销售的主流方式,清洁蛋的生产应包括的环节有鸡蛋的收集,出场前的选检、刷拭、消毒、涂膜、喷码、包装处理过程等。

畜禽产品的营销应该向工业品看齐,鸡蛋作为一种商品,需要有商标,需要标明生产企业、生产日期、保存条件、保质期等。经过清洁处理的鸡蛋使用合适的包装再上市也是提升鸡蛋商品价值的重要途径。

此外,政府也要从推进蛋鸡生产规模化、产品安全化、管理标准化的层面加大对示范性企业的扶持力度,尤其要在产业布局、生产规模、污染治理等方面加大权重。

第二节　蛋品安全

一、蛋品的质量安全性状

蛋品的质量包括外观质量性状、化学与生物学质量性状等方面。无论是在蛋品的出口或是内销方面都是需要重视的性状。

1. 蛋品外观质量安全性状

蛋品尤其是鲜蛋的外观性状能够直接或间接地反映鸡群的健康状况或饲料质量等问题。

(1)蛋壳反映的问题　正常的鸡蛋蛋壳厚薄均匀,表面光滑、洁净,不同类型的蛋鸡所产鸡蛋的蛋壳颜色也有差异。当鸡有输卵管感染并有炎症的时候常常会造成蛋的形状出现异常、蛋壳粗糙或有碳酸钙的异常沉积、蛋壳表面有黑褐色小斑点等。输卵管感染的鸡所产鸡蛋中往往会有微生物的存在。

(2)蛋黄反映的问题　将鸡蛋打开放进盘子后,正常的鸡蛋黄应是饱满呈半球状,颜色发黄。如果长期使用药渣、棉仁粕等作为饲料原料则可能会引起蛋黄颜色发暗、蛋黄凝结不容易打散等问题,而引起这种现象的物质也许对人的健康会有不良影响。蛋黄颜色与饲料和饲料添加剂的关系十分密切,对于笼养鸡群如果蛋黄颜色呈现发红的情况则很有可能是饲料中使用了具有着色作用的添加剂,而这类添加剂中可能会有一小部分是不允许使用的化工颜料。

（3）蛋白反映的问题　正常的蛋白颜色为均匀的无色半透明状,有一定的黏性,在蛋白的两端有颜色灰白的絮状物是用于固定蛋黄的系带。如果蛋白颜色发浅粉红色或粉红色则可能是蛋黄从卵巢上排出的时候,卵泡出血并随蛋黄进入输卵管,在输卵管内融入蛋清中造成的;如果蛋白颜色发绿则有可能与鸡体自身的生理状态异常有关。这两种情况在日常生活中偶尔能够遇到。还有一种情况是蛋白稀薄如水,这主要与鸡感染传染性支气管炎病毒有关。蛋白异常的鸡蛋由于其确切原因尚不清楚或有可能携带病原微生物,最好不要食用。

（4）气室反映的问题　气室位于鸡蛋的大头,在内外壳膜之间,气室的大小是判断鸡蛋存放时间长短的重要依据。如果气室大则说明鸡蛋存放的时间长,新鲜度低,质量必然降低。

2. 蛋品的化学质量安全性状

化学质量性状包括营养素和非营养素两大类,营养素主要指常规的蛋白质、氨基酸、维生素、脂肪、矿物质等,而非营养素则主要指通过消化道转入蛋内的药物和添加剂成分。

在蛋鸡生产中为了防治疾病,一些养殖者常常会不定期地给鸡群投服一些药物,包括抗生素、抗病毒药物等。其中有些药物会通过血液循环系统进入蛋内,造成药物残留问题,这些残留的药物对于人体健康会造成不良影响。

有些生产者为了改善蛋黄的颜色或出于其他目的,在饲料中会添加一些违禁添加剂(如苏丹红等),这些添加剂成分也会在蛋内残留。

3. 蛋品的生物学质量安全性状

生物学质量性状主要与蛋内的微生物污染有关。蛋内沙门菌的存在与否和数量是衡量蛋品是否被细菌污染的重要指标。此外,蛋壳表面的大肠杆菌数量也是评价鲜蛋卫生质量的重要指标。蛋品中沙门菌的污染在美国和日本都曾引起相当数量的人发病。

蛋品的质量安全日益受到重视,作为生产者是否了解相关的影响因素是非常关键的,只有了解相关因素才能采取相应的防范措施,保证蛋品的质量安全。

1. 生产和经营者的质量意识

这是蛋品质量安全的根本因素,也是当前我国蛋鸡生产中一个普遍存在的问题。如果鸡蛋的生产和经营者没有质量安全意识,那么在生产和经营过程中就不可能采取全面的质量安全保障措施,甚至会使用一些违禁药品和添加剂。这样做的结果就是所生产和经营的鸡蛋很可能不符合卫生质量要求。

2. 蛋鸡养殖环境

养殖环境直接关系到鸡群的健康和饲料效率、产品质量,国内有不少的中小型规模的蛋鸡养殖场户的生产环境不符合要求,常常是因陋就简地选择场址和搭建鸡舍,外界气候因素对鸡舍内的条件影响大,鸡舍内的环境条件控制效果不佳。夏季热应激造成鸡群产蛋率下降,蛋壳表面脏污,甚至鸡中暑、感染大肠杆菌等问题很突出;而在冬季,由于冷空气的影响造成鸡群呼吸道疾病频发,不仅影响产蛋率还可能引起较高的死亡率。鸡群健康受环境影响,不可避免地造成药物和添加剂的滥用,在这样的环境中,生产的鸡蛋被微生物污染,存在药物和添加剂残留的概率很高。此外,鸡舍内环境条件不良也会使鸡蛋在产出后即被污染。

3. 蛋鸡生产的投入品管理

投入品主要包括饲料及饲料添加剂、药物、疫苗等,这些物品都是要直接进入鸡体内或与鸡体直接接触的。

饲料和添加剂不仅是蛋鸡群高产的物质基础,而且其中有些成分还可以直接通过血液循环进入蛋内,直接影响蛋的相关成分。如果饲料中含有某些毒素、重金属、化学合成物,那么在鸡蛋中就可能检测到相应的物质。

同样,用于防治疾病的各种药物只要能够吸收进入血液循环,就有可能进入到蛋内。作为农业部公布的在肉食畜禽中禁止使用的药物和添加剂目录中的各种物品在蛋鸡生产中也同样适用。

4. 蛋鸡群的健康

没有鸡群的健康做基础就不可能有鸡群的高产和产品的优质。

如果鸡群发生传染病,很重要的表现就是产蛋率下降、蛋壳的外观质量下降(如蛋壳变薄、均匀度差、褐壳蛋颜色变浅、蛋壳表面粗糙、畸形等);发病期间所产的鸡蛋被病原微生物污染的概率很高;如果给鸡群使用药物进行治疗则很可能一些药物会进入蛋内。因此,保证鸡群的健康是蛋鸡安全生产的前提。

鸡群的健康需要采取综合性卫生防疫措施,包括鸡场的选址与规划、鸡舍的建造与环境控制设备的使用、饲料、种鸡群的疫病净化、药品和疫苗、管理制度、粪污和病死鸡的无害化处理等,任何一个方面措施的不得力都可能会导致事倍功半。

5. 日常管理

建立科学、完善的生产管理制度是保证日常生产管理工作有序开展的基础。管理制度是针对每个生产环节或岗位提出的哪些事应该做、哪些事不能做,让每个员工都知道自己的工作职责是什么。合理的鸡蛋收捡、运输、处理与保管制度是保证蛋品质量安全的重要条件。

加强对员工工作的检查、指导和督促是保证各个生产环节按照标准落实的重要保证。通过这些措施可以及时发现工作过程中存在的问题,可以让每个员工逐渐熟悉、熟练自己的业务,可以使员工的素质得到不断提高。这正是一个蛋鸡场提高标准化生产和管理水平的必由途径。

6. 蛋品的初处理

鸡蛋从鸡舍收捡后到被食用之前的这段时间也是容易被污染的时期,蛋外的微生物可能会通过气孔进入蛋内,甚至造成蛋品质的腐败,蛋内的水分也会通过气孔挥发而改变蛋白的物理性状。因此,保证鸡蛋的质量就需要对收集后的鸡蛋进行处理以提高其防污染效果。

三、鸡蛋产品质量安全控制措施

1. 加强饲料和兽药的安全监管

鸡蛋产品的生产从种鸡的选择、培育和养殖到最终进入市场销售,其中的每一个环节都会对蛋品的质量安全造成一定程度的影响,但是蛋鸡养殖环节是关键。而饲料不仅是蛋鸡饲养的关键原料,也是整个鸡蛋行业生产链的源头,一旦饲料安全出现问题,将严重影响蛋鸡的健康,进而危害到消费者的健康。为了确保蛋品安全,必须首先从饲料安全上进行监控。一方面,可以对养殖户进行饲料安全宣传,并指定一些质量较好的饲料供农户选择,并对使用指定饲料喂养的养殖户给予一定的生产补贴。另一方面,要加强对饲料生产企业的监管,督促其严格按照标准化的生产程序进行生产,对违禁药品的生产、流通和使用实行重点监控,并严厉惩治违法违纪行为。

2. 建立鸡蛋生产示范基地

建立鸡蛋生产示范基地,从硬件条件和软件方面制定标准,作为国家和地方政府在政策和资金方面加以扶持。这样可以集中较多的资金、人才和技术,使鸡蛋生产示范企业成为具有一定规模、比较先进的现代、系列化生产和多层次加工体系,从而提高鸡蛋产品的质量安全水平,增强我国鸡蛋在国际市场的竞争力,此举是促进我国鸡蛋出口贸易发展的重要手段。

农业部从 2010 年开始连续开展规模化养殖场标准化示范创建活动,通过验收并被农业部授予"标准化示范场"的蛋鸡场有近 200 家。尽管这些蛋鸡示范场中有较多场家还在硬件或软件方面存在问题,甚至有些生产水平还不高,但是,这种通过建立鸡蛋生产示范基地的方式,不仅可以提高蛋鸡养殖的经济效益,还可以在一定程度上解决我国鸡蛋产品的质量安全问题,促进我国鸡蛋产业的可持续健康发展。

3. 加大清洁蛋推广力度

当前,我国鲜蛋消费基本上是蛋在产出后基本不做卫生清洁处理直接上市。众所周知,由于禽类的生理特点,蛋在产出后,蛋壳上会残留有粪尿和分泌物等污秽物,还时常粘带有泥土、草屑、饲料残渣、羽毛等,是名副其实的脏蛋。市民在挑选、回家、放入冰箱厨房、储存和加工过程中,造成了污染和感染疫病的机会。

清洁蛋是指在鸡蛋产出后,及时收集并使用清洁蛋处理设备进行照检、刷拭、冲洗消毒、烘干、涂膜和喷码处理后的鸡蛋。经过这样处理的鸡蛋其蛋壳表面经过清洗消毒和涂膜,除掉了蛋壳表面的污物、杀灭了蛋壳表面的微生物并使用涂膜进行保护,能够更好地保证蛋品的质量和安全。推广清洁蛋可以延长蛋的保质期,避免消费者接触蛋壳表面的各种污物和微生物,能够有效保证消费者的健康。

4. 建立健全鸡蛋产品质量标准体系

与发达国家及相关国际组织相比,我国在鸡蛋的相关质量标准制定方面相对落后,缺少系统的鸡蛋产品质量标准体系,更谈不上鸡蛋产品如何适应新形势下国际贸易的需要。因此加快鸡蛋标准体系建设及鸡蛋行业标准制定,使其尽快与国际生产标准接轨,是我国鸡蛋产业亟待解决的问题,需要政府和鸡蛋出口企业的共同努力。

四、蛋鸡标准化安全生产的内涵

《农业部关于加快推进畜禽标准化规模养殖的意见》中指出：畜禽标准化规模养殖是现代畜牧业发展的必由之路。要进一步发挥标准化规模养殖在规范畜牧业生产、保障畜产品有效供给、提升畜产品质量安全水平中的重要作用，推进畜牧业生产方式尽快由粗放型向集约型转变，促进现代畜牧业持续健康平稳发展。其中，对于畜禽标准化规模养殖提出了"六化"要求：

第一，畜禽良种化。因地制宜，选用高产优质高效畜禽良种，品种来源清楚、检疫合格。

第二，养殖设施化。养殖场选址布局科学合理，畜禽圈舍、饲养和环境控制等生产设施设备满足标准化生产需要。

第三，生产规范化。制定并实施科学规范的畜禽饲养管理规程，配备与饲养规模相适应的畜牧兽医技术人员，严格遵守饲料、饲料添加剂和兽药使用有关规定，生产过程实行信息化动态管理。

第四，防疫制度化。防疫设施完善，防疫制度健全，科学实施畜禽疫病综合防控措施，对病死畜禽实行无害化处理。

第五，粪污无害化。畜禽粪污处理方法得当，设施齐全且运转正常，实现粪污资源化利用或达到相关排放标准。

第六，监管常态化。依照《中华人民共和国畜牧法》《饲料和饲料添加剂管理条例》《兽药管理条例》等法律法规，对饲料、饲料添加剂和兽药等投入品使用，畜禽养殖档案建立和畜禽标识使用实施有效监管，从源头上保障畜产品质量安全。

在蛋鸡生产中，要落实标准化、安全化生产就必须在设施、管理、经营过程中按照上述"六化"要求组织实施。

第三节 蛋鸡标准化安全生产基市条件

一、良好的人员素质

企业人员的素质是企业现代化水平的重要标志之一，现代蛋鸡业的发展离不开蛋鸡场内相关人员素质的提升。对于一个蛋鸡场不仅要在员工入职的时候进行选择，在入职后依然需要对员工进行经常性的培训，使其素质得到不断提高。

1. 掌握现代蛋鸡生产技术

现代蛋鸡生产使用的蛋鸡配套系、配合饲料、养殖设备等都是高新科学技术的结晶。高新技术产品需要有专业技能的人员去管理，否则就可能导致这些产品无法充分发挥其应有的作用，甚至出现严重的问题。

对于一个蛋鸡场必须要有专业的技术人员负责相关的工作岗位，如兽医、饲料负责人、养殖负责人、设备（包括电器）维修人员等，这些人员所负责的工作是保证一个蛋鸡场正常运行的基础。

2. 了解国家有关政策法规

作为一个蛋鸡场的总负责人，必须了解国家相关的政策法规，并充分利用这些政策法规促进本场事业的发展。近年来，国家和地方政府对畜牧业的扶持力度逐渐加大，如规模化养殖场标准化改造以奖代补项目、菜篮子工程项目、畜牧良种补贴项目、畜牧业专项资金项目等，通过项目验收的企业每次能够获得十多万甚至数十万元的资金补贴。但是，这些项目的资金补贴只用于规模化、标准化养殖场。

此外，国家在畜产品质量安全方面也不断加大监管力度，对于影响畜产品质量安全的违禁饲料、添加剂、兽药的使用和病死畜禽的加工打击力度很大。因此，蛋鸡生产企业必须了解国家在畜产品质量安全方面的相关规定和要求，遵守相关的法律法规，避免由于违法违规而受到制裁。

3. 敬业爱岗

员工的责任感对其工作成效影响很直接，因为蛋鸡生产的对象是活的家禽，其生理状况、健康状况、生产性能容易受各种外界因素的影响。而某些生产环节可能是费心、费力、费时的，但是对生产影响又是直接且重大的，如育雏需要昼夜值班以观察雏鸡对周围环境的反应，免疫接种时需要保证疫苗接种的数量、部位的准确性，在孵化过程中需昼夜值班以了解孵化设备的运行是否正常等。

蛋鸡生产中许多环节是需要细心观察、耐心处理的，如果对工作的责任心不强、处理问题粗心则常常导致严重的后果。

4. 掌握管理技术

蛋鸡生产企业与其他企业一样，在生产和经营管理中有很深的学问，尤其是在市场经济条件下，鸡蛋市场价格和需求类型变化频繁。如果不能很好地确定经营理念、制定经营策略，加强企业内人事、财务、物资、技术和质量管理，则很难在市场竞争中站稳脚跟。

作为蛋鸡生产和经营者来说，在进行投资之前需要对市场的需求进行广泛的调查，了解市场对某种产品的需求量和供应情况。对于那些市场需求量较小、市场供应比较充足的产品要慎重投资。

任何一种商品的市场供应情况不会一直稳定不变，都处于波动的变化过程之中，而这种变化通常体现在商品的价格上。同时，这种变化是有一定规律的，对于经营者来说需要通过分析市场行情来把握市场变化的规律，决定饲养的时间和数量等，使产品在主要供应市场阶段与该产品的市场高价格时期相吻合，只有这样才能获取更高的生产效益。

开发市场也是提高蛋鸡生产效益的重要措施，一些蛋鸡所特有的经济学特性或产品优势还不为消费者所了解，需要通过宣传才能够让消费者认识、了解和接受。

二、优良的蛋鸡品种(配套系)

品种(配套系)是蛋鸡生产的重要基础条件，不同的品种(配套系)或不同来源的同一品种(配套系)其生产性能都可能存在较大差别。作为优良品种应该具备的条件有以下几点：

1. 主要产品符合市场(消费者)的需要

不同地区的消费者对鸡蛋产品质量的认可是有很大差别的，如在华南各地人们喜欢褐壳蛋、粉壳蛋和绿壳蛋，而在华北地区则对褐壳蛋和白壳蛋无明显的偏向性；在北方城市中绿壳蛋的价格会比褐壳蛋和白壳蛋高很多。在选择蛋鸡品种时要考虑当地人们对鸡蛋外观质量的偏爱性。因此，决定饲养什么类型的蛋鸡品种(配套系)之前要了解当地消费者喜欢什么样的蛋壳颜色和蛋重大小。

2. 要有良好的生产性能表现

尽管目前大多数蛋鸡配套系的育种素材相同或相似，但是在各个配套系之间的生产性能会有一定的差别，在不同类型蛋鸡配套系之间这种差别可能会更大。如一般的褐壳蛋鸡和白壳蛋鸡配套系年(72周龄)产蛋数能够达到280枚左右，高产的群体能够达到290多枚，而绿壳蛋鸡一般不会超过180枚；一般的褐壳蛋鸡和白壳蛋鸡平均蛋重约63克，而小型粉壳蛋鸡(如农大3号粉壳蛋鸡)平均蛋重仅50克左右。由此可见，选择生产性能高的品种对于提高生产水平是多么重要。

3. 要有良好的适应性和抗病力

有的蛋鸡配套系在某些地区(尤其是原产地)能够表现出良好的生产水平,但是引种到其他地区后则生产性能或抗病力明显下降。这对于引种者来说可能会造成很大的经济损失。不同的育种公司在育种过程中对抗病育种的目标和重视程度不一样,对有关垂直传播疾病的净化程度不同,这就会给蛋鸡养殖者带来不同的养殖效果。

三、良好的蛋鸡生产设施与环境

1. 生产设施要满足生产要求

生产设施包括鸡场的场地位置和地势、鸡舍的建筑结构和材料、养殖设备和环境控制设备的选择和使用等。现代化蛋鸡场对生产设施的要求很高,如果没有这些标准化的设施就无法为鸡群提供适宜的生产环境,无法保证生产环境不受污染,无法保证劳动生产效率的提高和劳动条件的改善。

合格蛋鸡的生产设施能够为蛋鸡提供一个良好的生活和生产环境,能够有效地缓解外界不良条件对蛋鸡的影响。此外,还可以降低生产成本,提高劳动效率。蛋鸡生产过程基本是在鸡舍内进行的,舍内环境对鸡的健康和生产产生着直接影响。由于生产设施对蛋鸡舍内环境影响很大,能否保持舍内环境条件的适宜是衡量生产设施质量的决定因素。蛋鸡舍的投资也是生产成本的重要组成部分,合理利用当地资源,在保证设施牢固性和高效能的前提下降低投资也是降低生产成本的重要途径。

2. 环境条件要满足鸡群的需要

蛋鸡生产中鸡群主要在鸡舍内生活和生产,但是鸡舍内环境受外界气候条件的影响,更受鸡舍建筑材料和环境控制设备的影响。要求鸡舍内环境在综合性措施的调控下能够满足特定鸡群的生活和生产需要,防止由于环境条件不适宜造成鸡群的健康问题。

环境污染是造成鸡舍环境条件恶化,尤其是生物学环境恶化的重要因素,也是造成当前我国蛋鸡生产过程中疫病问题频发的根本原因。许多蛋鸡养殖场户由于在生产中不注意粪便、污水和病死鸡的无害化处理,导致生产环境被严重污染,使鸡群生活在一个充满威胁的环境中,任何因素造成的机体抵抗力下降都可能导致疾病的暴发。因此,任何一个现代化鸡场都必须把污物的无害化处理与资源化利用作为生产经营的一个重要环节。

四、科学配制蛋鸡饲料

1. 饲料质量决定鸡群的健康和生产性能

蛋鸡的生产水平是由遗传品质所决定的,而这种遗传潜力的发挥则很大程度上受饲料质量的影响。没有优质的饲料,任何优良品种的蛋鸡都不可能发挥出高产的遗传潜力。因此,饲料可以说是现代养殖业发展的重要基础。

饲料中任何一种营养素缺乏都会引起相应的营养缺乏症,轻者影响生产性能,重者导致鸡体生理机能失调甚至发生疾病。但是,有的营养素本身也具有毒性,如果摄入量过大也会引起中毒或影响其他营养素的吸收。很多营养素与机体的免疫机能有关,尤其是一些维生素、个别微量元素、氨基酸和不饱和脂肪酸,如果缺乏就会造成鸡体免疫力的下降,易被病原微生物感染。

2. 饲料成分影响蛋内成分

饲料质量不仅影响蛋鸡的生产水平,而且对产品质量影响也很显著。如屠体中脂肪含量、蛋黄的颜色深浅等。有些饲料营养成分还能进入肉或蛋内,进而影响肉和蛋的质量。同样,一些饲料添加剂和药物也可能被肠道吸收后通过血液循环进入蛋内,影响蛋品质量。

3. 饲料营养要符合特定鸡群的需要

由于蛋鸡自身的生物学特性和特殊的饲养方式,不同饲养阶段的鸡群对饲料配合要求有明显的区别,只有按照不同阶段蛋鸡的生产要求以及其他各项影响因素综合考虑,配制满足鸡生活和生产所需营养的全价饲料才能保证鸡群的高产。

4. 加强对饲料安全的管理

饲料安全直接影响鸡群的健康和蛋品的质量安全,饲料安全要从多方面加以注意:禁止使用违禁饲料原料和添加剂;不使用或尽量少使用发霉的饲料原料,如果使用了就需要进行脱霉处理或分解霉菌毒素处理;严格控制饲料自身所含毒素,如棉仁粕中的游离棉酚,菜籽粕中的异硫氰酸酯、硫氰酸酯、噁唑烷硫酮、单宁等,如果使用量大则可能影响鸡的正常生理机能;要检测原料中重金属和农药的残留问题,防止饲料原料在生产、贮存和运输过程中被污染。

五、严格的蛋鸡防疫制度与规程

疫病发生不仅导致蛋鸡死亡率增加、生产水平下降,生产成本增高,而且还直接影响到产品的卫生质量,也是造成部分蛋鸡饲养场(户)经营失败的主要原因。在 20 世纪 80 年代到前几年,我国的蛋鸡生产主要是以个体经营为主的小规模养殖方式,不仅生产条件差、环境污染问题突出,而且配套的饲养管理和卫生防疫技术水平也较低下,在一些养鸡集中的地区养殖场户很密集,这就给宏观性的疫病防控带来了很大压力,也造成了疾病的广泛流行,导致蛋鸡生产长期在低水平、利润不稳定的状态下运行,也给现代蛋鸡生产的疫病防控造成巨大困难。

1. 要建立完善的卫生防疫设施与制度

卫生防疫设施是落实防疫工作的基本条件,完善的防疫设施要能够确保鸡群与外界(人员、车辆、物品、动物)的严格隔离,有效减少外来因素对生产的不良影响,尤其是防止外来的病原体对生产区环境的污染和对鸡群的侵袭。

完善的卫生防疫制度是提高防疫工作成效的重要保证,要针对生产的各个环节和部位制定相应的防疫制度,确保防疫工作的有效开展。

2. 要有综合性卫生防疫措施

疫病防治需要采取综合性的卫生防疫措施,单纯依靠某一种措施或方法是难以达到防治目的的。合理选择场址和规划、良好的鸡舍结构和材料、配套的生产设备,使用全价的饲料、种鸡严格进行特定疾病的净化、合理使用药物、科学地使用疫苗并及时监测应用效果、合理的饲养管理规程、对污物进行无害化处理、合理调控鸡舍内环境等都是卫生防疫所必不可少的环节,任何一个环节出现问题就会影响鸡群的健康。

3. 要把疫病防控放在首位

对疾病的防治要突出预防为主的理念,任何疾病一旦发生就会对鸡群的生产性能和产品的质量安全造成严重的不良影响。然而,在当前的蛋鸡生产中,还有不少的中小型蛋鸡养殖场(户)对平时的综合性预防措施做得不到位,而把更多的精力和资金用在疾病的治疗方面。在现代化蛋鸡生产中,作为鸡场的各级负责人一定要把疾病的预防放在首位,从思想认识上重视起来。

六、规范的蛋鸡饲养管理技术

1. 规范化的蛋鸡饲养管理是一项配套技术

饲养管理技术实际上是上述各项条件经过合理配置形成的一个新的体系,包含了上述各环节的所有内容。它要求根据不同生产目的、生理阶段、生产环境和季节等具体情况,选择恰当的配合饲料,采取合理的喂饲方法,调整适宜的环境条件,采取综合性卫生防疫措施。满足蛋鸡的生长发育和生活需要,创造达到最佳的生产性能的条件。

2. 要有完善的饲养管理规程

饲养管理规程是针对蛋鸡的特定生产环节(阶段)、特定饲养管理项目、特定工作岗位所制定的工作规程。这些规程为从事这些工作的人员提供了工作的依据,使每项操作都有据可依,也为管理人员检查和指导工作提供了标准。如果这些规程能够得到认真实施,就可以避免出现绝大多数的问题,为生产的安全和稳定提供基础保障。

七、安全优质的蛋品质量

食品安全是当今的热点,其中畜禽产品的质量安全也备受关注,而且随着我国畜牧法规的健全和畜牧执法部门的配备,任何一个蛋鸡生产企业如果忽视了产品的质量安全,就可能在未来的生产经营过程中受到惩处,甚至停产、破产。

蛋品的质量安全要从蛋品的内部质量保证和外部质量保证两方面着手。内部的质量保证主要通过维护鸡群健康、加强投入品的监管(不许使用违禁药品和添加剂)、加强对饲料原料中有害物质的检测等手段来实现;外在的质量则是通过改善鸡舍环境、对蛋壳进行清洁化处理(生产清洁蛋)进行控制。

第二章　蛋鸡标准化安全生产的设施与环境

　　生产设施关系到蛋鸡场的大环境和鸡舍内的小环境,如果没有良好的设施条件就不可能有好的生产环境条件,蛋鸡的生产安全也就无从谈起。

　　蛋鸡场的硬件条件包括:场址、房舍和各种设备。这些硬件条件在很大程度上反映了一个蛋鸡场的规范化水平,具备了良好的硬件条件才能够为鸡场的标准化管理提供基础。如果硬件条件差则很难通过人为的努力进行改变,很难为鸡群创造一个适宜的生产和生活环境条件,很难为提高生产效率奠定基础。因此,在现代蛋鸡生产中要把鸡场的硬件条件建设作为一个主要的基础工作来抓。

第一节　蛋鸡场的选址与规划

一、蛋鸡场的选址

1. 场址选择的原则

（1）有利于卫生防疫　蛋鸡场场址的选择会影响到建场以后的卫生防疫工作。在场址选择时主要考虑的因素是鸡场与外界的相对隔离，切断疫病的传播途径，包括人员传播、交通工具传播、动物传播、空气传播、水源传播等。这些问题在人口密集的农区存在很普遍。

（2）有利于物品运输　蛋鸡场交通要相对便利，方便物资、产品运输，以降低运输成本，加强信息交流。例如，一个存栏4万只的蛋鸡场，每天需要消耗饲料约5吨，生产鲜蛋约2吨，同时每天鲜鸡粪的产量约4吨，这些都需要及时运进运出。如果选择过于偏僻的地方建场，虽然有利于防疫，但交通闭塞，人员进出不方便，水电供应也是问题。

（3）有利于节约建场投资　现代化的蛋鸡场其基础投资在初期整体投资中所占比例较大，而且在以后的经营过程中成本折旧也占有一定比例。基础投资包括场地平整、房舍建造、道路修建、给排水工程等内容。场地选择对建场费用影响较大，这些费用的投资包括地下水位影响、建筑防潮、道路硬化、排水设施建造、四周绿化、隔离设施等。如果在地形狭隘、高低不平的地方建场，其成本会增加。不要在土地租用价格高的地区建商品蛋鸡场。

（4）有利于保护环境　环境保护既包括防止外界因素对鸡场环境的污染，也包括防止鸡场生产过程中对周边环境的污染。蛋鸡生产过程中产生的粪便、污水、病死鸡会污染鸡场及周边环境，伴生的噪声、粉尘、废气也会污染周围的空气；鸡场中滋生较多的蚊子、苍蝇、老鼠等也会影响鸡场附近人们的生活。因此，相对于人们的生活而言，鸡场是一个污染源，考虑到人的生活环境，要求鸡场与人们居住和工作的场所要保持足够距离，同时还要建设污物的无害化处理和资源化利用设施，以减少污染排放。

城市市区和近郊都禁止建饲养场，《中华人民共和国畜牧法》中也规定在国家级重点风景名胜区、自然保护区和城市水源地附近都不允许建设规模化养殖场，如果未经允许私自在这些地方建设蛋鸡场则很可能会面临被强制拆迁的问题。

（5）有利于节约粮田　当前，我国农田处于十分紧张的状态，在不少地方养殖场用地受限制。因此，选择蛋鸡场场址的时候，要尽量利用非基本农田。

（6）有利于粪便污水的处理和利用　粪便、污水是蛋鸡生产过程中产生的污染物，如果能够很好利用则可以成为优质的有机肥，如果处理不当则是污染源，不仅污染附近的土壤、地下水，还会成为鸡场本身疫病发生的根源。选择场址要注意粪便和污水容易排放，容易在一定的范围内存放并不会对周围造成污染；同时，也有利于作为有机肥使用。

2. 蛋鸡场选址的具体要求

（1）落实"三项转移"　现代化蛋鸡场一般投资较多、规模较大，场址选择要打破地域观念，在蛋鸡场选址的时候要考虑"三项转移"：一是从耕地面积比例大的平原地区向非耕地面积比例大的丘陵、山区、荒原地区转移；二是从人口和养殖密度高的地区向人口和养殖密度低的地区转移；三是从经济发达地区向经济欠发达地区转移。

落实"三项转移"的优势在于：一是退川进岭上山，加大养殖场之间的隔离距离，可以大大减少鸡病，降低人畜共患病的概率；二是可以少占耕地，让好的土地发展种植业，提高现有土地的利用效率；三是在加强水电路等基础设施建设、拉动内需的同时，在山区丘陵甚至荒原上建设规模化的养鸡场，提高非耕地资源的利用价值；四是在边远山区建设养鸡场，可成为贫困地区产业扶贫的好项目和有效途径；五是在洁净的环境中生产，可以生产出大量的绿色安全食品，满足人们越来越高的生活需求。

（2）地形地势　养鸡场首先应选择地势高燥、背风向阳、平坦开阔、通风良好的地方建场。

地势高燥有利于排水，避免雨季造成场地泥泞、鸡舍潮湿。平原地区应避免在低洼潮湿或容易积水处建场，地下水位在2米以下。

背风向阳的地方冬季鸡舍温度高，可降低加热费用，而且阳光充足，有利于杀灭环境中的微生物，有助于鸡群健康。

山区丘陵地区，平坦开阔、坡度平缓的场地方便场区的规划，保证了场地的合理利用，净道脏道分开，鸡场总坡度不超过25%，建筑区坡度在2%以内。在靠近河流、湖泊的地区要选择在较高的地方，场地应比当地水文资料中最高水位高出1~2米，以防涨水时被水淹没。通风良好有利于场区空气的净化，但应避免在两山的风口处建场，风力大影响鸡舍内环境的控制，尤其是在冬季会加剧鸡群的冷应激。

（3）地质土壤　对场地施工地段的地质状况进行全面了解,收集当地附近地质勘查资料,地层的构造状况,如断层、陷落、塌方及地下泥沼地层。要了解土层状况,有无裂断崩塌、回填土等。要求土质的透气、透水性能好,抗压性强,以沙壤土为好。满足建设工程需要的水文地质和工程地质条件。

根据土壤应用功能和保护目标养鸡场为Ⅰ类土壤环境质量,以沙壤土为好。但是,考虑到节约农田的问题,可以选择在适宜建房的土壤即可。

（4）气候条件　气候因素主要考虑建场地的海拔高度、年均气温、1月与7月的平均气温、年降水量、主导风向、最大风力、日照情况等。这些资料对于鸡舍建造、环境控制设备安装使用等都有直接影响。

（5）外周隔离环境　鸡场周围最好是林场、林带或农田等,这样在一年中很长的时期内鸡场周围都是绿色植被,有利于改善鸡场环境和发挥自然隔离作用。如果在山沟中建鸡场,只要做好防汛措施,也有利于同外界进行隔离。

（6）交通相对便利　养鸡场应选择交通较为便利的地方,方便饲料、产品等物资的运输。但为了防疫要求,鸡场应远离铁路、交通要道、车辆来往频繁的地方,鸡场距离干线公路500米以上,距城乡公路200米以上,距离村、镇居民点至少1 000米。一般都是修建专用辅道,与主要公路相连。为了减少道路修建成本,应选择地势相对平坦、距离主要公路不能太远的地方。

（7）水源稳定、水质良好　蛋鸡生产中需要消耗较多的水,除鸡群饮用外,其他如冲洗场地、鸡舍、设备、道路、消毒,工作人员使用、绿化、夏季的喷水降温等都需要消耗一定量的水。一般供水要求按照每只成年蛋鸡每天3升的用水量设计。在缺水地区建场要考虑附近的蓄水设施,尤其是在旱季一定要能够保证鸡群的用水需要。

水质对鸡群的健康、饮水免疫效果、需水设施的正常运行都有影响。饮水的水质要符合人的饮用水卫生标准。

（8）供电稳定　现代化养鸡离不开稳定的电力供应,机械化和自动化程度越高则对电力的依赖性越强。鸡舍照明、种蛋孵化、饲料加工与喂饲、育雏供暖、机械通风、饮水供应、粪便清理、环境消毒以及生活等都离不开电。如果出现较长时间的停电而又无自己的发电设备则生产会遭受重大损失。因此,建场前要先了解供电源的位置与鸡场的距离,最大供电负荷,是否经常停电。

养鸡场必须建在距离电网较近的地方,一是减少自己建设线路的成本,二是电力供应会相对稳定。大型鸡场最好是双路供电。鸡场的用电量与安装容量与鸡场性质、生产规模、鸡舍类型、机械化和自动化程度的不同差异较大。

一般电力装机容量为:每只种鸡3~4.5瓦,商品蛋鸡每只2~3瓦。按每只鸡的年耗电量计算,密闭种鸡舍,机械化程度高,为7~8千瓦时,普通中小型鸡场为2.5~3.5千瓦时。

鸡场应有独立于正常电源的发电机组,供电网络中有独立于正常电源的专用的馈电线路,用于在停电的情况下应急。

(9)防止污染 鸡场选址应参照国家有关标准的规定,避开水源防护区、风景名胜区、人口密集区等环境敏感地区,远离村镇、城市。还要考虑鸡场污水的排放条件,对当地排水系统进行调查,污水去向、纳污地点、距居民区水源距离、是否需要处理后排放,这些都会影响到生产成本。

鸡场应远离重工业工厂和化工厂。因为这些工厂排放的废水、废气中,经常含有重金属、有害气体及烟尘,污染空气和水源。它不但危害鸡群健康,而且这些有害的物质在蛋和肉中积留,对人体也是有害的。鸡场周围3 000米内无大型化工厂、采(选)矿厂、造纸厂、冶炼厂和水泥厂。

养鸡场应远离噪声,尽量选择在安静的地方,避免鸡群受到应激影响。噪声很容易造成鸡群出现惊群而影响其健康和生产。距离飞机场、飞机起飞后通过的区域、铁路、靶场有一定的距离,至少应有500米;距离公路、停车场至少有300米的距离。鸡场附近不能进行爆破作业。

鸡场不得建在饮用水源、食品厂上游。

二、蛋鸡场的规划

1. 蛋鸡场内的分区

蛋鸡场内的各个分区情况与鸡场的生产规模和鸡群类型有关,一般的鸡场内小区包括办公区、生活区、辅助生产区、生产区、排污区等。小规模的鸡场办公区、生活区、辅助生产区往往合在一起称为办公生活区。

(1)办公区 主要是鸡场管理人员办公的地方,也是重要的对外交往的场所,如产品的销售、投入品的采购等。要求与生产区之间有较大的隔离距离以利于卫生防疫。规模化的蛋鸡场由于与外界交往很多,为了减少外来人员车辆对养鸡生产的干扰,一般建议把办公区设在城镇交通比较便利的地方,便于对外接待,与鸡场之间可以有几千米甚至十几千米的距离。

(2)生活区 是养鸡场工作人员吃饭、住宿、洗浴、休闲娱乐、运动、召开小型会议的地方。一般要求与生产区要保持20米以上的直线距离,而且在这个空间内要有围墙进行隔离并大量植树以减少相互污染和影响。

（3）辅助生产区　主要是饲料加工车间与库房、工具房、药房、配电室与发电室、供水管理室、物品库、车库等。一般处于生活区与生产区之间，或与生活区平行而与生产区相邻。

（4）生产区　这是蛋鸡场内主要的区域，所占面积最大，与外界的隔离要求最严。不同生产性质的鸡场其生产区内的规划有很大差异。

如果是商品蛋鸡场，生产区内鸡舍的类型可能有一种、两种或三种，这与鸡场的性质有关。如果是一种鸡舍则是育成—产蛋一体化鸡舍，这样的鸡场只饲养10周龄以后到产蛋后期淘汰的鸡群；如果是饲养脱温鸡的鸡场则只饲养13周龄以前的鸡。如果有两种鸡舍，则分别是育雏—育成一体化鸡舍和育成—产蛋一体化鸡舍，前者饲养雏鸡和育成前期的鸡群（13周龄以前），后者饲养育成后期和成年鸡群（14周龄以后）。如果是三种鸡舍则分别是育雏室、育成鸡舍和产蛋鸡舍。同类鸡舍之间的距离不少于10米，不同类型鸡舍之间的距离不少于20米。

如果是蛋种鸡场除与商品鸡场相同的鸡舍外，有的还单独建有种公鸡舍。

（5）污物处理区　在规模化养鸡场的下风向处需要设计专门用于粪便、污水和病死鸡存放与无害化处理的场所。要求与其他各区之间要有较远的距离，并建有围墙，以减少其对周围环境的污染。

2. 鸡场道路

鸡场内道路布局应分为净道和污道，净道走向为孵化室、育雏室、育成舍、成年鸡舍，各舍有入口连接净道，即净道与鸡舍的前端相连；污道主要用于运输鸡粪、死鸡及鸡舍内需要外出清洗的脏污设备，其走向也为孵化室、育雏室、育成舍、成年鸡舍，各舍均有出口连接脏污道，即污道与鸡舍的后端相连。

净道在起始处在生产区的入口处，与人员和车辆消毒设施相连，需要进入生产区的人员和车辆经过消毒后通过净道进入生产区和鸡舍。污道的末端与污物处理区相连，连接处有消毒池和门。

3. 消毒设施

蛋鸡场的消毒设施主要是车辆消毒设施和人员洗浴更衣设施两大类。

（1）车辆消毒设施　用于出入鸡场和生产区车辆的隔离和消毒。一般在鸡场大门进口处、生产区入口处和生产区通往污物处理区的通道处设置车辆消毒设施。

（2）人员洗浴更衣设施　用于进入生产区的人员隔离和消毒，该设施包括入口更衣室、洗浴室、进场更衣室和喷雾与脚踏消毒室4部分。此外，在入口更衣室一侧还需要设置小件物品(手机、钱包、化妆品等)紫外照射消毒室。

三、蛋鸡场的绿化

1. 蛋鸡场绿化的作用

(1)调节气温、改善环境 夏季树木遮阳可使鸡舍墙面和屋顶上受到的太阳辐射热大为减少,使鸡舍外围护结构的温度显著下降。树木本身也能够利用阳光进行光合作用而吸收大量的太阳辐射热,茂盛的树冠能够挡住70% ~ 80%的太阳辐射能,夏季树荫下面的气温比裸露地面的温度低3℃左右。

(2)调节气流 冬季绿化林带可以阻挡寒风的袭击,降低风速,改变气流方向,减轻冷风对鸡舍的侵袭。在林带高度1倍距离内,风速可降低60%,10倍距离时可降低20%。

(3)净化空气 集约化蛋鸡场由于饲养数量大、密度高,在生产过程中会不断排出大量有害气体(如氨气、硫化氢、二氧化碳等),而植物一般可以吸收25%的有害气体,有的植物尤其具有较强的吸附氨气的效能。绿化树木还能在光合作用过程中消耗二氧化碳,放出氧气,从而净化空气、保护环境。

(4)防疫作用 鸡舍内产生和排出的粉尘是病原微生物的重要载体,是疾病传播的重要媒介。绿化植物能够通过对粉尘的阻挡、过滤和吸附作用,减少空气中的微生物含量。有的植物还能分泌出具有杀菌作用的物质,能够对黏附到其表面的病原体起到抑制或杀灭作用。

(5)增收收益 一般的树木在生长10年前后就能够成材,如果种植果树还可以生产水果,种植具有药用价值的树木还可以采集中药材。

提 示

一些养鸡场认为种草植树虽然能够起到绿化的作用,但是也可能会吸引较多的野鸟到鸡场觅食和栖息,而这些野鸟有可能是一些传染病的传播者,可能对鸡群的卫生防疫工作造成负面影响。但是,综合考虑,由于蛋鸡基本都是在鸡舍内笼养,只要鸡舍建造时做好飞鸟防护措施,这个问题就能够得到解决。

2. 蛋鸡场绿化的实施

(1)鸡场周围的绿化 这种绿化的主要目的是减少外来粉尘、噪声对场区内的影响。沿围墙或隔离网、隔离沟的绿化适宜乔木与灌木相结合的绿化方式,乔木与围墙之间至少要有 2 米的距离以减少其根部对墙基的破坏。

(2)鸡场内道路的绿化 这种绿化的主要目的是美化环境,道路两侧可以用常绿小乔木或果树进行绿化,树坑与路面之间要有不少于 1 米的距离以减少树根对路基的破坏。

(3)小区之间的隔离绿化 这种绿化的主要目的是减少每个功能小区之间的相互影响,阻挡人员和车辆通行、阻隔粉尘和减弱噪声。可以用乔木和灌木间隔种植的方式绿化,树木的密度可以高一些,尽可能多地阻挡气流和粉尘,尽可能多地吸附粉尘和氨气。

(4)鸡舍前后的绿化 这种绿化的主要目的是在夏季发挥遮阴降温作用。鸡舍南侧适宜种植高大的阔叶乔木以利于在夏季能够起到遮阴的作用,鸡舍北侧可以种植常绿小乔木以便于在冬季能够起到阻挡寒风的作用。树木与墙壁之间的距离至少要有 2.5 米。

(5)鸡舍之间空地的绿化 这种绿化的主要目的是利用空闲地种树获得收益并净化空气。如果鸡舍之间的距离超过 20 米,在鸡舍前后绿化树木之间还可以进行绿化。绿化树木以果树或常绿小乔木为宜,减少对窗户通风和采光的影响。

第二节 蛋鸡场的鸡舍建造

一、鸡舍的类型

在蛋鸡场内鸡舍的类型划分有多种形式。

1. 按舍内鸡群阶段划分

(1)育雏室 用于饲养 6 周龄前的雏鸡,保温是育雏室设计的关键。

(2)育成鸡舍 用于饲养 7~16 周龄的青年鸡群。

(3)产蛋鸡舍 用于饲养 16 周龄以后至淘汰期的产蛋鸡群。

(4)育雏育成一体化鸡舍 用于饲养 13 周龄之前的鸡群。

(5)育成产蛋一体化鸡舍 用于饲养 13 周龄以后至淘汰期的产蛋鸡群。

2. 按鸡舍与外界的联系划分

(1)密闭式鸡舍 密闭式鸡舍除鸡舍两端的门外,在两侧墙上仅有少数的应急窗,平时被完全封闭,房顶和四周墙壁隔热性能良好,见图 2-1。舍内通风、光照、温度和湿度等都靠机械设备进行控制,舍内环境条件受外界气候条件变化的影响相对较小。这种鸡舍能给鸡群提供适宜的生长环境,鸡群成活率高,生产性能表现好,其实用效果并不差,一般在大型蛋鸡场使用较多,也是今后很多规模化蛋鸡场的主要鸡舍类型。

图2-1 密闭式鸡舍

(2)有窗鸡舍 在鸡舍的前后墙上设有窗户,日常主要通过空气流动来通风换气,白天靠自然光照实现鸡舍内的采光,见图2-2。这样的鸡舍能够充分利用自然通风和光照,但是舍内环境条件在一定程度上受外界气候条件的影响,如温度基本上随季节转换而升降,自然光照随季节变化而延长或缩短,恶劣气候如电闪雷鸣也会影响到舍内的鸡群。

图2-2 有窗鸡舍

(3)卷帘式鸡舍 此种鸡舍在地基以上建有50厘米高的墙,其余墙体部分全部敞开,在侧墙壁的内层和外层安装隔热卷帘,由机械传动,内层卷帘和外层卷帘可以分别向上和向下卷起或闭合,能在不同的高度开放,可以达到各种通风要求,见图2-3。夏季炎热可以全部敞开,冬季寒冷可以全部闭合。在春秋季节,外界气候适宜的条件下,可以根据外界温度高低和风力大小将卷帘打开一定比例。

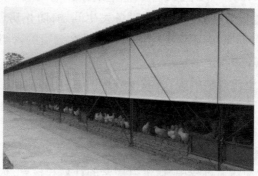

图2-3 卷帘式鸡舍

此外,也有按照鸡舍内的笼位多少划分的,如大容量鸡舍的每个鸡舍产蛋鸡笼位数量有 5 万个以上,多的能够超过 20 万个;小容量鸡舍的每个鸡舍产蛋鸡笼位数量在 5 000 个以下;中等容量鸡舍的每个鸡舍产蛋鸡笼位数量在 0.5 万~5 万个。鸡舍容量不同在设计参数方面也存在很大差异。

二、鸡舍设计与建造的原则

鸡舍设计与建造合理与否,不仅关系到鸡舍的安全和使用年限,而且对家禽生产潜力的发挥、舍内小气候状况、禽场工程投资等都具有重要影响。进行鸡舍设计与建造时,必须遵循以下原则:

1. 有利于卫生防疫

鸡舍能够防止鸟雀、老鼠等动物的进入,因为它们都是疫病的传播者;舍内地面要经过硬化处理,以便于清扫和冲洗;鸡舍之间要有适当的距离,能够减少相互之间的影响。

2. 能够有效缓解外界不良气候因素的影响

一些恶劣的气候如风雨雷电、高温酷暑、冰雪严寒都会对肉鸡的生长发育和健康造成不良影响。鸡舍的屋顶、墙壁、门窗应该能够起到保温隔热和防风防雨效果,使舍内环境更适合肉鸡生产的需要。

3. 有利于生产管理操作

鸡舍的高度要合适,不影响灯泡的安装和人员的走动;鸡舍内的立柱位置要合适,有利于喂料和饮水设备的摆放并有利于添加饲料和饮水。

4. 有利于生产安全

与外界能够较好地隔离,使鸡舍受外界因素的影响越少越好;注意防火要求,由于肉鸡生产中用电多,需要注意供电线路和电气设备的安全使用,由于经常需要加热,也需要注意防止加热设备发生问题;防止房屋垮塌,尤其是遇到大风、暴雨暴雪天气,必须保证屋顶的牢固性和门窗的密闭性。

5. 有利于节约用地

我国是土地资源紧缺的国家,减少耕地的占用是所有人都应自觉遵守的原则。在鸡舍设计时要充分考虑提高土地的利用效率,增加单位面积承载的鸡数量。如使用叠层式蛋鸡笼、使用联体鸡舍等设计。

6. 有利于节约投资

在鸡舍设计和建造过程中,应进行周密的计划和核算,根据当地的技术经济条件和气候条件,因地制宜、就地取材,尽量做到节省劳动力、节约建筑材料,减少投资。在满足先进的生产工艺的前提下,尽可能做到经济实用。

三、鸡舍规格设计

1. 鸡舍长度设计

(1)影响鸡舍长度的因素　鸡舍长度主要受场地的限制,也受房舍牢固性、自动化设备(喂料、清粪、纵向通风等)工作效率和鸡舍容量的影响。

地势狭窄的地方鸡舍的长度受场地的影响比较大。在地势开阔的地方建造鸡舍,场区内鸡舍的布局也会影响鸡舍的长度。通风方式对鸡舍长度的影响主要发生在采用负压纵向通风时。如果鸡舍的长度超过80米,风机在拉动舍内气流流动时所受的阻力大,影响通风效率。

(2)鸡舍长度设计　目前,由于有不同规模的蛋鸡场共存,鸡舍的长度差异很大,短的有20米左右,长的有近100米。按照规模化蛋鸡生产的一般要求,综合考虑各种影响因素,鸡舍的长度以50~80米为宜。

在实际设计过程中重点考虑鸡笼的长度和数量以及两端通道宽度,舍内鸡笼两端与山墙之间留的通道宽度,靠前端宽度在3米左右,末端宽度在1.5米左右。通常产蛋鸡笼的长度为1.95米。如一个长度54米(18间房)的产蛋鸡舍,舍内的净长度为53.5米,每列放置25组鸡笼(长度为48.8米),靠前端走道宽度留3.2米,末端走道1.5米。

2. 蛋鸡舍跨度设计

(1)影响鸡舍跨度的因素　主要有鸡笼宽度、走道宽度、鸡笼在鸡舍内的布局方式、屋顶材料、鸡舍牢固性、通风方式等因素。

(2)鸡舍跨度设计　不同的鸡笼其宽度不同,如采用3层全阶梯全架鸡笼其宽度为 2.18 米,采用 3 层半阶梯全架鸡笼其宽度为 1.78 米,采用半架鸡笼其宽度比全架鸡笼宽度的一半多 5 厘米,走道宽度在 0.8～1.0 米。鸡笼在舍内的排列方式有多种,如果使用 3 层全阶梯全架鸡笼采用 3 列 4 走道排列方式(图 2-4),3 列鸡笼的宽度为 6.54 米,4 条走道的宽度为 3.2 米,鸡舍内净跨度为 9.74 米;如果采用 3 列 2 走道排列方式(图 2-5),两侧靠墙放置半架鸡笼,中间放置 1 列全架鸡笼,则鸡笼的总宽度为 4.46 米,2 条走道的宽度为 1.6 米,鸡舍内的净跨度为 6.06 米。

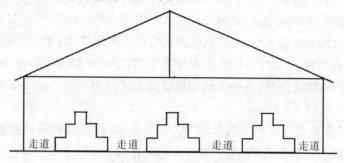

图 2-4　蛋鸡笼 3 列 4 走道布局方式

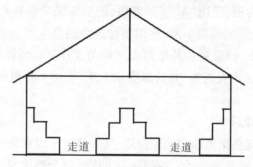

图 2-5　蛋鸡笼 3 列 2 走道布局方式

　　鸡舍结构和所使用的建筑材料对鸡舍跨度的影响也很大。鸡舍的屋顶结构有"人"字形、拱形、平顶、波形等多种,"人"字形屋顶的鸡舍不适宜跨度大;鸡舍的宽度还受屋顶建筑材料的影响,屋顶为木质结构时宽度不宜超过 7 米,否则需要的材料规格太大,成本高、牢固度低;使用轻钢结构或钢筋混凝土结构则可以使鸡舍的跨度加大。

　　通风方式也影响鸡舍的跨度,采用自然通风方式的鸡舍其跨度不宜超过 7 米,否则会造成通风不畅,舍内气流分布不均匀等问题;采用横向机械通风方式的鸡舍其跨度在 5～7 米都是适宜的;采用纵向机械通风方式的鸡舍则可以采用更大的跨度。采用自然通风或横向通风时是否设置天窗也会影响鸡舍跨度的设计，如果安装天窗则可以适当增加鸡舍的跨度。

3. 蛋鸡舍高度设计

(1)影响鸡舍高度的因素　鸡舍屋顶类型对鸡舍高度的影响很大，采用"人"字形屋顶或拱形屋顶时梁上到屋顶下的空间比较大，梁下的高度可以适当减小，而采用平顶屋顶结构则梁下的高度要适当增加；饲养方式对鸡舍高度也有影响，采用地面平养方式的鸡舍其梁下高度最低，网上平养方式次之，笼养方式要求梁下高度最大；通风方式也会影响到鸡舍的高度，采用自然通风方式要求鸡舍的高度要大些，采用机械通风则鸡舍高度可以小些；清粪方式对鸡舍高度也有影响，采用半高床或高床饲养方式，平时的鸡粪堆积在鸡笼下面，要求鸡舍的高度要高些；采用机械刮板清粪方式则鸡舍的高度不需要额外增高。

(2)鸡舍高度的设计　当采用"A"字形屋顶时，笼具设备的顶部与横梁之间的距离为 1 米左右，采用平顶结构则应有 1.2 米以上的距离。采用自然通风时鸡舍高度应较大，采用纵向负压机械通风则鸡舍高度应稍低。

以产蛋鸡舍为例，采用"A"字形屋顶，使用 3 层全阶梯产蛋鸡笼，产蛋鸡笼高度 1.6 米，笼顶至横梁 1 米，横梁距舍内地面高度则为 2.6 米；鸡舍内地面比舍外高 0.4 米，横梁距舍外地面高度则为 3.0 米。现在的一些规模化蛋鸡场使用 8 层叠层式蛋鸡笼，笼的高度 4.1 米，横梁下距笼顶 1 米，舍内梁下高度为 5.1 米。

4. 鸡舍朝向设计

鸡舍的朝向应根据当地的地理位置、气候环境等因素来确定，要满足鸡舍日照、温度和通风的要求。适宜的朝向一方面可以合理地利用太阳辐射能，避免夏季过多的热量进入舍内，而冬季则最大限度地允许太阳辐射能进入舍内以提高舍温；另一方面，可以合理利用主导风向，改善通风条件，从而为获得良好的鸡舍环境提供条件。

综合考虑各种因素，在我国中原地区鸡舍宜采用南向或南偏东、偏西45°以内为宜。这样，冬季南墙及屋顶可最大限度地收集太阳辐射以利防寒保温，有窗式或开放式鸡舍还可以利用进入鸡舍的直射光起到一定的杀菌作用；而夏季则避免过多地接受太阳辐射热，引起舍内温度增高。

对于密闭式鸡舍，其朝向对舍内环境的影响相对较小，主要考虑场地对朝向的影响问题。

5. 门窗设计

（1）门的设计　门的主要作用是交通和分隔房间,有时兼有采光和通风作用。鸡舍门有外门与内门之分,舍内分间的门和鸡舍附属建筑通向舍内的门叫内门,鸡舍通向舍外的门叫外门。

鸡舍内专供人出入的门一般高度为 2.0 ~ 2.4 米,宽度为 0.9 ~ 1.0 米;供人、鸡、手推车出入的门一般高 2.0 ~ 2.4 米,宽 1.4 ~ 2.0 米。但是,不同类型的鸡舍门的高度会有所差异,有的门高度可能只有 1.7 米左右。门的位置可根据鸡舍的长度和跨度确定,一般设在两端墙上;若鸡舍在前后侧墙上设门,最好设在向阳背风的一侧。

在寒冷地区为加强门的保温,通常设门斗以防冷空气侵入,门斗的深度应不小于 2 米,宽度应比门大出 1.0 米以上。

鸡舍门应向外开,门上不应有尖锐突出物,不应有木门槛,不应有台阶。舍内外以坡道相联系。

为了防止蚊蝇和鸟雀进入鸡舍,通常要安装纱网式门帘。

（2）窗户的设计　窗户的主要作用是采光和通风,同时还具有分隔和围护作用。鸡舍窗户可为木窗、钢窗和铝合金窗,形式多为外开平开窗,也可用悬窗或推拉窗。由于窗户多设在前后侧墙或屋顶上,是墙与屋顶散热的重要部分,因此窗的面积、位置、形状和数量等,应根据不同的气候条件和鸡群的要求,合理进行设计。考虑到采光、通风与保温的矛盾,在寒冷地区窗的设置必须统筹兼顾。

鸡舍窗户设计的一般原则是:在保证采光系数要求的前提下尽量少设窗户,以能保证夏季通风为宜。有的鸡舍采用一种导热系数小的透明、半透明的材料做屋顶或屋顶的一部分(如阳光板),这就解决了采光与保温的矛盾。在鸡舍建筑中也可采用密闭鸡舍,即无窗鸡舍,目的是为了更有效地控制鸡舍环境,但前提是必须保证可靠的人工照明和可靠的通风换气系统,要有充足可靠的电源。

（3）天窗的设计　对于采用自然通风的鸡舍,有些在屋顶设置有

图 2-6　天窗的结构

天窗,一般每隔1~2间房设置1个天窗(图2-6)。天窗的作用在于使室内上部的热空气从其中逸出。天窗必须有遮雨的顶罩,有防止鸟雀进入的金属网,有调节通风量的挡板。

(4)地窗的设计　采用地面平养方式的鸡舍可以设置地窗,供鸡出入鸡舍以便于到舍外运动场活动。地窗的高度要高于鸡站立时头顶的高度,一般为0.7米,宽度1米(图2-7)。对于一些采用自然通风方式的鸡舍也有设置地窗的,地窗的规格略小。地窗一般设置在窗户的下面,每间房设置1个。地窗要安装小门,用于调节通风量或阻挡鸡出入或其他动物进入。门应向外开以不影响舍内的操作。

图2-7　地窗的结构设计

四、蛋鸡舍的功能设计

1. 控温设计

升温可采用燃煤热风炉、燃气热风炉、暖气、电热育雏伞或育雏器。在规模化蛋鸡场内加热方式主要是使用热风炉,其优点是升温快,但缺点是舍内干燥,相对湿度偏低。有的育雏室采用火墙或火道供温方式,舍内无烟污染空气,卫生干净,昼夜供温均衡,温差相对减小,从燃料供应上讲,烧煤、木材均可,获取燃料方便。不论采取哪种供温方式,保证鸡群生活区域温度适宜、均匀是关键,地面温度要达到规定要求,并铺上干燥柔软的垫料。

夏季高温会对产蛋鸡造成热应激,因此在鸡舍建造时应尽量采用保温隔热性能良好的材料(尤其是屋顶材料),并采取必要的降温措施。常用的是湿帘降温法,其原理是由波纹状的多层纤维纸通过水的蒸发,使舍外空气穿过这种波纹状的多层纤维纸空隙进入鸡舍时使空气冷却,降低舍内温度。有条件的地方如果用深水井的水浸泡湿帘,可以使鸡舍内的温度下降5~9℃。

2. 通风设计

通风是调节鸡舍内环境条件的有效手段,不但可以输入新鲜空气,排出有害气体,还可以调节温度、湿度,所以在鸡舍的建筑设计中必须重视通风设计。

(1)自然通风设计 依靠自然风(风压作用)和舍内外温差(热压作用)形成的空气自然流动,使鸡舍内外空气得以交换(图2-8)。

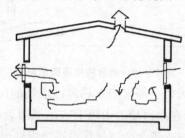

图2-8 利用风压进行自然通风示意图

风压的作用大于热压,但无风时,仍要依靠温差作用进行通风,为避免有风时抵消温差作用,应根据当地主风向,在迎风面(上风向)的下方设置进气口,背风面(下风向)的上部设置排气口。在房顶设天窗是有利的,在风力和温差各自单独作用或共同作用时均可排气,特别在夏季舍内外温差较小的情况下。设计时天窗排风口要高出屋顶60~100厘米,其上应有遮雨风帽,天窗的舍内部分应安装保温调节板,便于随时启闭(图2-9)。

图2-9 自然通风鸡舍的窗户和天窗

(2)机械通风设计 是依靠机械动力强制进行鸡舍内外空气的交换。机械通风可以分为正压通风和负压通风两种方式。正压通风是通风机把外界新鲜空气强制送入鸡舍内,使舍内压力高于外界气压,这样将舍内的污浊的空气排出舍外。负压通风是利用通风机将鸡舍内的污浊空气强行排出舍外,使鸡舍内的压力略低于大气压成负压环境,舍外空气则自行通过进风口流入鸡舍。

这种通风方式投资少,管理比较简单,进入舍内的风流速度较慢,鸡体感觉比较舒适。由于横向通风(图2-10)风速小,死角多,一般采取纵向通风方式。

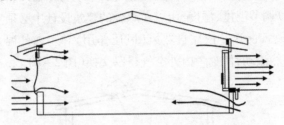

图2-10 鸡舍横向通风示意图

纵向通风设计:排风机全部集中在鸡舍污道端的山墙上或山墙附近的两侧墙后部。进风口则开在净道端的山墙上或山墙附近的两侧墙前部,将其余的门和窗全部关闭,使进入鸡舍的空气均沿鸡舍纵轴流动,由风机将舍内污浊空气排出舍外(图2-11)。纵向通风设计的关键是使鸡舍内产生均匀的高气流速度,并使气流沿鸡舍纵轴流动,因而风机宜设于山墙的下部。

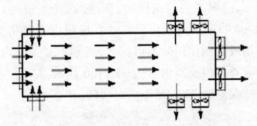

图2-11 纵向通风示意图

通风量应按鸡舍夏季最大通风值设计,计算风机的排气量,安装风机时最好大小风机结合,以适应不同季节的需要(图2-12)。排风量相等时,减少横断面空间,可提高舍内风速,因此三角屋架鸡舍,可每三间用挂帘将三角屋架隔开,以减少过流断面。根据舍内的空气污染情况、舍外温度等决定开启风机多少。

舍内接力通风是另一种机械通风方式(图2-13),它是在鸡舍内(如果是笼养鸡舍则在走道上)安装环流风机,一个风机运转时能够将其前面约20米的空气吹动。因此,安

图2-12 鸡舍末端安装的
风机上有遮雨棚

装时可以考虑间隔20米安装1个接力扇。安装时可以将风机的前端略向下倾斜，以加大鸡身体附近气流的速度。如果是冬季则应该将风机前端略向上，而且仅启动少数几个风机即可。

图2－13　鸡舍内的接力通风

联合通风设计：即在鸡舍前端采用风机将风送入鸡舍，在鸡舍末端用排风机将舍内空气抽出，这种设计能够更有效地提高鸡舍的通风效率。进风处还可以通过空气预处理（如加热或冷却、消毒等）再送入鸡舍。

3. 采光设计

包括自然光照和人工光照设计。

（1）自然光照的采光设计　就是让太阳直射光或散射光通过鸡舍的开露部分（如天窗、窗户等）进入舍内以达到照明的目的（图2－14）。自然光照的舍内光线强度取决于窗户面积，窗户面积越大进入舍内的光线越多。窗户的

图2－14　鸡舍自然采光的窗户和天窗

形状、安装位置也会明显影响采光效果，目前使用的主要是立式窗户，一般的高度为 1~1.3 米，宽度为 0.8~1.0 米，北侧窗户略小；窗户顶部距鸡舍屋檐约 35 厘米；窗扇向外开，内侧要安装金属网以防鼠雀进入。

（2）人工光照设计　人工照明可以补充自然光照的不足，一般采用电灯作为光源。在舍内安装电灯和电源控制开关，根据不同日龄的光照要求和不同季节的自然光照时间进行控制。笼养鸡舍内的灯泡安装在走道的正上方中间位置，距地面高度约 1.8 米。如果是叠层式笼养鸡舍，由于笼的高度更大则需要在走道正上方距笼顶约 50 厘米处和距地面 1.8 米处分别安装灯泡。

目前，绝大多数鸡舍都安装有光照自动控制仪，只要设定好开灯和关灯时间，就会自动开灯和关灯。在白天开灯时间内如果自然光照的亮度足够大则灯泡依然是处于关闭的，只有自然光线弱的时候灯泡才打开照明。

五、笼具布局

目前，在蛋用型鸡生产中的各个阶段基本上都是采用笼养方式。鸡舍内笼具的摆放方式对鸡舍设计有直接的影响。

1.3 列 2 走道布局形式

靠两侧墙放置半架鸡笼，中间放置全架鸡笼。按照这种布局思路，还可以使用 4 列 3 走道、2 列 1 走道布局形式。这种布局形式能够有效利用舍内面积。但是，前后墙上的窗户安装位置要靠上，要求窗台与笼的顶部平齐，大多数情况下使用扁平窗。有的鸡场为了使窗户安装更便利，在靠墙放置的两列半架鸡笼采用两层，降低笼的高度。

在一些大型蛋鸡场一般不采用这种布局方式，主要原因在于靠墙放置的两列半架鸡笼的自动刮粪板需要特制。

2.3 列 4 走道布局形式

靠两侧墙壁为走道，中间放置 3 列鸡笼，形成 3 列鸡笼、4 条走道的布局方式。按照这种思路还有 2 列 3 走道、4 列 5 走道等布局形式。这种布局方式，鸡群受窗户安装位置和外界环境条件的影响较小。

相对于 3 列 2 走道布局形式，3 列 4 走道布局形式的鸡舍内面积的利用率稍低。但在大中型鸡场内多采用这种布局形式。

六、蛋鸡场的交钥匙工程

目前，在一些较大规模的蛋鸡场会委托蛋鸡养殖设备生产和供应商进行鸡舍的设计和建造,这样可以使设备供应商能够根据自己所提供的笼具结构、型号、规格以及对鸡舍环境条件控制的要求进行鸡舍设计,只要设计方案完成,投资方认可,资金到位情况协商好即可由设备供应商进行设计和建造。建造完成后,交付投资方即可投入生产。

第三节　蛋鸡场现代化生产设备

一、鸡笼

1. 育雏笼

（1）叠层式电热育雏笼　这种雏鸡笼养设备带有加热源,适用于1～45日龄雏鸡的饲养。由加热笼、保温笼、雏鸡活动笼三部分组成,各部分之间是独立结构,根据环境条件,可以单独使用,也可进行各部分的组合。加热笼和保温笼前后都有门封闭,运动笼前后则为网。雏鸡在加热笼和保温笼内时,料盘和真空饮水器放在笼内。雏鸡长大后保温笼门可卸下,并装上网,饲槽和水槽可安装在笼的两侧。还有一种叠层式育雏笼,无加热装置,两者结构基本相同。每层笼间设承粪板,间隙50～70毫米,笼高330毫米,人工定期清粪（图2－15）；也可以在每层笼的下面安装粪便传送带,用于自动清粪（图2－16）。

图2－15　叠层式育雏笼（人工清粪）

图 2 - 16　叠层式育雏笼(自动清粪)

（2）阶梯式育雏笼　一般为3层,由下往上每层的位置逐渐向后收缩,呈楼梯状。每层笼的高度约40厘米,深度约60厘米。一般采用集中供暖方式。雏鸡在其中可以饲养至12周龄(图2-17)。

图 2 - 17　阶梯式育雏笼

2. 育成笼

从结构上分为阶梯式和叠层式两大类,有3层、4层和5层之分,可以与喂料机、乳头式饮水器、清粪设备等配套使用。根据育成鸡的品种与体形,每只鸡占用底网面积340~400厘米²。总体结构与相应的育雏笼相似,每层笼的高度稍高一些。阶梯式育成笼见图2-18。

图 2 - 18　阶梯式育成笼

3. 蛋鸡笼

我国目前生产的蛋鸡笼有阶梯式蛋鸡笼和叠层式蛋鸡笼两类。

（1）阶梯式蛋鸡笼　多为 3 层全阶梯或半阶梯组合方式（图 2 - 19），目前有 4 ~ 5 层的全阶梯蛋鸡笼产品（图 2 - 20）。由笼架、笼体和护蛋板组成。笼架由横梁和斜撑组成，一般用厚 2.0 ~ 2.5 毫米的角钢或槽钢制成。笼体由冷拔钢丝经点焊成片，然后镀锌再拼装而成，包括顶网、底网、前网、后网、隔网和笼门等。一般前网和顶网压制在一起，后网和底网压制在一起，隔网为单网片。笼门作为前网或顶网的一部分，有的可以取下，有的可以上翻。笼底网要有一定坡度，一般为 7° ~ 9°，伸出笼外 12 ~ 16 厘米形成集蛋槽。笼体的规格，一般前高 40 ~ 45 厘米，深度为 45 厘米左右，每个小笼养鸡 3 ~ 4 只。护蛋板为一条镀锌薄铁皮，放于笼内前下方，下缘与底网间距 5.0 ~ 5.5 厘米。

图 2 - 19　3 层阶梯式蛋鸡笼

图 2-20　5 层阶梯式蛋鸡笼

　　(2)叠层式蛋鸡笼　这是目前大中型蛋鸡场常用的笼具设备,每层笼上下重叠,有 4 层(图 2-21)、6 层和 8 层(图 2-22)等多种组合形式。笼的宽度(包括跨在两侧的自动喂料设备)约为 2.2 米,4 层的高度约为 2.1 米,6 层的约为 3.1 米。对于 6 层和 8 层的鸡笼,一般在第四层的顶部架设漏缝走道,前端设置供上下的梯子以便于人员在上面操作。这类鸡笼都采用传送带式自动清粪系统、自动喂料系统、乳头式饮水系统和自动集蛋系统。

图 2-21　4 层叠层式蛋鸡笼

图 2 – 22   8 层叠层式蛋鸡笼

4. 种鸡笼

蛋用种鸡笼从配置方式上又可分为 2 层和 3 层。种母鸡笼与蛋鸡笼养设备结构差不多,只是尺寸放大一些,但在笼门结构上做了改进,以方便抓鸡进行人工授精。

种公鸡笼一般为两层(图 2 – 23),底网是水平的,笼的深度和高度均比蛋鸡笼要大,前网栅格的宽度也略宽。每只公鸡占用 1 个小单笼。

图 2 – 23   种公鸡笼

此外,还有叠层式自然交配种鸡笼,与叠层式蛋鸡笼相比每个单层鸡笼的高度约高出25厘米,达到75厘米左右。每条单笼内可以饲养2只公鸡和20~24只母鸡。

二、供料设备

1. 料塔(图2-24)

用于大、中型机械化鸡场,主要用作短期储存干粉状或颗粒状配合饲料。一般建在鸡舍前部的一侧,容量大多数在6~15吨(主要是依据鸡舍内饲养鸡的数量,如存栏8 000只的产蛋鸡舍每天消耗饲料约920千克)。通过输料机可以将料塔内的饲料输送到喂料设备的料箱内。

图2-24　鸡舍外的料塔

2. 输料机

输料机是料塔和舍内喂料机的连接通道,将料塔或储料间的饲料输送到舍内喂料机的料箱内。输料机有螺旋弹簧式、螺旋叶片式、链式。目前使用较多的是前两种。

(1)螺旋弹簧式　螺旋弹簧式输料机由电机驱动皮带轮带动空心弹簧在输料管内高速旋转,将饲料传送入鸡舍,通过落料管依次落入喂料机的料箱中。当最后一个料箱落满时,该料箱上的料位器弹起切断电源,使输料机停止输料。反之,当最后料箱中的饲料下降到某一位置时,料位器则接通电源,输料机又重新开始工作。

(2)螺旋叶片式　螺旋叶片式输料机是一种广泛使用的输料设备,主要工作部件是螺旋叶片。在完成由舍外向舍内输料作业时,由于螺旋叶片不能弯成一定角度,故一般由两台螺旋叶片式输料机组成,一台倾斜输料机将饲料送入水平输料机和料斗内,再由水平输料机将饲料输送到喂料机各料箱中。

3. 自动喂料设备

蛋鸡生产中常用的自动喂饲设备有轨道车式和链板式两种。

（1）轨道车式喂饲机　用于多层笼养鸡舍,是一种骑跨在鸡笼上的喂料车,沿鸡笼上或旁边的轨道缓慢行走,将料箱中的饲料分送至各层食槽中,根据料箱的配置形式可分为顶料箱式和跨笼料箱式。顶料箱式喂料机只有一个料桶,料箱底部装有搅龙,当喂料机工作时搅龙随之运转,将饲料推出料箱沿溜管均匀流入食槽。跨笼料箱式喂料机根据鸡笼形式配置,每列食槽上都跨设一个矩形小料箱,料箱下部锥形扁口通向食槽中,当沿鸡笼移动时,饲料便沿锥面下滑落入食槽中。饲槽底部固定一条螺旋形弹簧圈,可防止鸡采食时选择饲料和将饲料抛出槽外。阶梯式鸡笼和叠层式鸡笼的喂料车分别见图 2 – 25 和图 2 – 26。

图 2 – 25　阶梯式鸡笼的喂料车

图 2 – 26　叠层式鸡笼的喂料车

（2）链板式喂饲机　可用于平养和笼养。它由料箱、驱动机构、链板、长饲槽、转角轮、饲料清洁筛、饲槽支架等组成，见图 2-27。链板是该设备的主要部件，它由若干链板相连而构成一封闭环。链板的前缘是一铲形斜面，当驱动机构带动链板沿饲槽和料斗构成的环路移动时，铲形斜面就将料斗内的饲料推送到整个长饲槽。按喂料机链片运行速度又分为高速链式喂料机（18～24 米/分）和低速链式喂料机（7～13 米/分）两种。

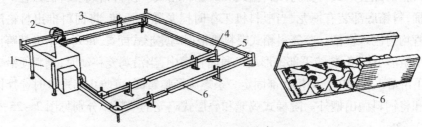

图 2-27　9WL-42P 链板式喂饲机

1. 料箱　2. 清洁器　3. 长饲槽　4. 转角轮　5. 升降器　6. 输送链

一般跨度 10 米左右的种鸡舍，跨度 7 米左右的肉鸡和蛋鸡舍用单链，跨度 10 米左右的蛋、肉鸡舍常用双链。链板式喂饲机用于笼养时，三层料机可单独设置料斗和驱动机构，也可采用同一料斗和使用同一驱动机构。

链板式喂饲机的优点是结构简单、工作可靠。缺点是饲料易被污染和分级（粉料）。

三、供水设备

1. 饮水器的种类

（1）乳头式　乳头式饮水器见图 2-28，有锥面、平面、球面密封型三大类。该设备用毛细管原理，使阀杆底部经常保持挂有一滴水，当鸡啄水滴时便触动阀杆顶开阀门，水便自动流出供其饮用。平时则靠供水系统对阀体顶部的压力，使阀体紧压在阀座上防止漏水。乳头式饮水设备适用于笼养和平养鸡舍给成鸡或两周龄以上雏鸡供水。要求配有适当的水压和纯净的水源，使饮水器能正常供水。

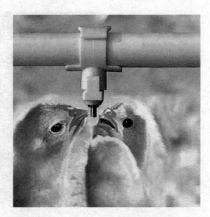

图 2-28　乳头式饮水器

050

（2）吊塔式　吊塔式饮水器又称普拉松饮水器，见图2-29，由饮水碗、活动支架、弹簧、封水垫及安在活动支架上的主水管、进水管等组成。靠盘内水的重量来启闭供水阀门，即当盘内无水时，阀门打开，当盘内水达到一定量时，阀门关闭。主要用于平养鸡舍，用绳索吊在离地面一定高度（与雏鸡的背部或成鸡的眼睛等高）。该饮水器的优点是适应性广，不妨碍鸡群活动。

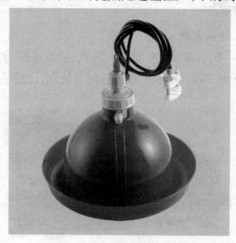

图2-29　吊塔式饮水器

（3）水槽式　水槽一般安装于鸡笼食槽上方，是由镀锌板、搪瓷或塑料制成的 V 型槽，每2米一根由接头连接而成。水槽一头通入长流动水，使整条水槽内保持一定水位供鸡饮用，另一头流入管道将水排出鸡舍。槽式饮水设备简单，但耗水量大。安装要求整列鸡笼几十米长度内，水槽高度误差小于5厘米，误差过大不能保证正常供水。

（4）杯式　杯式饮水设备分为阀柄式和浮嘴式两种。该饮水器耗水少，并能保持地面或笼体内干燥。平时水杯在水管内压力下使密封帽紧贴于杯体锥面，阻止水流入杯内。当鸡饮水时将杯舌下啄水流入杯体，达到自动供水的目的。

（5）真空式　由水筒和盘两部分组成，多为塑料制品。筒倒扣在盘中部，并由销子定位。筒内的水由筒下部壁上的小孔流入饮水器盘的环形槽内，能保持一定的水位。真空式饮水器主要用于平养鸡舍。

2. 供水系统

乳头式、杯式、吊塔式饮水器要与供水系统配套，供水系统由过滤器、减压装置和管路等组成。

（1）过滤器　过滤器的作用是滤去水中杂质,使减压装置和饮水器能正常供水。过滤器由壳体、放气阀、密封圈、上下垫管、弹簧及滤芯等组成。

（2）减压装置　减压装置的作用是将供水管压力减至饮水器所需要的压力,减压装置分为水箱式和减压阀式两种。

四、降温设备

1. 湿帘—风机降温系统

该系统见图2-30,由湿帘(或湿垫)、风机、循环水路与控制装置组成。具有设备简单、成本低廉、降温效果好、运行经济等特点,比较适合高温干燥地区。

图2-30　禽舍湿帘—风机降温系统

在湿帘—风机降温系统中,关键设备是湿帘。国内使用比较多的是纸质湿帘,采用特种高分子材料与木浆纤维空间交联,加入高吸水、强耐性材料胶结而成,具有耐腐蚀、使用寿命长、通风阻力小、蒸发降温效率高、能承受较高的过流风速、安装方便、便于维护等特点。湿帘—风机降温系统是目前最成熟的蒸发降温系统。

湿帘的厚度以100～200毫米为宜,干燥地区应选择较厚的湿帘,潮湿地区所用湿帘不宜过厚。

2. 喷雾降温系统

用高压水泵通过喷头将水喷成直径小于100微米雾滴,雾滴在空气中迅速汽化而吸收舍内热量使舍温降低。常用的喷雾降温系统主要由水箱、水泵、过滤器、喷头、管路及控制装置组成,该系统设备简单,效果显著,但易导致舍内湿度提高。若将喷雾装置设置在负压通风畜舍的进风口处,雾滴的喷出方向与进气气流相对,雾滴在下落时受气流的带动而降落缓慢,可延长雾滴的汽化时间,提高降温效果。但鸡舍雾化不全时,易淋湿羽毛影响生产性能。

3. 冷风空调

由箱体和送风管组成,箱体四壁为湿帘,送风管在箱体顶部,呈弧形弯曲。启动后风经过湿帘降温后通过送风管将凉风吹入鸡舍。

五、采暖设备

1. 保温伞

保温伞适用于垫料地面和网上平养育雏期供暖。有电热式和燃气式两类。

(1)电热式 热源主要为红外线灯泡和远红外板,伞内温度由电子控温器控制,可将伞下距地面5厘米处的温度控制在26~35℃,温度调节方便。

(2)燃气式 主要由辐射器和保温反射罩组成。可燃气体在辐射器处燃烧产生热量,通过保温反射罩内表面的红外线涂层向下反射远红外线,以达到提高伞下温度的目的。燃气式保温伞内的温度可通过改变悬挂高度来调节。

由于燃气式保温伞使用的是气体燃料(天然气、液化石油气和沼气等),所以育雏室内应有良好的通风条件,以防由于不完全燃烧产生一氧化碳而使雏鸡中毒。

2. 热风炉(图2-31)

图2-31　鸡舍用热风炉

热风炉供暖系统主要由热风炉、送风风机、风机支架、电控箱、连接弯管、有孔风管等组成。热风炉有卧式和立式两种,是供暖系统中的主要设备。它以空气为介质,采用燃煤板式换热装置,送风升温快,热风出口温度为80~120℃,热效率达70%以上,比锅炉供热成本降低50%左右,使用方便、安全,是目前推广使用的一种采暖设备。可根据鸡舍供热面积选用不同功率热风炉。立式热风炉顶部的水套还能利用烟气余热提供热水。

六、通风设备

1. 轴流式风机

轴流式风机见图2－32，主要由外壳、叶片和电机组成，叶片直接安装在电机的转轴上。轴流风机风向与轴平行，具有风量大、耗能少、噪声低、结构简单、安装维修方便、运行可靠等特点，而且叶片可以逆转，以改变输送气流的方向，而风量和风压不变，因此，既可用于送风，也可用于排风。但风压衰减较快。目前禽舍的纵向通风常用节能、大直径、低转速的轴流风机。

图2－32　轴流式风机

2. 离心式风机

离心式风机见图2－33，主要由蜗牛形外壳、工作轮和机座组成。这种风

图2－33　离心式风机

机工作时,空气从进风口进入风机,旋转的带叶片工作轮形成离心力将其压入外壳,然后再沿着外壳经出风口送入通风管中。离心风机不具逆转性,但产生的压力较大,多用于畜禽舍热风和冷风输送。

七、照明设备

(1)人工光照设备　包括白炽灯、荧光灯。

(2)照度计　可以直接测出光照强度的数值。由于家禽对光照的反应敏感,禽舍内要求的照度比日光低得多,应选用精确的仪器。

(3)光照控制器　基本功能是自动启闭禽舍照明灯,即利用定时器的多个时间段自编程序功能,实现精确控制舍内光照时间。

八、清粪设备

1. 刮板式清粪机(图2-34)

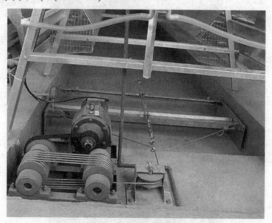

图2-34　刮板式清粪设备

用于网上平养和笼养,安置在鸡笼下的粪沟内,刮板略小于粪沟宽度。每开动一次,刮板做一次往返移动,刮板向前移动时将鸡粪刮到鸡舍一端的横向粪沟内,返回时,刮板上抬空行。横向粪沟内的鸡粪由螺旋清粪机排至舍外。根据鸡舍设计,一台电机可负载单列、双列或多列。

在用于半阶梯笼养和叠层笼养时采用多层式刮板,其安置在每一层的承粪板上,排粪设在安有动力装置相反一端。以四层笼养为例,开动电动机时,两层刮板为工作行程,另两层为空行,到达尽头时电动机反转,刮板反向移动,此时另两层刮板为工作行程,到达尽头时电动机停止。

2. 输送带式清粪机(图2-35~图2-37)

图2-35 输送带式清粪机前端　　图2-36 输送带式清粪机后端

图2-37 输送带式清粪机室外部分

　　适用于叠层式笼养鸡舍清粪,主要由电机和链传动装置,主动辊、被动辊、承粪带等组成。承粪带安装在每层鸡笼下面,启动时由电机、减速器通过链条带动各层的主动辊运转,将鸡粪输送到一端,被端部设置的刮粪板刮落,从而完成清粪作业。

　　横向清粪机是机械清粪的配套设备。当纵向清粪机将鸡粪清理到鸡舍一端时,再由横向清粪机将刮出的鸡粪输送到舍外。作业时清粪螺旋直接放入粪槽内,不用加中间支承,输送混有鸡毛的黏稠鸡粪也不会堵塞。

九、自动集蛋设备(图2－38～图2－40)

图2－38　位于鸡笼盛蛋网上的输蛋带及鸡蛋

图2－39　位于鸡笼前端的立式集蛋设备

图2－40　将鸡蛋从鸡舍输送到蛋库的输送系统

自动集蛋设备及其系统,包括输蛋带、导入装置、拾蛋装置、导出装置、缓冲装置、输送装置、扣链齿轮以及升降链条等。输蛋带把每列鸡笼的鸡蛋自动送到鸡舍前端,集蛋装置将鸡蛋传递到立式集蛋机上,拾蛋装置由多个蛋爪组并联连接在升降链条上,每一蛋爪组由多个蛋爪通过结合轴串联连接,每一蛋爪组两端通过结合轴分别与防止鸡蛋滑出的边挡相连接,边挡通过边扣固定于升降链条上。其组成的大型自动集蛋系统,包括多台所述的自动集蛋设备和输送装置,输送装置包括蛋传送杆、链轮、传动链条以及接蛋盘,所述多台自动集蛋设备沿着输送装置的传动链条的运动方向放置于输送装置的一侧或两侧。

有的设备通过鸡蛋输送系统可以将鸡舍内的鸡蛋输送到蛋库,工作人员直接在蛋库收集鸡蛋,不必到鸡舍去,减少了对鸡群的影响。

十、清洁蛋处理设备(图2-41)

一些蛋鸡场将收集后的鸡蛋使用清洁蛋处理设备进行处理,挑出破裂蛋、刷拭蛋壳表面灰尘、温水清洗、消毒、干燥、涂膜和喷码,之后装箱出售。这样保证了蛋品产出后的质量安全。

图2-41　清洁蛋处理设备

小 知 识

畜禽规模养殖污染防治条例(节选)
第一章　总　则

第一条　为了防治畜禽养殖污染,推进畜禽养殖废弃物的综合利用和无害化处理,保护和改善环境,保障公众身体健康,促进畜牧业持续健康发展,制定本条例。

第二条　本条例适用于畜禽养殖场、养殖小区的养殖污染防治。

畜禽养殖场、养殖小区的规模标准根据畜牧业发展状况和畜禽养殖污染防治要求确定。牧区放牧养殖污染防治,不适用本条例。

第三条　畜禽养殖污染防治,应当统筹考虑保护环境与促进畜牧业发展的需要,坚持预防为主、防治结合的原则,实行统筹规划、合理布局、综合利用、激励引导。

第四条　各级人民政府应当加强对畜禽养殖污染防治工作的组织领导,采取有效措施,加大资金投入,扶持畜禽养殖污染防治以及畜禽养殖废弃物综合利用。

第五条　县级以上人民政府环境保护主管部门负责畜禽养殖污染防治的统一监督管理。

县级以上人民政府农牧主管部门负责畜禽养殖废弃物综合利用的指导和服务。县级以上人民政府循环经济发展综合管理部门负责畜禽养殖循环经济工作的组织协调。县级以上人民政府其他有关部门依照本条例规定和各自职责,负责畜禽养殖污染防治相关工作。

乡镇人民政府应当协助有关部门做好本行政区域的畜禽养殖污染防治工作。

第六条　从事畜禽养殖以及畜禽养殖废弃物综合利用和无害化处理活动,应当符合国家有关畜禽养殖污染防治的要求,并依法接受有关主管部门的监督检查。

第七条　国家鼓励和支持畜禽养殖污染防治以及畜禽养殖废弃物综合利用和无害化处理的科学技术研究和装备研发。各级人民政府应当支持先进适用技术的推广,促进畜禽养殖污染防治水平的提高。

第八条　任何单位和个人对违反本条例规定的行为,有权向县级以上人民政府环境保护等有关部门举报。接到举报的部门应当及时调查处理。

对在畜禽养殖污染防治中做出突出贡献的单位和个人,按照国家有关规定给予表彰和奖励。

第二章　预　防

第九条　县级以上人民政府农牧主管部门编制畜牧业发展规划,报本级人民政府或者其授权的部门批准实施。畜牧业发展规划应当统筹考虑环境承载能力以及畜禽养殖污染防治要求,合理布局,科学确定畜禽养殖的品种、规模、总量。

第十条　县级以上人民政府环境保护主管部门会同农牧主管部门编制畜禽养殖污染防治规划,报本级人民政府或者其授权的部门批准实施。畜禽养殖污染防治规划应当与畜牧业发展规划相衔接,统筹考虑畜禽养殖生产布局,明确畜禽养殖污染防治目标、任务、重点区域,明确污染治理重点设施建设,以及废弃物综合利用等污染防治措施。

第十一条　禁止在下列区域内建设畜禽养殖场、养殖小区:

(一)饮用水水源保护区,风景名胜区;

(二)自然保护区的核心区和缓冲区;

(三)城镇居民区、文化教育科学研究区等人口集中区域;

(四)法律、法规规定的其他禁止养殖区域。

第十二条　新建、改建、扩建畜禽养殖场、养殖小区,应当符合畜牧业发展规划、畜禽养殖污染防治规划,满足动物防疫条件,并进行环境影响评价。对环境可能造成重大影响的大型畜禽养殖场、养殖小区,应当编制环境影响报告书;其他畜禽养殖场、养殖小区应当填报环境影响登记表。大型畜禽养殖场、养殖小区的管理目录,由国务院环境保护主管部门商国务院农牧主管部门确定。

环境影响评价的重点应当包括:畜禽养殖产生的废弃物种类和数量,废弃物综合利用和无害化处理方案和措施,废弃物的消纳和处理情况以及向环境直接排放的情况,最终可能对水体、土壤等环境和人体健康产生的影响以及控制和减少影响的方案和措施等。

第十三条　畜禽养殖场、养殖小区应当根据养殖规模和污染防治需要,建设相应的畜禽粪便、污水与雨水分流设施,畜禽粪便、污水的贮存设施,粪污厌氧消化和堆沤、有机肥加工、制取沼气、沼渣沼液分离和输送、污水处理、畜禽尸体处理等综合利用和无害化处理设施。已经委托他人对畜禽养殖废弃物代为综合利用和无害化处理的,可以不自行建设综合利用和无害化处理设施。

未建设污染防治配套设施、自行建设的配套设施不合格,或者未委托他人对畜禽养殖废弃物进行综合利用和无害化处理的,畜禽养殖场、养殖小区不得投入生产或者使用。

畜禽养殖场、养殖小区自行建设污染防治配套设施的,应当确保其正常运行。

第十四条　从事畜禽养殖活动,应当采取科学的饲养方式和废弃物处理工艺等有效措施,减少畜禽养殖废弃物的产生量和向环境的排放量。

第三章　综合利用与治理

第十五条　国家鼓励和支持采取粪肥还田、制取沼气、制造有机肥等方法,对畜禽养殖废弃物进行综合利用。

第十六条　国家鼓励和支持采取种植和养殖相结合的方式消纳利用畜禽养殖废弃物,促进畜禽粪便、污水等废弃物就地就近利用。

第十七条　国家鼓励和支持沼气制取、有机肥生产等废弃物综合利用以及沼渣沼液输送和施用、沼气发电等相关配套设施建设。

第十八条　将畜禽粪便、污水、沼渣、沼液等用作肥料的,应当与土地的消纳能力相适应,并采取有效措施,消除可能引起传染病的微生物,防止污染环境和传播疫病。

第十九条　从事畜禽养殖活动和畜禽养殖废弃物处理活动,应当及时对畜禽粪便、畜禽尸体、污水等进行收集、贮存、清运,防止恶臭和畜禽养殖废弃物渗出、泄漏。

第二十条　向环境排放经过处理的畜禽养殖废弃物,应当符合国家和地方规定的污染物排放标准和总量控制指标。畜禽养殖废弃物未经处理,不得直接向环境排放。

第二十一条　染疫畜禽以及染疫畜禽排泄物、染疫畜禽产品、病死或者死因不明的畜禽尸体等病害畜禽养殖废弃物,应当按照有关法律、法规和国务院农牧主管部门的规定,进行深埋、化制、焚烧等无害化处理,不得随意处置。

第二十二条　畜禽养殖场、养殖小区应当定期将畜禽养殖品种、规模以及畜禽养殖废弃物的产生、排放和综合利用等情况,报县级人民政府环境保护主管部门备案。环境保护主管部门应当定期将备案情况抄送同级农牧主管部门。

第二十三条　县级以上人民政府环境保护主管部门应当依据职责对畜禽养殖污染防治情况进行监督检查,并加强对畜禽养殖环境污染的监测。

乡镇人民政府、基层群众自治组织发现畜禽养殖环境污染行为的，应当及时制止和报告。

第二十四条　对污染严重的畜禽养殖密集区域，市、县人民政府应当制定综合整治方案，采取组织建设畜禽养殖废弃物综合利用和无害化处理设施、有计划搬迁或者关闭畜禽养殖场所等措施，对畜禽养殖污染进行治理。

第二十五条　因畜牧业发展规划、土地利用总体规划、城乡规划调整以及划定禁止养殖区域，或者因对污染严重的畜禽养殖密集区域进行综合整治，确需关闭或者搬迁现有畜禽养殖场所，致使畜禽养殖者遭受经济损失的，由县级以上地方人民政府依法予以补偿。

第四章　激励措施

第二十六条　县级以上人民政府应当采取示范奖励等措施，扶持规模化、标准化畜禽养殖，支持畜禽养殖场、养殖小区进行标准化改造和污染防治设施建设与改造，鼓励分散饲养向集约饲养方式转变。

第二十七条　县级以上地方人民政府在组织编制土地利用总体规划过程中，应当统筹安排，将规模化畜禽养殖用地纳入规划，落实养殖用地。

国家鼓励利用废弃地和荒山、荒沟、荒丘、荒滩等未利用地开展规模化、标准化畜禽养殖。

畜禽养殖用地按农用地管理，并按照国家有关规定确定生产设施用地和必要的污染防治等附属设施用地。

第二十八条　建设和改造畜禽养殖污染防治设施，可以按照国家规定申请包括污染治理贷款贴息补助在内的环境保护等相关资金支持。

第二十九条　进行畜禽养殖污染防治，从事利用畜禽养殖废弃物进行有机肥产品生产经营等畜禽养殖废弃物综合利用活动的，享受国家规定的相关税收优惠政策。

第三十条　利用畜禽养殖废弃物生产有机肥产品的，享受国家关于化肥运力安排等支持政策；购买使用有机肥产品的，享受不低于国家关于化肥的使用补贴等优惠政策。

畜禽养殖场、养殖小区的畜禽养殖污染防治设施运行用电执行农业用电价格。

第三十一条　国家鼓励和支持利用畜禽养殖废弃物进行沼气发电,自发自用、多余电量接入电网。电网企业应当依照法律和国家有关规定为沼气发电提供无歧视的电网接入服务,并全额收购其电网覆盖范围内符合并网技术标准的多余电量。

利用畜禽养殖废弃物进行沼气发电的,依法享受国家规定的上网电价优惠政策。利用畜禽养殖废弃物制取沼气或进而制取天然气的,依法享受新能源优惠政策。

第三十二条　地方各级人民政府可以根据本地区实际,对畜禽养殖场、养殖小区支出的建设项目环境影响咨询费用给予补助。

第三十三条　国家鼓励和支持对染疫畜禽、病死或者死因不明畜禽尸体进行集中无害化处理,并按照国家有关规定对处理费用、养殖损失给予适当补助。

第三十四条　畜禽养殖场、养殖小区排放污染物符合国家和地方规定的污染物排放标准和总量控制指标,自愿与环境保护主管部门签订进一步削减污染物排放量协议的,由县级人民政府按照国家有关规定给予奖励,并优先列入县级以上人民政府安排的环境保护和畜禽养殖发展相关财政资金扶持范围。

第三十五条　畜禽养殖户自愿建设综合利用和无害化处理设施、采取措施减少污染物排放的,可以依照本条例规定享受相关激励和扶持政策。

第五章　法律责任

第三十六条　各级人民政府环境保护主管部门、农牧主管部门以及其他有关部门未依照本条例规定履行职责的,对直接负责的主管人员和其他直接责任人员依法给予处分;直接负责的主管人员和其他直接责任人员构成犯罪的,依法追究刑事责任。

第三十七条　违反本条例规定,在禁止养殖区域内建设畜禽养殖场、养殖小区的,由县级以上地方人民政府环境保护主管部门责令停止违法行为;拒不停止违法行为的,处3万元以上10万元以下的罚款,并报县级以上人民政府责令拆除或者关闭。在饮用水水源保护区建设畜禽养殖场、养殖小区的,由县级以上地方人民政府环境保护主管部门责令停止违法行为,处10万元以上50万元以下的罚款,并报经有批准权的人民政府批准,责令拆除或者关闭。

第三十八条 违反本条例规定,畜禽养殖场、养殖小区依法应当进行环境影响评价而未进行的,由有权审批该项目环境影响评价文件的环境保护主管部门责令停止建设,限期补办手续;逾期不补办手续的,处5万元以上20万元以下的罚款。

第三十九条 违反本条例规定,未建设污染防治配套设施或者自行建设的配套设施不合格,也未委托他人对畜禽养殖废弃物进行综合利用和无害化处理,畜禽养殖场、养殖小区即投入生产、使用,或者建设的污染防治配套设施未正常运行的,由县级以上人民政府环境保护主管部门责令停止生产或者使用,可以处10万元以下的罚款。

第四十条 违反本条例规定,有下列行为之一的,由县级以上地方人民政府环境保护主管部门责令停止违法行为,限期采取治理措施消除污染,依照《中华人民共和国水污染防治法》、《中华人民共和国固体废物污染环境防治法》的有关规定予以处罚:

(一)将畜禽养殖废弃物用作肥料,超出土地消纳能力,造成环境污染的;

(二)从事畜禽养殖活动或者畜禽养殖废弃物处理活动,未采取有效措施,导致畜禽养殖废弃物渗出、泄漏的。

第四十一条 排放畜禽养殖废弃物不符合国家或者地方规定的污染物排放标准或者总量控制指标,或者未经无害化处理直接向环境排放畜禽养殖废弃物的,由县级以上地方人民政府环境保护主管部门责令限期治理,可以处5万元以下的罚款。县级以上地方人民政府环境保护主管部门做出限期治理决定后,应当会同同级人民政府农牧等有关部门对整改措施的落实情况及时进行核查,并向社会公布核查结果。

第四十二条 未按照规定对染疫畜禽和病害畜禽养殖废弃物进行无害化处理的,由动物卫生监督机构责令无害化处理,所需处理费用由违法行为人承担,可以处3 000元以下的罚款。

第六章 附 则

第四十三条 畜禽养殖场、养殖小区的具体规模标准由省级人民政府确定,并报国务院环境保护主管部门和国务院农牧主管部门备案。

第四十四条 本条例自2014年1月1日起施行。

第三章　蛋鸡标准化安全生产的种源与种质管理

　　种源关系到蛋鸡的健康和生产性能。目前,蛋鸡种源的基本来源具有很高的相似性,白壳蛋鸡都是从单冠白来航品种中选育出的高产配套系,所有品系都是同一个种源。褐壳蛋鸡的父系主要是洛岛红品种的高产品系,少数是澳洲黑品种的高产品系;母系父本一般都是合成品系或是从哥伦比亚羽色的品种中选育出的高产品系;少数的配套系是从芦花洛克品种中选育出的高产品系;母系母本大多是从洛岛白品种中培育出的高产品系。由于不同育种公司的育种技术和方法方面的差异,所选育出的配套系的表现(如体重、毛色、抗病力、产蛋量、平均蛋重等)也存在一些差异。

　　许多育种场和种鸡繁育场非常重视种鸡群的卫生防疫工作,但是如果稍有疏忽则不仅造成种鸡健康出现问题,还可能会导致后代的健康受影响。因此,种源的健康状况是影响蛋鸡安全生产的重要环节。

第一节 标准化生产的种源与种质要求

一、种源是商业配套系

现代高产蛋鸡都是专用配套品系，因为单一的品种很难达到高产稳产的要求。目前，常见的有两系配套（如京红1号、京粉1号等）和四系配套（如海兰褐、罗曼褐、伊萨褐等），个别育种公司推出的有三系配套。每个系在育种的时候都会在整体生产性能提升的同时着重某一个或两个方面（如产蛋率、蛋重、抗病力或饲料效率等）具有突出的表现。杂交后代则能够将各个系的优点集中到一起。

目前，除用于生产土鸡蛋的鸡场饲养的是某个地方良种或土杂鸡外，基本上没有使用某个品种作为商品生产的。

二、种源来源清楚

目前，国内外知名的家禽育种公司为数不多，国内的峪口禽业培养的京红1号、京粉1号、京粉2号占有国内蛋鸡生产份额的10%左右，国外的海兰系列、罗曼系列和伊萨系列的蛋鸡配套系能够占有国内蛋鸡生产份额的80%左右，其他公司的蛋鸡配套系约占10%。国内的祖代蛋种鸡场都应该是经过该省（市、区）畜牧主管部门验收通过的，并持有验收合格证，这样的场才能向外提供种蛋或雏鸡。没有经过验收的鸡场则不能供应种蛋或雏鸡。

三、种鸡场对特定疾病的净化

一些传染病能够通过种蛋由亲本传染给后代，也称蛋传性疾病或垂直传播疾病如鸡白痢、败血支原体、淋巴白血病等，一旦种鸡感染后其所产种蛋中有一部分会携带这些病原体，孵化过程中可能会造成胚胎死亡或出现弱雏，也可能出现已经感染但外观健康的带毒（带菌）雏鸡。这些雏鸡都会成为群内的传染源，不仅自身健康容易发生问题，也会使其他雏鸡感染。

按照要求，曾祖代和祖代种鸡场都要对这3种传染病进行全面的净化，父母代种鸡场需要对鸡白痢进行净化。种鸡群净化不力，后代的蛋传疾病将无法控制；蛋传疾病大都有水平传播能力，可在后代扩散放大；蛋传疾病使部分感染禽免疫耐受，长期排毒而无免疫应答；大部分蛋传疾病很难用疫苗控制。

第二节　鸡的外貌特征

一、外貌部位

鸡的外貌部位大体可以分为头部、颈部、体躯与翅膀、尾部和腿5个部分（图3－1）。

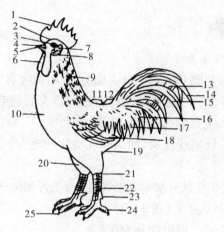

图3－1　鸡的外貌部位

1. 冠　2. 头顶　3. 眼　4. 鼻孔　5. 喙　6. 肉髯　7. 耳孔　8. 耳叶　9. 颈和颈羽

10. 胸　11. 背　12. 腰　13. 主尾羽　14. 大镰羽　15. 小镰羽　16. 覆尾羽　17. 鞍羽

18. 翼羽　19. 腹　20. 小腿　21. 踝关节　22. 跖(胫)　23. 距　24. 趾　25. 爪

1. 头部

鸡的头部包括头顶、喙与鼻孔、面部、鸡冠、髯、眼睛、耳叶与耳孔等。鸡冠的常见类型主要有单冠、玫瑰冠和豆冠，蛋用鸡基本都是属于单冠，包括冠基、冠齿和冠尾。喙包括上喙和下喙，是坚硬的角质化皮肤衍生物，喙的前端较尖，以利于啄食，上喙略长于下喙。耳孔被短小的羽毛所覆盖。面部覆盖稀疏的短小羽毛(纤羽较多)。

2. 颈部

鸡的颈部较长，转动比较灵活。这样就能够保证鸡用喙部啄尾脂腺后梳理全身的羽毛。

3. 体躯与翅膀

鸡的体躯包括胸、背、腰和腹4部分，均被较厚的羽毛覆盖；双翅贴于体躯两侧，外侧面覆盖较多的羽毛。

4. 尾部

主要是尾羽和尾脂腺。蛋用鸡的尾部明显上翘,白壳蛋鸡尤其明显。

5. 腿

包括大腿部、小腿部、胫部和趾。大腿和小腿皮肤覆盖有羽毛,蛋用鸡的胫部和趾部没有羽毛,表面覆盖鳞片。个别的地方品种胫部和趾部有羽毛。每只脚通常有 4 个趾,丝羽乌骨鸡有 5 个,一般把最内侧的趾称为第一趾,向外排序。

二、羽毛类型

1. 按羽毛的形状分类

按照外观形状可以将鸡的羽毛分为廓羽、纤羽和绒羽三种类型。

(1)廓羽　也称片羽。是覆盖在鸡体表的较大的羽毛,由羽根、羽轴、羽小枝等组成,如尾羽、主翼羽、副翼羽、梳羽、鞍羽等。

(2)纤羽　也称针羽或发羽,如同哺乳动物的毛发一样,较短,一般被廓羽所覆盖。

(3)绒羽　贴近于皮肤并被廓羽所覆盖,由毛蒂和绒丝组成,形成绒朵。

2. 按羽毛着生部位分类(图 3－2)

按照羽毛的着生部位可以划分为 6 类。

镰羽　鞍羽　梳羽

图 3－2　鸡的羽毛

(1)头部羽毛　在鸡是眼眶周围、头顶和面部覆盖有细小的纤羽和小片羽。有的地方品种有比较发达的头顶部羽毛(称毛冠)或颌下羽毛(称胡须),商品蛋鸡配套系没有这些特征。

（2）颈羽　鸡的颈部覆盖有浓密的羽毛，外层为片羽，内层为纤羽。成年公鸡颈的中下部羽毛长、末端尖，也称为梳羽或蓑羽。

（3）体躯羽毛　在鸡的胸、腹、背和腰部都有羽毛覆盖，外层为片羽，有少量纤羽着生；成年公鸡腰荐部羽毛长、末端尖，也称为鞍羽。

（4）翅羽　统称翼羽。着生在翅膀外缘下部的大羽毛称为主翼羽，有10根，覆盖在其背面的称为覆主翼羽；翅膀外缘上部的大羽毛称为副翼羽，覆盖在其背面的称为覆副翼羽；主翼羽与副翼羽之间有一根轴羽。

（5）尾羽　鸡的尾羽包括主尾羽和覆尾羽，成年公鸡还有长而弯曲的大镰羽和小镰羽。

（6）胫羽　有的地方品种鸡在胫部着生有羽毛，称为胫羽，如丝羽乌骨鸡等。一些有胫羽的鸡还可能在趾部长有趾羽。商品蛋鸡配套系没有这些特征。

三、外貌识别在生产中的应用

1. 用于判断鸡的生产类型

通常蛋用型鸡体型头部清秀，颈部细长，胸部较浅、窄而腹部较大，胫部较细；蛋鸡体型呈船形。肉用型鸡的外貌特征是体型呈长方形，头部粗大，颈部粗且较短，胫部粗，胸部宽深。

2. 用于推断鸡的年龄

产蛋鸡的产蛋时间越长则羽毛越粗乱甚至部分脱落或折断，胫部和趾部鳞片干燥，爪长而弯曲，鸡的距长而尖，有弯曲。青年鸡还可以根据羽毛脱换情况推断周龄的大小。

3. 用于推断鸡的生产性能

高产和低产鸡在外貌特征上有较为明显的不同（后面有专门的叙述）。

4. 用于判断鸡的健康状况

不健康的鸡眼睛无神，羽毛散乱，双翅与体躯贴得不紧或下垂，胫部鳞片干枯，体躯瘦，腹部过大或过小。

5. 用于了解鸡的性发育情况

达到性成熟的鸡能够表现出明显的第二性征。接近性成熟或已经性成熟的公鸡其梳羽和鞍羽表现明显。睾丸发育不良的公鸡其第二性征不明显。

四、体尺测量

1. 体尺指标

（1）体斜长　用皮尺沿体表测量锁骨前上关节至坐骨结节间距离（厘

米）。

(2)胸宽　用卡尺测量两肩关节之间的距离(厘米)。

(3)胸深　用卡尺测量第一胸椎到胸骨前缘间的距离(厘米)。

(4)胸角　用胸角器在胸骨前缘测量两侧胸部角度。

(5)胸骨长　用皮尺测量体表胸骨前后两端间的距离(厘米)。

(6)骨盆宽　用卡尺测量两坐骨结节间的距离(厘米)。

(7)胫长　用卡尺测量胫部上关节到第三、第四趾间的直线距离(厘米)。

(8)胫围　胫骨中部的周长(厘米)。

(9)头宽　用卡尺测量两侧眼睛上眶之间的距离(厘米)。

(10)站立高度　测量鸡站立时头顶到地面的垂直距离(厘米)。

2. 体尺测量在生产中的应用

(1)描述一个品种的重要指标　任何一个鸡品种在描述其特征和性能的时候都要涉及部分体尺数据。

(2)判断鸡发育的重要指标　青年蛋鸡的生长发育情况主要从体尺(常用的是胫长)和体重两方面进行衡量。

(3)评价生产性能的参考指标　一些体尺指标能够反映鸡的生产性能,尤其是肉用性能(如胸宽、胸深、胸角、胫围等)。

(4)饲养设备设计的参考指标　如在鸡笼设计的时候其高度和深度需要考虑鸡的体斜长、站立高度;鸡笼前网栅格的宽度需要考虑鸡头部的宽度等。

第三节　鸡的品种分类

鸡品种的分类有两种方法,即标准分类法和现代分类法。

一、标准分类法

19 世纪中叶后"大不列颠家禽协会"和"美洲家禽协会"制定了各种家禽品种标准。经鉴定评比符合该标准的即承认为标准品种,可编入每 4 年出版 1 次的《标准品种志》内。品种志中所收录的家禽品种按照不同类型进行分类,该分类方法称为标准分类法。其具体示例见表 3 - 1。其具体分类要求包括类、型、品种和变种:

类:按照该品种的原产地(或输出地)进行划分,如英国类、亚洲类、美洲类、地中海类等。

型:按该品种的主要经济用途划分,如蛋用型、肉用型、兼用型、玩赏型等。

品种:是指经过系统选育、有特定的经济用途、外貌特征相似、遗传性稳定、群体达到一定数量的家禽种群。

变种:也称内种、品变种等,是指在同一个品种内因为某一个或几个外貌特征(如羽毛颜色、鸡冠类型等)差异而建立的种群。

表 3 - 1 标准分类法示例

名称	类	型	品种	变种
来航鸡	地中海	蛋用	来航鸡	单冠白来航、褐来航等
洛克鸡	美洲	蛋、肉兼用	洛克鸡	白洛克、芦花洛克、金黄洛克等
九斤鸡	亚洲	肉用	九斤鸡	黄色九斤鸡、黑色九斤鸡等

被收录的鸡标准品种和变种有 200 多个,然而这些标准品种在目前的蛋鸡生产中很少被直接饲养用于产蛋,只有少数品种经过品系选育用作高产蛋鸡的配套系。

二、现代分类法

现代分类法是以鸡的主要经济用途和产品特征进行划分的,分为肉用型和蛋用型。

1. 肉用型鸡

以提供鸡肉为主,这类鸡的生长速度较快或肉质较好。根据生产性能和产品特征又分为两类:

(1)白羽快大型肉鸡 父本是以白色科尼什为主要种源选育出的高产品系,母本是以白洛克为基础选育出的高产品系。其特征是羽毛为纯白色,胫部黄色,早期生长速度快(6 周龄平均体重能够达到 2.65 千克左右)、饲料效率高(每千克体重的耗料量约 1.8 千克)。

(2)优质肉鸡 这类鸡是用黄羽或麻羽地方良种鸡与外来品种进行杂交后育成的。羽毛颜色为黄色或麻色,胫部黄色或青色。根据生长速度又可分为 3 个类型:快速型,49 日龄体重达到 1.3 ~ 1.6 千克;中速型,80 ~ 100 日龄体重达到 1.6 ~ 2.0 千克;特优质型,90 ~ 120 日龄体重达到 1.3 ~ 1.5 千克。

2. 蛋用型鸡

主要以产蛋性能高为特点,根据蛋壳颜色又可以分为 3 个类型:

(1)白壳蛋鸡 其特征是蛋壳为纯白色,它是在单冠白来航的基础上选育出的高产配套品系,羽毛纯白色,体型较小。

（2）褐壳蛋鸡　父本品系是由洛岛红选育出的高产品系,羽毛为褐色;母本 C 系为合成品系或具有特殊遗传性状的品系,羽毛颜色为白色或哥伦比亚羽色;D 系是从洛岛白中选育出的高产品系,羽毛为白色。也有个别配套系的母本品系是从芦花洛克中选育出的高产品系。种鸡和商品鸡所产蛋壳颜色均为褐色。商品代雏鸡出壳后就能够从绒毛颜色的差别上分辨出公母。

（3）粉壳蛋鸡　通常是用白壳蛋鸡高产品系与褐壳蛋鸡高产品系进行杂交获得的。杂交后代羽毛颜色以白色为主,个别个体有褐色或其他颜色羽毛,蛋壳颜色为奶油色(粉色)。

此外,还有一些鸡场饲养有绿壳蛋鸡,它是从我国地方良种鸡群中将产绿色蛋壳的个体挑选出来后进行扩群和选育(甚至与蛋用鸡杂交)培育出的。羽毛颜色有很多类型,蛋壳颜色为青绿色,深浅有差异。其产蛋性能大多数不如上述 3 种类型的蛋鸡。

第四节　现代蛋鸡高产配套系

目前,我国饲养的蛋鸡基本都是高产配套系,国外的配套系占有较大比例。主要的蛋鸡育种公司及高产配套系见表 3 - 2。

表 3 - 2　主要的蛋鸡育种公司及高产配套系

集团	子公司	蛋鸡配套系
EW 集团罗曼家禽育种集团	罗曼	罗曼褐、罗曼白(精选来航)、罗曼粉
	海兰	海兰褐、海兰白、海兰灰
	尼克	尼克红、尼克粉
荷兰汉德克集团伊萨家禽育种公司	伊萨	伊萨褐、新红褐、伊萨白
	巴布考克	B - 300、B - 380
	迪卡	迪卡褐、迪卡白
	宝万斯	宝万斯 - 尼拉
	海赛克斯	海赛克斯白、海赛克斯褐
	雪佛	雪佛褐
匈牙利巴波娜		巴波娜褐、巴波娜粉、巴波娜 - 黑康、巴波娜黄
北京峪口家禽育种公司		京红 1 号、京粉 1 号、京粉 2 号

一、褐壳蛋鸡

最主要的配套模式是以洛岛红(或有少量新汉夏血统)为父系,洛岛白或白洛克等带伴性银色基因的品种作母系。利用横斑基因作自别雌雄时,则以洛岛红或其他非横斑羽型品种(如澳洲黑)作父系,以横斑洛克为母系作配套,生产商品代褐壳蛋鸡。

褐壳蛋鸡蛋重大,蛋的破损率较低,适于运输和保存;鸡的性情温驯,对应激因素的敏感性较低,好管理;体重较大,产肉量较高,商品代小公鸡生长较快,是禽肉的补充来源;耐寒性好,冬季产蛋率较平稳;啄癖少,因而死亡、淘汰率较低;杂交鸡可据羽色自别雌雄。褐壳蛋鸡的缺点是体重较大,采食量比白色鸡多5~6克/天,每只鸡所占面积比白色鸡多15%左右,单位面积产蛋少5%~7%;这种鸡体型大,耐热性较差;蛋中血斑和肉斑率高,感观不太好。目前,褐壳蛋鸡育种的重要目标是在保证产蛋性能稳定的同时降低成年体重,而且已经取得成效。

1. 海兰褐

海兰褐是美国海兰国际公司培育的四系配套优良蛋鸡品种,是目前我国饲养的褐壳蛋鸡中数量最多的配套系。其父本为洛岛红型鸡的品种,而母本则为洛岛白的品系,其配套杂交所产生的商品代可以根据绒毛颜色鉴别雌雄。

商品代初生雏,母雏全身红色,公雏全身白色,可以自别雌雄。但由于母本是合成系,商品代中红色绒毛母雏中有少数个体在背部带有深褐色条纹,白色绒毛公雏中有部分在背部带有浅褐色条纹。商品代母鸡在成年后,全身羽毛基本(整体上)红色,尾部羽毛上端大都带有少许白色。

商品代生产性能:1~18周龄成活率为96%~98%,体重1 550克,每只鸡耗料量5 700~6 700克。产蛋期(至80周)高峰产蛋率94%~96%,入舍母鸡产蛋数至60周龄时为246枚,至74周龄时为317枚,至80周龄时为344枚。19~80周龄每只鸡日平均耗料114克;21~74周龄每千克蛋耗料2.11千克,72周龄体重为2 250克。

2. 罗曼褐

罗曼褐是罗曼公司培育的四系配套蛋鸡,种源基础情况与海兰褐相同,外貌特征也相似。

罗曼褐商品鸡开产期为18~20周,0~20周龄育成率97%~98%,152~158日龄达50%产蛋率;0~20周龄总耗料7 400~7 800千克,20周龄体重

1 500～1 600 千克;产蛋高峰期为 25～27 周,产蛋率为 90%～93%,72 周龄入舍鸡产蛋量 285～295 枚,12 月龄平均蛋重 63.5～64.5 克,入舍鸡总蛋重 18 200～18 800 克,每千克蛋耗料 2.3～2.4 千克;产蛋期末体重 2 200～2 400 千克;产蛋期母鸡存活率 94%～96%。

父母代种鸡 18 周龄体重 1 400～1 500 克,1～20 周龄耗料 8 000 克/只(含公鸡),1～18 周龄成活率 96%～98%;开产日龄 147～161 天,高峰产蛋率 90%～92%;72 周龄入舍母鸡产蛋 273～283 枚,产合格种蛋 240～250 枚,产母雏 95～102 只;68 周龄母鸡体重 2 200～2 400 克;21～68 周龄耗料 41.5 千克/只(含公鸡),19～72 周龄成活率 94%～96%。

3. 京红 1 号

京红 1 号是由北京峪口家禽公司在我国饲养环境下自主培育出的优良褐壳蛋鸡配套系,外貌特征与海兰褐相似。

父母代种母鸡 18 周龄体重 1 410～1 510 克,1～18 周龄成活率 96%～98%;开产日龄 143～150 天,高峰产蛋率 90%～92%;68 周龄入舍母鸡产蛋 268～278 枚,产合格种蛋 235～244 枚,产母雏 94～100 只;68 周龄母鸡体重 1 910～2 010 克。

商品代:72 周龄饲养日产蛋数 311 枚,产蛋总重 19.5 千克,产蛋期料蛋比 2.2∶1。

4. 巴布考克 B－380

巴布考克 B－380 蛋鸡是由法国哈巴德伊莎公司培育的四系配套种鸡,商品代雏鸡羽色自别雌雄。巴布考克 B－380 最显著的外观特点是具有黑色尾羽,并且其中 40%～50% 的商品代鸡体上着生黑色羽毛,由此可作为它的品种特征以防假冒。

该鸡种具有优越的产蛋性能,商品代 76 周龄产蛋数达 337 枚,总蛋重 21.16 千克;蛋大小均匀,产蛋前后期蛋重差别较小;蛋重适中,产蛋全期平均蛋重 62.5 克;料蛋比为 2.05∶1。

5. 巴波娜－特佳

巴波娜－特佳由匈牙利巴波娜国际育种公司育成。红褐色羽毛、深褐色蛋。具有抵抗力强、产蛋量高、成活率高、蛋的破损率低等特点。

商品鸡 18 周龄平均体重 1 580 克,1～18 周龄耗料 7.15 千克/只,成活率 95%～98%;平均开产日龄 149 天,25～27 周龄达产蛋高峰,高峰产蛋率 95%;72 周龄入舍母鸡平均产蛋 302 枚,总蛋重 19.8 千克,体重 2 150～2 250

克;19~72周龄日耗料115~125克/只,料蛋比(2.12~2.18):1,成活率92%~96%。

6. 宝万斯尼拉

宝万斯尼拉是由荷兰汉德克家禽育种有限公司育成的四元杂交褐壳蛋鸡配套系。A系、B系为单冠、红褐色羽;C系、D系为单冠、芦花色羽。父母代父本为单冠、红褐色羽;母本为单冠、芦花色羽,产褐壳蛋。商品代雏鸡单冠、羽色自别:母雏羽毛为灰褐色,公雏为黑色。成年母鸡为单冠、红褐色羽,产褐壳蛋;公鸡为芦花色羽毛。

宝万斯尼拉育成期(0~17周)成活率98%,18周体重1.525千克,18周耗料6 600克。产蛋期(18~76周)存活率95%,开产日龄143天,高峰产蛋率94%,平均蛋重61.5克,入舍母鸡产蛋数316枚,平均每日耗料114克。

7. 雪佛褐蛋鸡

雪佛褐蛋鸡是法国哈伯德伊莎公司培育的褐壳蛋鸡配套系(经法国哈伯德伊莎公司授权,特准山东省济宁市祖代鸡场使用"伊莎济宁红"名称)。外貌特征与海兰褐相似。

父母代种鸡1~18周龄成活率97%;平均开产日龄154天,25周龄达产蛋高峰,高峰产蛋率93%以上;72周龄入舍母鸡产蛋275~285枚,产合格种蛋235~245枚,平均产母雏94只;19~68周龄成活率91%。

商品鸡18周龄平均体重1 550克,1~18周龄耗料6 680克/只,成活率98%;开产日龄140~147天,25~26周龄达产蛋高峰,高峰产蛋率95%以上;76周龄入舍母鸡平均产蛋338枚,总蛋重21.08千克,平均蛋重62.3克,体重1 950~2 050克;19~76周龄日耗料110克~118克/只,料蛋比2.11:1,成活率93%。

二、白壳蛋鸡

现代白壳蛋鸡全部来源于单冠白来航品变种,通过培育不同的纯系来生产两系、三系或四系杂交的商品蛋鸡。一般利用伴性快慢羽基因在商品代实现雏鸡自别雌雄。

这种鸡体形小,生长迅速,体格健壮,死亡率低;开产早,产蛋量高;体型小,耗料少,饲料报酬高,单位面积的饲养密度高;适应性强,各种气候条件下均可饲养;蛋中血斑和肉斑率很低。它的不足之处是富于神经质,胆小怕人,抗应激性较差;好动爱飞,平养条件下需设置较高的围栏;啄癖多,特别是开产初期啄肛造成的伤亡率较高。

1. 罗曼白

罗曼白系德国罗曼公司育成的两系配套杂交鸡,即精选罗曼 SLS。据罗曼公司的资料,罗曼白商品代鸡:0~20 周龄育成率 96%~98%;20 周龄体重 1.3~1.35 千克;150~155 日龄达 50% 产蛋率,高峰产蛋率 92%~94%,72 周龄产蛋量 290~300 枚,平均蛋重 62~63 克,总蛋重 18~19 千克,每千克蛋耗料 2.3~2.4 千克;产蛋期末体重 1.75~1.85 千克;产蛋期存活率 94%~96%。

2. 海兰 W-36

海兰 W-36 系美国海兰国际公司育成的四系配套杂交鸡,公、母鸡均为纯白色羽毛,体型"V"字形,单冠,喙、胫为黄色。商品代初生雏鸡可根据快慢羽自别雌雄。公鸡为慢羽型,母鸡为快羽型。

海兰 W-36 商品代鸡:0~18 周龄育成率 97%,平均体重 1.28 千克;161 日龄达 50% 产蛋率,高峰产蛋率 91%~94%,32 周龄平均蛋重 56.7 克,70 周龄平均蛋重 64.8 克,80 周龄入舍鸡产蛋量 294~315 枚,饲养日年产蛋量 305~325 枚;产蛋期存活率 90%~94%。

3. 海赛克斯白鸡

该配套系是由荷兰尤利布里德公司育成的,以产蛋强度高、蛋重大而著称,被认为是当代最高产的白壳蛋鸡之一。该鸡羽毛白色,皮肤及胫、喙为黄色,体型中等大小,商品代雏鸡根据羽速自别雌雄。

该鸡种 135~140 日龄见蛋,160 日龄达 50% 产蛋率,72 周龄总产蛋重 16~17 千克。平均蛋重 60.4 克,每千克蛋耗料 2.3 千克;产蛋期存活率 92.5%。

4. 宝万斯白

宝万斯白蛋鸡是荷兰汉德克家禽育种有限公司培育的白壳蛋鸡配套系。

父母代种鸡 20 周龄体重 1 350~1 400 克,1~20 周龄耗料 7.1~7.6 千克/只,成活率 95%~96%;开产日龄 140~150 天,高峰产蛋率 90%~92%;68 周龄入舍母鸡产蛋 260~265 枚,产合格种蛋 230~240 枚,产母雏 90~95 只,体重 1 750~1 850 克;21~68 周龄日耗料 112~117 克/只,成活率 92%~93%。

商品鸡 20 周龄体重 1 350~1 400 克,1~20 周龄耗料 6.8~7.3 千克/只,成活率 96%~98%;开产日龄 140~147 天,高峰产蛋率 93%~96%;80 周龄入舍母鸡产蛋 327~335 枚,蛋重 61~62 克,体重 1 700~1 800 克;21~80 周

龄日耗料 104~110 克/只,料蛋比(2.10~2.20)∶1,成活率 94%~95%。

三、粉壳蛋鸡

粉壳蛋鸡是利用轻型白来航鸡与中型褐壳蛋鸡杂交产生的鸡种,因此用作现代白壳蛋鸡和褐壳蛋鸡的标准品种一般都可用于浅褐壳蛋鸡。目前主要采用的是以洛岛红型鸡或洛岛白型鸡作为母系,与白来航父系杂交,并利用伴性快慢羽基因自别雌雄。这类鸡的体重、产蛋量、蛋重均处于褐壳蛋鸡与白壳蛋鸡之间,融两亲本的优点于一体。由于此商品蛋鸡杂交优势明显,生活力和生产性能都比较突出,既具有褐壳蛋鸡性情温驯、蛋重大、蛋壳质量好的优点,又具有白壳蛋鸡产蛋最高、饲料消耗少、适应性强的优点,饲养量逐年增多。

1. 京粉 1 号蛋鸡

京粉 1 号粉壳蛋鸡是北京峪口禽业公司培育的,是利用褐壳蛋鸡高产系与白壳蛋鸡高产系相配套而成的。母本羽毛为褐色,产褐壳蛋,父本羽毛为白色,产白壳蛋;商品代雏鸡羽毛白色并有较小的黑色斑点,可以利用快慢羽自别雌雄。成年母鸡羽毛主要为白色并有少量褐色或黑色羽毛。

京粉 1 号具有适应性强、抗病力强、耐粗饲、产蛋量高、耗料低等特点,72周龄产蛋总重可达 18.9 千克以上,死淘率在 10% 以内,产蛋高峰稳定,90%产蛋率可维持 6~10 个月。72 周龄蛋鸡体重达 1 700~1 800 克。

2. 京粉 2 号蛋鸡

京粉 2 号粉壳蛋鸡也是北京峪口禽业公司培育的三系配套蛋鸡,是利用褐壳蛋鸡高产系与白壳蛋鸡高产系相配套而成的。父本羽毛为白色,产白壳蛋,母本羽毛为白色,产褐壳蛋;商品代雏鸡和成年鸡羽毛白色。初生雏鸡可以利用快慢羽自别雌雄。

商品代蛋鸡 18 周龄体重 1.38~1.54 千克,开产日龄 135~145 天,高峰期产蛋率 94%~95%,72 周龄饲养日产蛋数高达 310~318 枚,产蛋总重 19.5~20.1 千克。72 周龄体重 1.71~1.82 千克。父母代种鸡 18 周龄体重 1.42~1.62 千克,开产日龄 139~148 天,68 周龄母鸡饲养日产蛋数 280~288 枚,可提供健康母雏 100~102 只。68 周龄母鸡体重 1.96~2.02 千克。

3. 罗曼粉蛋鸡

罗曼粉蛋鸡是德国罗曼公司育成的四系配套、产粉壳蛋的高产蛋鸡系。具有产蛋率高、蛋重大、蛋壳质量好、高峰期维持时间长、耐热、抗病力强、适应性强等优点,是国际国内优良蛋鸡品种之一。

父母代 1~18 周龄的成活率为 96%~98%,开产日龄 147~154 天,高峰期产蛋率 89%~92%,72 周龄入舍母鸡产蛋 266~276 枚,合格种蛋 238~250 枚,提供母雏 95 只。

商品代鸡 20 周龄体重 1.4~1.5 千克,1~20 周龄消耗饲料 7.3~7.8 千克,成活率 97%;开产日龄 140~150 天,高峰期产蛋率 92%~95%,72 周龄入舍母鸡产蛋 300~310 枚,蛋重 63~64 克;21~72 周龄平均只日耗料 110~118 克。

4. 农大 3 号粉壳蛋鸡

农大 3 号粉壳蛋鸡是由中国农业大学培育的蛋鸡良种,2003 年 9 月通过国家畜禽品种审定委员会家禽专业委员会审定,在育种过程中导入了矮小型基因,因此这种鸡腿短、体格小,体重比普通蛋鸡约轻 25%,粉壳蛋鸡比普通型蛋鸡的饲料利用率提高 15% 以上。进行林地或果园放养具有易管理、效益高、蛋质好等优点。

商品代生产性能:1~120 日龄成活率大于 96%,产蛋期成活率大于 95%,开产日龄 145~155 天,72 周龄入舍鸡产蛋数 282 枚,平均蛋重 53~58 克,总蛋重 15.6~16.7 千克,120 日龄体重 1 200 克,成年体重 1 550 克,育雏育成期耗料 5.5 千克,产蛋期平均日耗料 89 克。蛋壳颜色为粉色。

5. 京白 939

京白 939 最初是由北京市种鸡公司选育的粉壳蛋鸡配套系,目前其原种鸡和祖代鸡都饲养在河北大午农牧集团。京白 939 为四元杂交粉壳蛋鸡配套系。祖代 A 系、B 系,父母代 AB 系公母鸡为褐色快羽,具有典型的单冠洛岛红鸡的体型外貌特征;C 系、CD 系母鸡为白色慢羽,D 系、CD 系公鸡为白色快羽,具有典型的单冠白来航鸡的体形外貌特征。商品代(ABCD)雏鸡为红色单冠、花羽(乳黄、褐色相杂、两色斑块、斑型呈不规则分布),羽速自别,快羽为母雏,慢羽为公雏。成年母鸡为白、褐色不规则相间的花鸡,有少部分纯白和纯褐色羽。

父母代鸡 18 周龄体重公鸡 1.95 千克、母鸡 1.25~1.28 千克;20 周龄成活率 96%~97%,入舍鸡耗料 7.0~7.8 千克/只,母鸡体重 1 380 克。产蛋阶段(21~68 周龄)成活率 92%~93%,平均日耗料 120 克,达 50% 产蛋率日龄 150~155 天,高峰产蛋率 91%~93%;入舍鸡产蛋数 258~262 枚,入舍鸡产种蛋数 220~230 枚,入舍鸡提供母雏数 89~94 只。

商品代母鸡20周龄体重1 500克,20周龄成活率96%～98%,入舍鸡耗料7 400克/只。产蛋阶段(21～72周龄)成活率93%～95%,平均日耗料110～115克/只,达50%产蛋日龄150～155天,高峰产蛋率92%～94%,入舍鸡产蛋数300～306枚,平均蛋重60.5～63.0克,料蛋比2.2∶1。

6. 海兰灰鸡

海兰灰鸡为美国海兰国际公司育成的粉壳蛋鸡商业配套系鸡种。海兰灰的父本与海兰褐鸡父本为同一父本(洛岛红型鸡的品种),母本白来航,单冠,耳叶白色,全身羽毛白色,皮肤、喙和胫的颜色均为黄色,体型轻小清秀。海兰灰的商品代初生雏鸡全身绒毛为鹅黄色,有小黑点成点状分布全身,可以通过羽速鉴别雌雄,成年鸡背部羽毛呈灰浅红色,翅间、腿部和尾部呈白色,皮肤、喙和胫的颜色均为黄色,体型轻小清秀。

父母代生产性能:母鸡成活率1～18周龄95%,18～65周龄96%,50%产蛋日龄145天,18～65周入舍鸡产蛋数252枚,合格的入孵种蛋219枚,生产的母雏数96只。

商品代生产性能:生长期(至18周)成活率98%,饲料消耗5.66千克,18周龄体重1.42千克。产蛋期(至72周)日耗料110克,50%产蛋日龄151天,32周龄蛋重60.1克,至72周龄饲养日产蛋总重19.1千克,料蛋比2.16∶1。

四、绿壳蛋鸡

绿壳蛋鸡是从地方品种中选育出的产绿壳蛋的个体进行繁育形成的种群。其羽毛颜色差异较大,体重大小差异也较大,总体偏小,在个别的种群内经过选育则外貌特征相对一致。绿壳蛋鸡的产蛋率较低,高峰期产蛋率一般不超过85%,一些杂交群体的产蛋率和蛋重较高。

目前,仅有"苏禽绿壳蛋鸡"配套系已于2013年3月通过国家畜禽遗传资源委员会家禽专业委员会的现场审定。其他一些地方品种所产鸡蛋的绿壳蛋比例较高,如河南的卢氏鸡、淅川乌骨鸡等。一些经过选育的群体绿壳蛋比例更高,如新杨绿壳蛋鸡、江西东乡绿壳蛋鸡等。

第五节　蛋鸡良种繁育体系

加强蛋鸡良种繁育体系建设其意义体现在:一是减少对国外优良品种进口的依赖,确保优良种源的稳定供给,能够有效促进畜产品的稳定供应。二是能够提高种鸡质量和良种化水平,保障商品蛋鸡的生产质量,有利推进蛋鸡产品的优质化进程。三是可以减少种鸡进口和跨区调运,加强种鸡疾病净化,有效降低动物疾病的传播,能够从源头控制蛋鸡疫病的发生。

一、家禽的良种繁育体系

现代家禽良种繁育包括复杂的育种保种及制种生产两大部分。育种保种体系包括品种场、育种场、测定站和原种场。制种生产体系包括原种场(曾祖代场)、祖代场、父母代场和商品代场,各场分别饲养曾祖代种鸡(GGP)、祖代种鸡(GP)、父母代种鸡(PS)和商品代鸡(CS)。一般的家禽场主要属于制种生产体系部分。

二、各级家禽场及其任务

1. 原种场(曾祖代场)

原种场饲养配套杂交用的纯系种鸡。其任务一是保种,二是制种。保种是通过不断地选育以保证种质的稳定和提高,制种则是向祖代场提供单性别配套系种鸡。

2. 祖代场

二系配套的祖代种鸡是纯系鸡,三系或四系配套的祖代种鸡即纯系种鸡(曾祖代)的单性,只能用来按固定杂交模式制种,不能纯繁,故需每年引种。祖代场的主要任务是引种、制种与供种。一般四系配套的祖代引种比例为 A系 1:B 系5:C 系5:D 系35,肉鸡的父系应多一些。

3. 父母代场

每年由祖代场引进配套合格的父母代种雏,按固定模式制种,并保证质量向商品代场供应苗鸡或种蛋。

4. 商品代场

每年引进商品雏鸡,生产鸡蛋或肉鸡。

三、蛋种鸡配套系的杂交模式

目前,我国饲养的高产蛋鸡配套系都是采用品系杂交方式,根据参与杂交的品系数量可以分为二元杂交(也称简单杂交,即只有两个参与杂交的品系)和多元杂交(三元杂交或四元杂交)。不同配套模式的杂交制种情况见图 3-3。

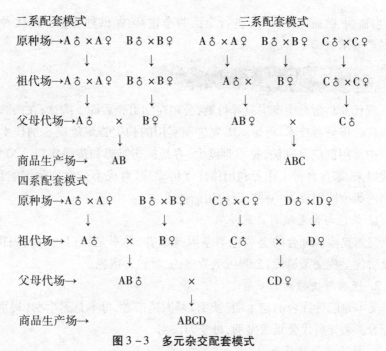

图 3－3　多元杂交配套模式

以四元杂交为例,A 系称为父本父系,B 系称为父本母系,C 系称为母本父系,D 系称为母本母系。

四、家禽良种繁育体系的建设

良种对家禽业的影响大而深远,其繁育体系的构成与管理均较复杂,要建设并巩固家禽的良种繁育体系,需注意下列几点:

第一,所有良种家禽的引进与推广皆需纳入良种繁育体系,从国外引种需要经过农业部审批。

第二,遵照国家有关法规、条例,分级管理好各级种鸡场。定期进行检查验收,合格的颁发《种畜禽生产经营许可证》,凭证经营。

第三,各级种鸡场必须根据其在繁育体系中的地位和任务,严格按照种畜禽生产经营许可证规定的品种、品系、代别和有效期从事生产经营工作。

第四,各级鸡场的规模,应根据下一级场(下一代鸡)的需求量及扩繁比例,适当发展,并搞好宏观调控。大致扩繁倍数为:从 GGP 到 GP 和从 GP 到 PS 为 30～50 倍,从 PS 到 CS 蛋鸡约 50 倍,肉鸡约 100 倍。

第五,各级种鸡场必须强化防疫保健工作,并对特定的传染病(如沙门菌病、白血病、败血支原体等)进行全面的净化,确保供种质量。高代种鸡尤其要从严要求。

五、伴性遗传与雏鸡的自别雌雄

现代商品蛋鸡生产中只养母鸡,公鸡在刚出壳后即予淘汰;在肉鸡生产中也推广公母分养技术,可见亟需先进而实用的初生雏鸡雌雄鉴别技术。以往生产中常用肛门鉴别法,技术难度大,容易损伤雏鸡和传播疾病。20世纪70年代以来,家禽育种工作者利用伴性遗传原理,育成不少自别雌雄配套系,使雏鸡的雌雄鉴别成为一种广泛应用的技术。

1. 银色与金色绒羽自别雌雄

父本是隐性纯合的金黄色羽基因携带者,母本是银白色羽基因携带者。杂交后代呈现交叉遗传,公雏绒毛为白色,母雏为褐色。

2. 慢羽与快羽自别雌雄

父本是隐性纯合的速生羽(快羽)基因携带者,母本是迟生羽(慢羽)基因携带者。杂交后代公雏为慢羽,母雏为快羽。

3. 芦花羽和非芦花羽

父本是隐性纯合的有色羽(黄色、红色、黑色等)基因携带者,母本是芦花羽(慢羽)基因携带者。杂交后代头顶的白色或乳白色斑块较大,腹部或颈下面的红色或者黑色色素被冲淡的即为公雏,其余全身绒羽为红色或者黑色的皆为母雏。

4. 淡色胫和深色胫

洛岛红鸡的黄色胫和浅花苏赛斯鸡的白色胫都是淡色胫,携带胫真皮黑色素抑制基因(呈显性);深色胫为澳洲黑的黑胫,其携带的是隐性基因,不能抑制黑色素,故而胫呈黑色。如用上述淡色胫鸡作母本与黑色胫鸡作父本进行杂交,其后代胫部为淡色的即公雏,黑色胫部的是母雏,一出壳便可分辨公母。

在四系配套褐壳蛋鸡中,对父母代和商品代雏鸡的雌雄鉴别,实现了两代双自别,即父母代种雏按快慢羽自别雌雄,商品代雏鸡按金银羽色自别雌雄。

全国蛋鸡遗传改良计划

农业部在 2013 年发布了《全国蛋鸡遗传改良计划（2012—2020年）》及管理办法，作为今后一段时期我国蛋鸡良种繁育的指导性参考材料。

☆全国蛋鸡遗传改良计划管理办法（试行）

第一条　为保障《全国蛋鸡遗传改良计划（2012—2020 年）》（农办牧［2012］47 号）（下称《改良计划》）的顺利实施，明确国家蛋鸡核心育种场、国家蛋鸡良种扩繁推广基地、全国蛋鸡遗传改良计划 - 商品代蛋鸡性能测定场（下称"商品代蛋鸡性能测定场"）的责任权利与义务，特制定本办法。

第二条　《全国蛋鸡遗传改良计划》工作领导小组办公室设在全国畜牧总站，负责《改良计划》的实施，协调专家组、国家蛋鸡核心育种场、国家蛋鸡良种扩繁推广基地、性能测定场的工作。

第三条　国家蛋鸡核心育种场、国家蛋鸡良种扩繁推广基地和商品代蛋鸡性能测定场的责任与义务。

（一）国家蛋鸡核心育种场应开展蛋鸡新品种（配套系）的培育或已育成品种（配套系）的选育提高工作；

（二）国家蛋鸡良种扩繁推广基地主要开展蛋鸡良种扩繁和推广工作，保证雏鸡质量和推广数量，做好用户的技术指导和培训工作。每个推广基地按照"全国蛋鸡遗传改良计划 - 商品代蛋鸡性能测定场基本要求"推荐 3 - 5 个商品代蛋鸡生产企业作为性能测定场的候选单位，由办公室进行审核，会同专家组对符合条件的候选单位予以确定；

（三）商品代蛋鸡性能测定场主要开展生产性能测定，测定方法按照《全国蛋鸡遗传改良计划蛋鸡性能测定技术规范》执行；

（四）国家蛋鸡核心育种场和国家蛋鸡良种扩繁推广基地应开展主要垂直传播疾病的净化工作；

（五）上述企业应按要求上报测定数据。

第四条　国家蛋鸡核心育种场、国家蛋鸡良种扩繁推广基地和商品代蛋鸡性能测定场的权利。

（一）经授权可使用"国家蛋鸡遗传改良计划"标识，用于生产、销售和宣传推广；

（二）优先享受全国蛋鸡遗传改良计划相关技术服务；

（三）有维护本场自主知识产权的权利，包括产品、育种方案、原始材料与数据、科技成果等。

第五条　专家组为《改良计划》提供技术支撑，配合办公室全面开展全国蛋鸡遗传改良工作。专家组应研究解决《改良计划》实施过程中的技术问题，协助办公室制订相关技术标准与规范，参与技术指导与培训工作。办公室为每个国家蛋鸡核心育种场和国家蛋鸡良种扩繁推广基地指定一名专家组成员作为联系专家，指导联系企业开展技术工作。

第六条　办公室组织开展《改良计划》督导检查。

第七条　国家蛋鸡核心育种场、国家蛋鸡良种扩繁推广基地、商品代蛋鸡性能测定场于每年 12 月 20 日前将本年度工作总结报送办公室。

第八条　国家蛋鸡核心育种场、国家蛋鸡良种扩繁推广基地、商品代蛋鸡性能测定场经公告后，如内容（名称、地址、经营范围等）有变更，须报办公室备案。

第九条　核心场和推广基地实行动态管理，有下列行为之一的，取消其资格：

（一）上报数据弄虚作假，情节严重的；

（二）未按要求及时提交年度工作总结；

（三）变更单位名称、地址、生产经营范围，未在办公室备案的；

（四）不履行本办法第三条规定事项，情节严重的。

第十条　本办法由全国畜牧总站负责解释。

第十一条　本办法自颁布之日起施行。

☆全国蛋鸡遗传改良计划（2012—2020 年）

我国是世界上蛋鸡饲养量和鸡蛋消费量最大的国家，种业是蛋鸡产业发展的基础。为提升我国蛋鸡种业科技创新水平，强化企业育种主体地位，提高蛋鸡育种能力，健全蛋鸡良种繁育体系，逐步提高我国蛋鸡生产水平，特制定本计划。

一、我国蛋鸡遗传改良现状

(一)现有基础

改革开放以来,我国蛋鸡育种工作成效显著。经过 30 多年的努力,蛋鸡育种科技力量显著增强,以企业为育种主体的良种繁育体系基本形成,为蛋鸡产业发展做出了重要贡献。

1. 育成了一批蛋鸡品种

30 多年来,我国利用从国外引进的高产蛋鸡育种素材和我国地方品种资源,先后育成了北京白鸡、北京红鸡、京白 939、农大 3 号、新杨褐、京红 1 号、京粉 1 号、新杨白、新杨绿壳等蛋鸡品种或配套系(以下均称简称为品种),部分品种的生产性能已达到或接近国外同类品种水平,为进一步选育奠定了良好基础。

2. 保护了地方鸡种资源

据第二次全国畜禽遗传资源调查,我国现有地方鸡种 107 个,是世界上地方鸡种资源最丰富的国家。近年来,农业部公布了 23 个国家级地方鸡保护品种,确立了 2 个国家级地方鸡种基因库和 12 个地方鸡保种场,各地也陆续公布了省级地方鸡种保护名录。对地方鸡种资源的保护不仅丰富了我国畜禽种质资源的生物多样性,而且为培育特色蛋鸡新品种积累了丰富的育种素材。

3. 建立了良种繁育体系

目前,全国共有 20 多个蛋鸡祖代场和 1 500 余个父母代场,常年存栏祖代蛋种鸡 50 余万套,良种供应能力不断提高。在北京和江苏建立了农业部家禽品质监督检验测试中心,为客观评价蛋鸡品种质量提供了保障。

4. 保障了鸡蛋市场供给

随着蛋鸡种业的发展以及标准化规模养殖水平的提升,我国蛋鸡生产水平不断提高,鸡蛋产量稳步增长,保障了国内鸡蛋市场的有效供给。2011 年,全国产蛋鸡存栏达 14 亿只,鸡蛋产量 2 300 万吨左右,已连续 26 年居世界第一位,人均占有量 17.5 千克,达到世界发达国家水平。

(二)存在问题

我国蛋鸡育种工作虽然取得了一定成绩,但与发达国家相比仍有一定差距。

1. 商业化育种体系不健全

蛋鸡育种企业规模小，实力不强，育种技术人才与资金投入相对不足，育种及其配套技术研发能力较弱；育种目标过于重视眼前利益，缺少长远规划；科研、教学单位与商业育种企业结合不够紧密，技术和人才优势未能有效转化为商品生产优势。

2. 地方特色蛋鸡选育程度不高

地方特色蛋鸡缺乏系统选育，生产性能低且不稳定，市场占有率较低。同时，缺乏长远的开发利用规划，部分鸡种的蛋用性状正在逐步退化；地方特色蛋鸡繁育与推广体系普遍不健全。

3. 种源疫病净化工作亟待提高

对垂直性传播疫病的研究不够深入、全面，科教单位的研究成果还不能很好的应用于规模化生产，尚未建立规范的全国性蛋鸡种业疫病净化计划。同时，蛋种鸡企业准入门槛低，疫病净化技术力量与投入不足，检测设施设备落后，净化手段不到位，影响行业的健康发展。

4. 生产性能测定体系不完善

部分蛋鸡育种企业场内生产性能测定条件与技术难以满足现代蛋鸡育种的需要，测定的规范性、准确性和可重复性不高。同时，新品种审定要求的测定群体规模较小，不能全面、准确反映品种质量和生产性能。"十二五"期间，国家明确了加快发展现代农业种业的战略目标和措施，今后一个时期是发展我国现代蛋鸡种业的重要机遇期。制定实施全国蛋鸡遗传改良计划，对于全面提升我国蛋鸡种业水平、保障蛋鸡种业安全、满足市场多元化需求、增强我国蛋鸡业可持续发展能力具有十分重要的意义。

二、指导思想和目标

(一)指导思想

以科学发展观为指导，以提高国产蛋鸡品种质量和市场占有率为主攻方向，坚持走以企业为主体的商业化育种道路，推进"产、学、研、推"育种协作机制创新，整合和利用产业资源，健全完善以核心育种场为龙头的包括良种选育、扩繁推广和育种技术支撑在内的蛋鸡良种繁育体系，合理有序地开发地方鸡种资源，净化主要垂直传播疾病，加强育种技术研发，全面提升我国蛋鸡种业发展水平，促进蛋鸡产业可持续健康发展。

（二）总体目标

到2020年，培育8~10个具有重大应用前景的蛋鸡新品种，国产品种商品代市场占有率超过50%；提高引进品种的质量和利用效率；进一步健全良种扩繁推广体系；提升蛋鸡种业发展水平和核心竞争力，形成机制灵活、竞争有序的现代蛋鸡种业新格局。

（三）主要任务

1. 培育高产蛋鸡新品种，持续选育已育成品种，扩大市场占有率；培育地方特色蛋鸡新品种，满足不同市场需求。

2. 打造一批在国内外有较大影响力的"育（引）繁推一体化"蛋种鸡企业，完善蛋种鸡生产技术，规范蛋种鸡生产管理，建设国家蛋鸡良种扩繁推广基地，满足蛋鸡产业对优质商品雏鸡的需要。

3. 在育种群和扩繁群净化鸡白痢、禽白血病等垂直传播疫病，定期检验其净化水平。

4. 制定并完善蛋鸡生产性能测定技术与管理规范，建立由核心育种场、标准化示范场和种禽质量监督检验机构组成的性能测定体系。

5. 开展蛋鸡育种新技术及新品种产业化生产技术的研发，及时收集、分析蛋鸡种业相关信息和发展动态。

（四）技术指标

1. 遴选8~10个国家级蛋鸡核心育种场；育成8~10个具备大规模市场推广前景的高产蛋鸡和地方特色蛋鸡新品种，其中高产蛋鸡品种综合性能达到同期国际先进水平；单一高产蛋鸡新品种商品代年饲养量3 000万只以上，单一地方特色蛋鸡新品种商品代年饲养量300万只以上。国产品种商品代蛋鸡饲养总量占全国蛋鸡总饲养量的50%以上。

2. 高产蛋鸡产蛋数增加10个以上，料蛋比降低20%以上，死淘率降低3%以上；地方特色蛋鸡产蛋数增加20枚左右，料蛋比降低30%以上，死淘率降低5%以上。

3. 从"育（引）繁推一体化"蛋种鸡企业中遴选15个国家蛋鸡良种扩繁推广基地，单个企业祖代鸡年饲养量1万套以上，父母代鸡年饲养量30万套以上,年推广商品代雏鸡不低于2 000万只;单个地方特色蛋鸡企业年饲养种鸡4万套以上,年推广商品代雏鸡不低于200万只。

4. 鸡白痢沙门菌病、禽白血病等垂直传播疫病净化水平符合农业部有关标准要求。

三、主要内容

(一)重点支持国家蛋鸡良种选育体系建设

1. 实施内容

(1)国家级蛋鸡核心育种场遴选。制定核心育种场遴选标准;在企业自愿申报、省级畜牧兽医行政主管部门审核推荐基础上,遴选高产蛋鸡和地方特色蛋鸡核心育种场。核心育种场主要承担新品种培育和已育成品种的选育提高等工作。

(2)新品种培育和已育成品种的选育提高。在国家级蛋鸡核心育种场开展蛋鸡新品种培育工作。通过整合育种优势资源和技术,优化育种方案,完善育种数据采集与遗传评估技术,开发应用育种新技术,培育高产蛋鸡和地方特色蛋鸡新品种。同时,持续选育已育成蛋鸡品种,进一步提高品种质量,促进蛋鸡品种国产化和多元化,满足不同层次消费需求。

(3)育种核心群主要垂直传播疫病的净化。制定蛋鸡核心育种场主要垂直传播疫病检测、净化技术方案,完善疫病净化设施设备,开展育种核心群鸡白痢沙门菌、禽白血病等主要垂直传播疫病的净化工作。完善净化群体的环境控制和管理配套技术,长期维持净化成果。

2. 任务指标

(1)2013年6月底前出台核心育种场遴选标准,2014年底前遴选出核心育种场,逐步形成以核心育种场为主体的商业化育种模式。

(2)育成2～3个达到同期国际先进水平的高产蛋鸡新品种,持续选育已育成品种,国产高产蛋鸡商品代饲养量达到蛋鸡总饲养量的40%;培育6～8个地方特色蛋鸡新品种,商品代鸡饲养量达到蛋鸡总饲养量的10%。

(3)各核心育种场建成主要疫病检测实验室和净化专用设施,制定并执行主要垂直传播疫病检测、净化技术方案。核心育种群鸡白痢沙门菌病、禽白血病等血清学检测结果达到国家种鸡健康标准。

(二)健全国家蛋鸡良种扩繁推广体系

1. 实施内容

(1)打造在国内外有较大影响力的"育(引)繁推一体化"蛋种鸡企业。在企业自愿申报、省级畜牧兽医行政主管部门审核推荐基础上,以国产品种"育繁推一体化"企业为主,兼顾部分引进品种推广量大的"引繁推一体化"企业,遴选"育(引)繁推一体化"国家蛋鸡良种扩繁推广基地,提升蛋鸡业供种能力。

(2)提升蛋种鸡扩繁场建设水平。规范种鸡生产技术与管理,保证蛋鸡品种遗传品质的稳定传递,为我国蛋鸡商品生产提供保障。

(3)净化种鸡主要垂直传播疫病。制定蛋种鸡扩繁场主要垂直传播疫病检测、净化技术方案,完善疫病净化设备设施;开展蛋种鸡白痢沙门菌、禽白血病等主要垂直传播疫病的净化工作,提高雏鸡健康质量。

2. 任务指标

(1)2013 年 6 月底前出台"育(引)繁推一体化"国家蛋鸡良种扩繁推广基地遴选标准,2014 年底前遴选出 15 个国家蛋鸡良种扩繁推广基地。

(2)各高产蛋鸡良种扩繁推广基地祖代鸡年存栏量 1 万套以上,父母代鸡年饲养量 30 万套以上,年推广商品代雏鸡不低于 2 000 万只。各地方特色蛋鸡良种扩繁推广基地年饲养种鸡 4 万套以上,年推广商品代雏鸡不低于 200 万只。

(3)良种扩繁推广基地制定并执行主要垂直传播疫病检测及净化技术方案,鸡白痢沙门菌病、禽白血病等的血清学检测阳性率达到农业部有关标准要求。

(三)加强国家蛋鸡育种技术支撑体系建设

1. 实施内容

(1)完善蛋鸡生产性能测定体系。健全蛋鸡生产性能测定技术与管理规范。核心育种场主要测定原种的个体生产性能。按照自愿的原则,吸收一批农业部蛋鸡标准化示范场参与生产性能测定工作,主要测定国产品种和引进品种的父母代和商品代生产性能。种禽质量监督检验测定机构负责种鸡质量的监督检验。

（2）研发蛋鸡遗传改良核心技术。成立国家蛋鸡遗传改良技术专家组，开展蛋鸡育种新技术研发，为核心育种场提供指导，对各场内测定进行技术指导和培训，汇集各种来源的测定数据，及时掌握各品种生产性能的动态变化，提供客观、公正的评价。

2. 任务指标

（1）2013年底出台蛋鸡性能测定技术与管理规范。

（2）确定参加性能测定的标准化示范场。将20～30个农业部蛋鸡标准化示范场纳入蛋鸡生产性能测定体系，定期测定有关品种生产性能。

（3）种禽质量监督检验测定机构定期开展质量抽检。

四、保障措施

（一）完善组织管理体系

国家蛋鸡遗传改良计划是一项长期性、公益性系统工程，各地要各负其责、密切配合，切实做好本计划的组织实施与协调工作。农业部畜牧业司和全国畜牧总站负责本计划的组织实施。省级畜牧兽医主管部门负责本区域内蛋鸡核心育种场、国家蛋鸡良种扩繁推广基地以及纳入性能测定体系的蛋鸡标准化示范场的资格审查与推荐，配合做好国家蛋种鸡性能监测和主要垂直传播疫病的监测任务。依托国家蛋鸡产业技术体系，成立蛋鸡遗传改良计划技术专家组，负责制定蛋鸡核心育种场遴选标准、生产性能测定方案，评估遗传改良进展，汇总测定数据，开展相关育种技术指导等工作。有条件的省区市要结合实际，制定实施本省区市蛋鸡遗传改良计划。

（二）创新运行管理机制

加强本计划实施监督管理工作，建立科学的考核标准，完善运行管理机制。严格遴选并公布核心育种场，依据品种选育的遗传进展、生产性能等指标每3年对其育种工作进行一次考核，通报考核结果，淘汰不合格核心育种场。严格遴选"育（引）繁推一体化"国家蛋鸡良种扩繁推广基地（企业），及时考核其种鸡饲养规模和商品代鸡推广量。严格遴选纳入性能测定体系的标准化示范场，定期对测定数据的可靠性和准确性进行考核。

（三）加大资金支持力度

积极争取中央和地方财政对《全国蛋鸡遗传改良计划》的投入，充分发挥公共财政资金的引导作用,引导社会资本进入蛋鸡种业领域,建立蛋鸡育种行业多元化的投融资机制。继续加大蛋鸡遗传资源保护、新品种选育、疫病净化、性能测定等方面的支持力度,整合项目资金,加强核心育种场基础设施、新品种培育及良种扩繁与示范推广体系建设等,推进蛋鸡遗传改良计划顺利实施。

(四)加强宣传和培训

加强对全国蛋鸡遗传改良计划的宣传,为全国蛋鸡遗传改良计划的顺利实施营造良好舆论氛围。依托国家蛋鸡产业技术体系和畜牧技术推广体系,组织开展技术培训和指导,提高我国蛋鸡种业从业人员素质。建立全国蛋鸡遗传改良网络平台,促进信息交流和共享。在加强国内蛋鸡遗传改良工作的同时,要积极引进国外优良种质资源和先进技术,鼓励育种企业走出去,加强对外交流与合作,促进我国蛋鸡育种产业与国际接轨。

第六节　蛋鸡的生殖系统与蛋的形成

一、母鸡的生殖系统

母鸡的生殖器官包括性腺(卵巢)和生殖道(输卵管)两部分,而且只有左侧能正常发育,右侧在胚胎发育后期开始退化,只有极少数的个体其右侧的卵巢或(和)输卵管能正常发育并具备生理机能。

1. 卵巢

正常情况下,母鸡的卵巢只有左侧发育,位于腹腔的左侧,左肾前叶的头端腹面,左肺叶的紧后方,以较短的卵巢系膜韧带悬于腰部背壁。幼龄时期鸡卵巢的重量不足 1 克,以后缓慢增长,16 周龄时仍不足 5 克,性成熟后可达 50~90 克,这主要是来自十多个大、中卵泡的重量(图 3-4),而卵巢的主要组织重量仅增至 6 克。休产期卵巢萎缩,重量仅为正常的 10% 左右。

13 周龄前卵巢为不规则的三角体,表面较光滑。14 周龄以后随着卵泡的发育,卵巢表面呈颗粒状凹凸不平,越接近性成熟则卵巢表面的卵泡越大小不整齐,大的如桂圆样,中型的如花生仁,小的则如小米和绿豆。

卵巢的功能主要有两方面:一是形成卵泡,二是分泌激素。卵巢分泌的激

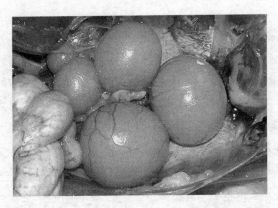

图3-4 成熟母鸡的卵巢上面的卵泡

素有雌激素、孕激素等。

2. 输卵管

位于腹腔左侧,前端在卵巢下方,后端与泄殖腔相通。幼龄时输卵管较为平直,贴于左侧肾脏的腹面,颜色较浅;随周龄增大其直径变粗、壁变厚,长度加长,弯曲增多;当达到性成熟,则显得极度弯曲,外观为灰白色(图3-5)。休产期会明显萎缩,重量仅为产蛋期的10%左右。

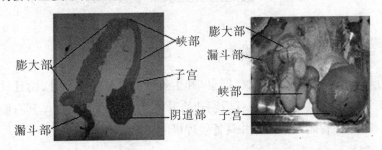

图3-5 母鸡的输卵管

根据结构和生理作用差别可将输卵管分为5个部分,其各自的功能如下:

(1)漏斗部 也称伞部,形如漏斗,是输卵管的起始部。其开口处是很薄的、游离的指状突起,平时闭合,当排卵时该部不停地蠕动。漏斗部的机能主要是摄取卵巢上排出的卵子(即卵黄),其中下部内壁的皱褶(又称精子窝)当中还可以贮存精子,因此,对于种鸡来说这里也是受精的部位。

(2)膨大部 也称蛋白分泌部。是输卵管最长和最弯曲的部位,管腔较粗,管壁较厚。内壁黏膜形成宽而深的纵褶,其上有很发达的管状腺体和单细胞腺体。蛋白及其中的大部分盐类(如钠、钙、镁等)都是在这里分泌的。

(3)峡部 又称管腰部,是输卵管中后部较狭窄的一段,它内壁的纵褶不显著。蛋的内外壳膜是在此形成的,壳膜的形状也决定了蛋的形状。

（4）子宫部　也称壳腺部,是峡部之后的一较短的囊状扩大部,内壁黏膜被许多横的和斜的沟分割成叶片状的次级褶,腺体狭小,又称壳腺。该部一方面分泌子宫液(水分为主,含少量盐类),另一方面可分泌碳酸钙用于形成蛋壳,蛋壳上的色素也是在此分泌的。

（5）阴道部　是输卵管的末端,呈"S"状弯曲,开口于泄殖腔的左侧。阴道部与子宫部的结合处有子宫阴道腺,当蛋产出时经过此处,其分泌物涂抹在蛋壳表面会形成保护膜。另外,该部腺体可以贮藏和释放精子,种鸡交配后或输精后精子可暂时储存于其中,在一定时期内陆续释放,维持受精。

二、蛋的结构与形成过程

1. 蛋的结构

鸡蛋由外到内依次为:蛋壳、壳膜、蛋白、蛋黄(图3-6)。

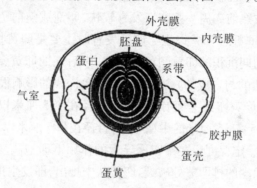

图3-6　蛋的结构示意图

（1）蛋壳　由碳酸钙柱状结晶体组成,在柱状结晶体之间存在缝隙,即气孔。鸡蛋壳的厚度为0.28～0.35毫米。蛋的不同部位壳厚度有差异:通常蛋的锐端(小头)较厚,钝端(大头)较薄。蛋壳上气孔直径的大小决定了蛋壳的致密度,致密度高的蛋壳不易破裂。

在新鲜蛋壳的外表面有一层非常薄的保护膜,遮蔽着气孔,能够防止外界细菌进入蛋内和防止蛋内水分蒸发。随着蛋存放时间的延长会逐渐消失,擦拭或水洗后容易脱落。

（2）壳膜　贴紧蛋壳内壁的一层是外壳膜,在其内壁并包围在蛋白表面的是内壳膜,也称为蛋白膜。在气室处内、外壳膜是分离的,在其他部位则是紧贴在一起的。外壳膜结构较疏松,内壳膜较致密。

蛋的钝端内部有一个气室,它是由于蛋产出后蛋白和蛋黄温度下降而体积收缩,空气由厚度较薄的蛋的钝端气孔进入形成的。随着蛋的存放时间延长气室会逐渐变大。

(3)蛋白　是蛋中所占比例最大的部分,主要是水分(约为80%)和蛋白质。由外向内分为4层:外稀蛋白层、浓蛋白层、内稀蛋白层和系带层。

(4)蛋黄　位于蛋的中心位置,主要成分是蛋白质和脂肪,还含有维生素、微量元素及碳水化合物。最中心是蛋黄心,围绕蛋黄心深色蛋黄和浅色蛋黄叠层排列,蛋黄的表面被蛋黄膜所包围。在蛋黄的上面有1个颜色与周围不同的圆斑,是胚盘或胚珠的位置。胚珠是处于次级卵母细胞阶段的卵细胞,其外观比较小,胚珠是未受精蛋的标志;胚盘是处于囊胚期或原肠胚早期的胚胎,外观比较大,胚盘是受精蛋的标志。

2. 卵泡发育与排卵

卵泡的发育过程就是卵黄的沉积过程。在正常的卵巢表面有上千个大小不等的卵泡,性成熟前3周一些卵泡发育较快,卵泡成熟前7~9天内所沉积的卵黄占卵黄总重量的90%以上。卵泡发育时主要是卵黄物质(磷脂蛋白)在卵泡内沉积,初期沉积的卵黄颜色比较浅,中后期的卵黄颜色比较深,饲料中色素(包括天然的与合成的)含量对卵黄颜色深浅的影响很大。

性成熟后在母鸡卵巢上面有3~5个直径在1.5厘米以上的大卵泡,有5~8个直径在0.5~1.5厘米的中型卵泡,直径在0.5厘米以下的小卵泡有很多。卵泡生长到一定程度后在排卵诱导素的作用下卵泡膜变脆,表面血管萎缩,卵泡膜从其顶端的排卵缝处破裂,卵黄从中排出,即发生排卵。

3. 蛋在输卵管内的形成过程

成熟的卵(黄)从卵巢排出后被输卵管的伞部接纳,伞部的边缘包紧并压迫卵黄向后运行,约经20分卵黄通过伞部进入膨大部。

当卵黄进入膨大部后刺激该部位腺体分泌黏稠的蛋白包围在卵黄的周围。由于膨大部的肌纤维是以螺旋形式排列的,卵黄在此段内以旋转的形式向前运行,最初分泌的黏稠蛋白形成系带和内稀蛋白层,此后分泌的黏稠蛋白包围在内稀蛋白层的外周,大约经过3小时蛋离开膨大部进入峡部。

峡部的腺体分泌物包围在黏稠蛋白周围形成内、外壳膜,一般认为峡部前段的分泌物形成内壳膜,后段分泌物形成外壳膜。在这个部位,壳膜的形状将决定蛋的形状。蛋经过峡部的时间约为1小时。

蛋离开峡部后进入子宫部,在子宫部停留18~20小时。在最初的4小时内子宫部分泌子宫液并透过壳膜渗入蛋白内,使靠近壳膜的黏稠蛋白被稀释而形成外稀蛋白层,并使蛋白的重量增加近 1 倍。此后腺体分泌的碳酸钙沉积在外壳膜上形成蛋壳,在蛋产出前碳酸钙持续沉积。蛋壳的颜色是由存在于壳内的色素决定的,血红蛋白中的卟啉经过若干种酶的分解后形成各种色素,经过血液循环到达子宫部而沉积在蛋壳上。

蛋产出前经过子宫阴道腺时该腺体分泌物涂抹于蛋壳表面,蛋产出后干燥形成保护膜并堵塞气孔。蛋经过阴道部的时间仅有几分钟。

4. 畸形与异物蛋

(1)畸形蛋　主要指外形异常的蛋,如过圆、过长、腰箍、蛋的一端有异物附着、蛋的外形不圆滑等。引起蛋型异常的根本原因是输卵管的峡部和子宫部发育异常或有炎症。引起这两个部位问题的原因既有遗传方面的,也有感染疾病方面的。

(2)异物蛋　主要指在蛋的内部有血斑、肉斑,甚至有寄生虫的存在。血斑蛋中在靠近蛋黄的部位有绿豆大小的深褐色斑块,它是排卵卵泡膜破裂时渗出的血滴附着在蛋黄上形成的;肉斑蛋在蛋白中有灰白色的斑块,它是在蛋形成过程中蛋黄通过输卵管膨大部时,该部位腺体组织脱落造成的;含寄生虫的蛋则是寄生在输卵管中的特殊寄生虫(蛋蛭)被蛋白包裹后形成的。

(3)过大蛋　常见的有蛋包蛋、多黄蛋。蛋包蛋是在 1 个大蛋内包有一个正常的蛋,它是当 1 个蛋在子宫部形成蛋壳的时候母禽受到刺激,输卵管发生异常的逆蠕动,把蛋反推向膨大部,然后又逐渐回到子宫部并形成蛋壳,再产出体外。多黄蛋中常见的有双黄蛋,比较少见的还有三黄蛋、四黄蛋,它是处于刚开产期间的家禽体内生殖激素合成多,激素分泌不稳定,卵巢上多个卵泡同时发育,在相近的时间内先后排卵形成的。

(4)过小蛋　这种情况一是出现在初开产时期,此时卵黄比较小,形成的蛋也小,随着种禽日龄和产蛋率的增加会迅速减少。另一种是无黄蛋,它是由于母禽输卵管膨大部腺体组织脱落后,组织块刺激该部位蛋白分泌腺形成的蛋白块包上壳膜和蛋壳而成的。它的出现经常伴随的是家禽生产性能的下降。

(5)薄壳蛋、软壳蛋及破裂蛋　导致薄壳蛋及软壳蛋出现的因素有:饲料中钙、磷含量不足或两者比例不合适,维生素 D_3 缺乏,饲料突然变更;许多疾病会影响蛋壳的形成过程,如传染性支气管炎、喉气管炎、非典型性新城疫、产蛋下降综合征、禽流感、各种因素引起的输卵管炎症;高温会使蛋壳变薄,破损增多,笼具设计不合理也会增加破蛋率;每天捡蛋时间和次数、鸡是否有啄癖、家禽是否受到惊吓等管理因素也有影响。

三、产蛋

当蛋在输卵管内形成后,在鸡体内相关激素的作用下,刺激子宫部肌肉发生收缩,将蛋推出体外。有人研究发现,大多数蛋在子宫部的时候是锐端向前,而在产出时则是钝端朝前。鸡的集中产蛋时间是在当天光照开始后的3~6小时,提早或推迟早晨开灯时间能够相应地使产蛋时间提前或延迟。

第四章　蛋鸡标准化安全生产的孵化管理

　　标准的孵化管理的目的是生产健康的雏鸡。

　　选择优质种蛋是生产健康雏鸡的基础,种蛋质量管理包括对种鸡群健康的管理和饲养管理以及种蛋的选择与消毒管理。

　　适宜的孵化条件管理是生产优质雏鸡的保证,孵化厂的设施条件、孵化室内外和孵化器内外的各种环境条件都会对胚胎的发育产生影响。

　　孵化的卫生管理对于雏鸡质量至关重要,场所、设备、用具、人员、种蛋等都要坚持定期、全面、彻底的消毒,防止孵化过程中胚胎和雏鸡被感染。

第一节　孵化设施

孵化设施包括厂房、孵化器、出雏器及配套设备等。

一、厂区与厂房要求

1. 孵化厂的选址

孵化厂必须与外界保持可靠的隔离,要远离工厂、住宅区,也不要靠近其他的孵化厂或禽场。孵化厂为独立的一隔离单元,有其专用的出入口。孵化厂如附属于种鸡场,则其位置与鸡舍距离至少应保持150米,以免来自鸡舍病原微生物的横向传播。

孵化厂必须确保用水量的排水顺畅,因为孵化厂用水量和排水量很大,孵化厂还应注意供水量与下水道的修建。孵化厂必须保证电力供应,不能停电,即使停电了也要有备用电源,或建立双路电源。

2. 孵化厂的功能分区

孵化厂应包含以下功能区:更衣室、淋浴间、蛋库、熏蒸间、值班室、配电室、孵化间、出雏间、冲洗间、存发雏间等。这些功能区的布局必须严格按照"种蛋入库→种蛋消毒→种蛋保存→种蛋处置(分级码盘等)→孵化→移盘→出雏→雏鸡处置(分级鉴别、预防接种等)→雏鸡存放"的生产流程进行规划,任何一个环节都不能出现逆向运行,以利于工作流程的顺畅和卫生防疫工作的进行。

3. 孵化厂的设计要求

孵化厂各类建筑物的要求如下:

(1)种蛋接收与装盘室　此室的面积宜宽大一些,以利于蛋盘的码放和蛋架车的运转。室温保持在25℃以下为宜。

(2)熏蒸消毒室　用于熏蒸或喷雾消毒入厂待孵的种蛋。此室不宜过大,应按一次熏蒸种蛋总数来计算。门、窗、墙、天花板结构要严密,并设置通风装置。

(3)种蛋库　此单元的墙壁和天花板应隔热性能良好,通风缓慢而充分。设置空调机,使室温保持在15~19℃。

(4)孵化室、出雏室　此室的大小以选用的孵化机和出雏机的机型来决定。吊顶的高度应高于孵化机或出雏机顶板1.6米。无论双列或单列排放均应留足工作通道(保证蛋架车能够顺利进出孵化器或出雏器),孵化机前的工作通道中央应开设排水沟,上盖铁栅栏,栅格宽度1厘米,并与地面保持平齐。孵化室的水磨地面应平整光滑,地面的承载压力应大于700千克/米^2。室温保持25℃左右。孵化室的废气通过水浴槽排出,以免雏鸡绒毛被吹至户外后,又被吸进进风系统而重新带入孵化厂各房间中。

(5)洗涤室 孵化室和出雏室旁应单独设置洗涤室,分别洗涤、冲洗蛋盘和出雏盘。洗涤室内应设有浸泡池用于对蛋盘等用品的浸泡消毒。地面设有漏缝板的排水阴沟和沉淀池。

(6)雏鸡处置室 此室用于雏鸡的挑选、性别鉴定、马立克疫苗接种和装箱,室温应保持在25～31℃。有的孵化厂此单元还有红外线自动断喙设备。

(7)雏鸡存放室 雏鸡装箱后的暂存房间,室外设雨篷,便于雨天装车。室温要求25℃左右。

(8)照蛋室 用于孵化过程中或落盘时对种蛋进行照蛋,应安装可调光线明暗的百叶塑料窗帘,因为照蛋时需要遮光以保持一个昏暗的环境。

二、孵化器

目前生产中应用的孵化器主要有两类,即箱体式孵化器和巷道式孵化器。

1. 箱体式孵化器(图4-1)

图4-1 箱体式孵化器

箱体式孵化器主要由外壳、种蛋盘、蛋车架、环境控制系统等组成。目前,生产的箱体式孵化器主要有集成电路控制和节能型模糊电脑控制。箱式孵化机的装蛋量在几千枚到3万枚不等。其优点是有利于卫生和防疫,提高雏鸡质量。

在中小规模的孵化厂一般都是使用箱体式孵化器,便于按照每批出雏量(一般数量都不大)确定孵化器的开机数量。目前,在一些大型孵化厂也会安装一部分箱体式孵化器,与巷道式孵化器搭配使用,在供雏数量不大的时候使用箱体式孵化器。

2. 巷道式孵化器(图4-2,图4-3)

图4-2　巷道式孵化器的孵化车间

图4-3　巷道式孵化器

巷道式孵化器是一种大型孵化设备,结构与箱体式孵化器相似。箱体内温度、湿度、翻蛋等控制原理完全不同于箱体式孵化器,它充分利用了孵化后期种蛋的自身温度进行循环。该机入孵量在8万~16万枚,其优点是节省加热能源、节省占地面积、管理方便。适合于大型种鸡孵化场使用。

国内外生产的孵化器的结构基本大同小异,箱体一般都选用彩塑钢或玻璃钢板为里外板,中间用泡沫夹层保温,再用专用铝型材组合连接,箱体内部采用大直径混流式风扇对孵化设备内的温度、湿度、空气进行调节,装蛋架均用角铁焊接固定后,利用蜗轮蜗杆型减速机驱动传动,翻蛋动作缓慢平稳无颤抖,配备专用蛋盘,装蛋后一层一层地放入蛋架车,根据操作人员设定的技术参数,使孵化设备具备了自动恒温、自动控湿、自动翻蛋与合理通风换气的全套自动功能,保证了受精禽蛋的孵化出雏率。

目前,大多数孵化设备都采用模糊电脑控制系统,它的主要特点:温度、湿度、风门联控,减少了温度场的波动,合理的负压进气、正压排气方式,使进风口形成负压,吸入新鲜空气,经加热后均匀搅拌吹入孵化蛋区,最后由出气口排出。孵化厅环境温度偏高时,冷却系统会自动打开,实施风冷,风门也会自动开到最大,加快空气的交换。全新的加热控制方式,能根据环境温度、机器散热和胚胎发育周期自动调节加热功率,既节能又控温精确。有两套控温系统,第一套系统工作时,第二套系统监视第一套系统,一旦出现超温现象时,第二套系统自动切断加热信号,并发出声光报警,提高了设备的可靠性。第二套控温系统能独立控制加温工作。该系统还特加了加热补偿功能,最大限度地保证了温度的稳定。加热、加湿、冷却、翻蛋、风门、风机均有指示灯进行工作状态指示;高低温、高低湿、风门故障、翻蛋故障、风扇断带停转、电源停电、缺相、电流过载等均可以不同的声讯报警;面板设计简单明了,操作使用方便。

三、出雏器(图4-4)

出雏器与孵化器大体相同,所不同的是出雏器不具备翻蛋机构,用出雏盘代替了蛋盘,用出雏车代替了蛋车架。

图4-4 出雏器

四、其他设备

其他设备包括雏鸡自动处理系统(包括雏鸡分级、鉴别、接种、红外线断喙、包装等一套完整的系统）、独立的雏鸡免疫接种设备、红外线断喙设备、发电机、高压冲洗设备、加热设备、通风设备、运输设备等。

第二节　种蛋管理

一、种蛋的收集（图4-5）

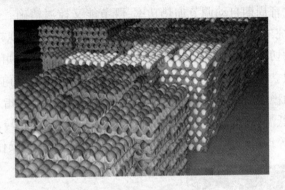

图4-5　从鸡舍内收集的种蛋

笼养种鸡每天收捡鸡蛋3~4次，夏、冬季再加收1次。要减少蛋在鸡舍内的存留时间，因为鸡舍内环境不是适宜种蛋存放的环境，蛋产出后至消毒前持续时间越长，蛋壳表面的细菌数量越多。收集蛋同时先分别挑出畸形蛋、破蛋，单独放置；蛋不在舍内过夜；收集的鸡蛋一般放在蛋托上，集蛋用品每天应清洗消毒。

二、种蛋的选择

1. 种蛋的来源选择

种蛋应该来源于生产性能高而稳定、繁殖力强和健康无病的种鸡群，种鸡应该喂饲全价饲料，有科学的环境管理和配种制度，种鸡的年龄适当。供种场应具有种畜禽生产经营许可证和动物卫生防疫合格证。

引进种蛋时尤其要考虑种鸡的健康状况，凡患有沙门菌病（白痢、伤寒、副伤寒）、慢性呼吸道病、大肠杆菌、淋巴白血病等疾病的种鸡往往会通过感染种蛋而将病传给雏鸡；即使其他传染病，在患病期间和初愈的种鸡所产蛋也不宜作种蛋用。引种时不能从疫区引种。

2. 根据外观性状选择

（1）蛋壳颜色　是重要的品种特征之一，壳色应符合本品种的要求，颜色要均匀一致。单冠白来航鸡及其系间杂交种蛋壳白色;褐蛋壳系如罗曼褐鸡、海兰褐、京红1号等蛋壳为棕褐色，但有时色泽深浅不一，其原因可能与饲料原料类型、某些营养素缺乏、健康状况不好、周龄大等有关。

（2）蛋重　应符合品种标准，一般蛋用种鸡的蛋重为50～65克，超过标准范围10%的蛋不宜作种用，蛋重过小则雏鸡体重小，体质弱，蛋重大则孵化率低。蛋重大小均匀可以使出壳时间集中，雏鸡均匀一致。

（3）蛋的形状　应为卵圆形，一端稍大钝圆，另一端略小。蛋形指数(纵径与横径之比)以1.17～1.25为好。过长、过圆、腰凸、橄榄形(两头尖)的蛋都应剔除。

（4）清洁度　蛋壳表面应清洁。受粪便、破蛋液等污染的蛋在孵化中胚胎死亡率高，易污染孵化器和其他胚蛋。沾有少许污物的蛋可经水洗、消毒后尽快入孵。

（5）蛋壳质地　要求蛋壳应致密，表面光滑不粗糙。首先要剔出破蛋、裂纹蛋、皱纹蛋;厚度为0.28～0.31毫米，过厚的蛋影响蛋内水分的正常蒸发，出雏也困难;蛋壳过薄容易破裂，蛋内水分蒸发过速，也不利于胚胎发育。砂皮蛋厚薄不均也不宜用。

3. 听音

检蛋者双手各拿3枚蛋，手指转动蛋使之相互轻轻碰撞，完好的蛋其声清脆，破裂的蛋有沙哑的破裂声。这种方法主要是与前一种方法结合，挑拣破裂蛋。

三、种蛋的消毒

消毒是为了及时杀灭蛋壳表面的微生物。由于母鸡产蛋时，蛋要经过泄殖腔，使得刚产出的蛋其表面就可能有微生物附着，病原体会在蛋壳表面很快地繁殖，蛋壳表面的微生物容易被消毒剂杀灭，但微生物侵入蛋壳内后则难以杀灭。

种蛋消毒应该进行两次:第一次在种蛋收集后马上消毒，在规范化的种鸡场应该在种鸡舍的工作间设置消毒柜，在每次收集种蛋后立即进行熏蒸消毒，消毒后运送到蛋库;第二次在入孵前后进行，箱体式孵化器可以在种蛋入孵后进行熏蒸消毒，巷道式孵化器则需要在入孵前进行浸泡或喷淋消毒。

孵化中种蛋的消毒方法常用的主要有以下两类:

1. 熏蒸消毒(图4-6)

图4-6 种蛋熏蒸消毒室

用药物气体对种蛋表面进行消毒。可用于每次消毒过程。

(1)福尔马林和高锰酸钾熏蒸消毒 消毒药物用量:按消毒室空间计,每立方米用福尔马林30毫升,高锰酸钾15克;容器:陶瓷或搪瓷容器,耐高温、耐腐蚀,容量大于药物用量的3倍;加药顺序:加药时应先加入不容易倒入的药物,再加容易倒入的药物;消毒持续时间:密闭熏蒸15～20分,然后打开门窗,并用排气扇将室内药味抽出,将消毒容器取出放到室外;并将消毒容器取出。其他要求:消毒时关严门窗、通气孔,消毒环境相对湿度为75%、温度为25～30℃时效果良好。

(2)过氧乙酸消毒 每立方米空间用1%的过氧乙酸50毫升置于搪瓷器皿中加热,密闭熏蒸消毒15～25分,当烟雾冒尽后进行通风排气。环境温度应在20～30℃,相对湿度70%～90%。

(3)烟熏块(剂)消毒 按照使用说明操作,要求与福尔马林熏蒸消毒相同。

2. 浸泡或喷淋消毒

将种蛋浸在消毒药水中或用消毒药水喷洒在蛋的表面。

(1)药物 要求毒性低、腐蚀性小、刺激性小。常用的有次氯酸钠、84消毒剂;络合碘、碘附、威力碘;百毒杀(双链季铵盐类);高锰酸钾、新洁尔灭(具有表面活性作用)等。

(2)药液配制 按照药物使用说明配制,温度在40℃左右。分次进行浸泡消毒时要注意及时添加药物。

（3）消毒时间　浸泡消毒2~5分。

（4）方法　消毒池浸泡、消毒盆浸泡、喷淋。

其他消毒方法在生产中使用很少。

四、种蛋的保存

种蛋必须保存在专用的蛋库内。无论是种鸡场或是孵化厂都必须设置专门的种蛋库。

1. 种蛋库的要求

基本要求是密闭效果良好,安装合适功率的空调,能够保证室内适宜的环境条件和良好的卫生状况。能防尘沙,防蚊蝇、麻雀和老鼠进入。种蛋库一般分为两部分:一部分作为种蛋分拣、统计、装箱与上架等用,另一部分则专供贮存种蛋。

2. 种蛋保存的环境要求

（1）保存温度　一般在生产中保存种蛋时把温度控制在10~20℃,保存时间不超过一周时温度控制在15~20℃,超过一周时为13~18℃。防止蛋库内温度的反复升降。

（2）相对湿度　种蛋保存期间蛋内水分的蒸发速度与贮存室的相对湿度成反比,蛋库中适宜的相对湿度为75%~80%,过低则蛋内水分散失太多,过高易引起霉菌滋生、种蛋回潮。

（3）存放室的空气　空气要新鲜,不应含有有毒或有刺激性气味的气体（如硫化氢、一氧化碳、消毒药物气体）。

3. 保存期间的翻蛋

种蛋保存期间翻蛋的目的是防止蛋黄与壳膜粘连而引起胚胎死亡。一般认为保存时间在1周以内时可以不翻蛋,超过1周则要求每天翻蛋1次。

另据报道,种蛋保存期在4周内,蛋存放时锐端向上比钝端向上的孵化效果好。

4. 保存期限

保存期超过5天,随着保存时间的延长,种蛋的孵化率会逐渐降低,一般说来,保存期在1周内孵化率下降幅度较小,超过2周下降明显,超过3周则急剧降低。

五、种蛋运输

运输种蛋大多数使用的是具有控温装置的箱式保温车。在种蛋的运输过程中,运输时不可剧烈颠簸,以免强烈震动时引起蛋壳或蛋黄膜破裂,损坏种蛋;同时应注意避免日晒雨淋,影响种蛋的品质。因此,在夏季运输时,要有遮阴和防雨设备;冬季运输应注意保温,以防受冻。装卸时轻装轻放,严防强烈震动。种蛋运到目的地后,应立即开箱检查,取出种蛋,剔除破损蛋,进行消毒,尽快入孵。

第三节　孵化条件

温度是孵化的重要条件,孵化温度掌握得适当与否会直接影响孵化效果。孵化温度偏高,胚胎发育偏快,出雏时间提前,雏禽软弱,成活率低,当超过42℃,经过2~3小时胚胎就会死亡。孵化温度偏低时,胚胎发育变慢,出壳时间推迟,也不利于雏禽生长发育,孵化率降低。若温度低于24℃,经30小时胚胎全部死亡。

一般适宜的孵化温度是37.8℃,在出雏器内的温度为37.2~37.5℃。采用巷道式孵化器则前端温度比后端略高,通常前端为38.0℃,后端为37.5℃。

孵化室内的温度会影响孵化器内的温度,为了保证进入孵化器的空气温度适宜,通常要求孵化室内的温度控制在25℃左右,许多大型孵化厂都在孵化室安装有空调。

二、相对湿度

适宜的孵化湿度可使胚胎初期受热均匀,后期散热加强,既有利于胚胎发育,又有利于破壳出雏。孵化湿度过低蛋内水分蒸发多,胚胎易与壳膜发生粘连,孵出的雏鸡较轻,有脱水现象;湿度过高,影响蛋内水分蒸发,孵出的雏鸡肚子大,软弱,脐部愈合不良,成活率也较低。所以,湿度过高或者过低都会对孵化率和雏禽健康有不良影响。孵化时应特别注意防止高温高湿和高温低湿。

孵化时湿度应掌握"两头高,中间低"的原则,即孵化初期相对湿度为60%~65%,中期相对湿度为50%~55%,后期相对湿度为65%~70%。出雏期相对湿度为70%~75%。

蛋鸡标准化安全生产关键技术

三、通风换气

通风换气的目的一是供给胚胎发育所需氧气,排出胚胎发育产生的二氧化碳,二是调节孵化机内温度和湿度,三是利于孵化后期胚胎散热。

掌握通风换气量的原则是在保证正常温度、湿度的前提下,要求通风换气充分。通过对孵化机内通风孔位置、大小和进气孔启开程度,可以控制空气的流速及路线。

为了确保孵化机内的空气质量,必须经常保持孵化厅的空气新鲜,所以要注意孵化厅的通风换气和清洁卫生,从孵化机内排出的废气要直接通到孵化厅外面,以防止影响孵化厅的空气质量。目前,很多孵化厂都采用正压送风方式向室内吹风,孵化室安装有排气扇以排出污浊气体。

四、翻蛋

改变种蛋的孵化位置和角度称为翻蛋。其作用是改变胚胎位置,使胚胎受热均匀,防止胚胎与壳膜粘连而死亡,翻蛋可促进胚胎运动和改善胚胎血液循环。

孵化过程中一般每隔 2 小时翻蛋一次,若翻蛋的角度以水平位置为标准,鸡蛋前俯后仰各 45°。翻蛋角度不足,会降低孵化率。翻蛋在孵化前期更为重要,据试验:整个孵化期间都不翻蛋,孵化率仅为 29%;仅第一周翻蛋,孵化率为 78%;1～14 天翻蛋,孵化率为 85%;1～18 天翻蛋,孵化率为 92%。机器孵化落盘后可停止翻蛋。翻蛋时要注意轻、稳、慢。

五、晾蛋

晾蛋的目的是驱散孵化器内余热,保持适宜的孵化温度;同时供给新鲜空气,排除孵化器内污浊的气体。胚胎发育到中后期,因物质代谢产生大量热能,需要及时晾蛋,防止胚胎被烧死。晾蛋也可通过较低的温度来刺激胚胎,促使胚胎发育并增加将来雏禽对外界气温的适应能力。

鸡蛋孵化过程中一般不进行晾蛋,如果孵化室没有空调,在炎热的夏季,鸡蛋孵化到中后期也要晾蛋以防超温。

一般每天上、下午各晾蛋 1 次,每次 20～40 分。也可用眼皮来试温,即以蛋贴眼皮,感到微凉(31～33℃)就应停止晾蛋。

第四节　胚胎发育

鸡的胚胎发育过程分两个阶段,即母体内阶段和母体外阶段。

一、胚胎在母体内的发育

鸡排卵后(蛋黄表面的胚珠是次级卵母细胞),在输卵管的漏斗部与精子相遇并结合,其后经 3 ~ 5 小时运行到峡部开始第一次细胞分裂,在蛋产出之前的 20 小时左右内细胞不断分裂,当蛋产出体外时已形成了一个多细胞的胚盘,此时胚胎处于囊胚期的末期或原肠胚的早期,前者为具有一个胚下腔的盘状物,中央部分与卵黄分离,外观透亮为"明区",周围部分尚和卵黄相连,不透明,称为"暗区"。原肠胚早期的特征:胚胎具有内外两个胚层和一个原肠腔。一般情况下,种鸡刚产下的蛋,胚胎多数都发育到了原肠胚早期。

蛋产出体外后,胚胎的发育暂时停止而呈现"休眠"状态,这种"休眠"对家禽胚胎的正常发育来说似乎是必须的,实践证明,若将刚产出的受精蛋直接放入孵化器中则出现较多的弱胚。

二、鸡胚的孵化期

胚胎在孵化过程中发育的时期称为孵化期。由于胚胎发育快慢受诸多因素影响,实际表现的孵化期有一个变动范围,在一般情况下,孵化期上下浮动12 小时以内。影响因素主要有以下几方面:

(1)种蛋保存时间　种蛋保存时间越长,孵化期会稍有延长,且出雏时间参差不齐。

(2)孵化温度　孵化期温度偏高则孵化期缩短,孵化温度偏低则孵化期延长。

(3)蛋重　大蛋的孵化期比小蛋的长。

孵化期的缩短或延长,对孵化率及雏禽的健康状况都有不良影响。

三、孵化过程中的胚胎发育

1. 胚胎发育的外部特征

从形态上看,鸡胚胎发育大致分为四个阶段:内部器官发育阶段(1 ~ 4天),外部器官发育阶段(5 ~ 14 天),生长阶段(15 ~ 20 天),出壳阶段(20 ~ 21

天)。

鸡胚胎逐日发育及照蛋特征见表4-1;胚胎发育的几个关键时期的主要形态特征见图4-7。

表4-1 鸡胚胎逐日发育一览表

胚龄(天)	照检术语	照检主要特征	胚蛋解剖所见主要特征
1	鱼眼珠	蛋透明均匀,可见卵黄在蛋中漂动,无明显发育变化	胚盘变大达0.7厘米,明区向上隆起,形成原条,暗区边缘出现红血点
2	樱桃珠	卵黄囊血管区出现,呈樱桃形	胚体透明,小红点心脏搏动
3	蚊虫珠	卵黄囊血管区范围扩大达1/2,胚体形如蚊虫	出现背主动脉,卵黄体积增大,尿囊开始发育
4	小蜘蛛、叮壳	卵黄囊血管贴靠蛋亮,头部明显增大,胚体呈蜘蛛状	胚体出现四肢胚芽,见尿囊透明水泡和灰色眼点,胚体与卵黄分离
5	起珠、单珠	卵黄的投影伸向锐端,胚胎极度弯曲,见黑眼珠	见大脑泡、性腺、肝、脾发育,羊膜长成,有两支尿囊血管
6	双珠	胚胎的躯干部增大,胚体变直,血管分布占蛋的大部分	见胚胎头尾两个小圆团形似哑铃,可见到肋骨和脊椎软骨胚芽
7	沉	胚胎增大,羊水增多,时隐时显沉浮在羊水中	见喙、翼、口腔、鼻孔、肌胃形成,卵黄变稀
8	浮、边口发硬	胚胎活动增强,亮白区在钝端窄,在锐端宽	胚胎腹腔愈合,四肢形成,尿囊包围卵黄囊
9	发边、晃得动	尿囊向锐端伸展,锐端面有楔形亮白区	心、肝、胃、食管、肠、肾、性腺等发育良好,能分雌雄,皮肤出现羽毛基点
10	合拢	尿囊在小头端合拢	喙开始角质化,胚胎体躯生出羽毛
11	—	胚蛋背面血管变粗,钝端血色加深,气室增大	背部有绒毛,见到腺胃和冠齿以及浆羊膜道
12	—	胚蛋背面血色加深,黑影由气室端向中间扩展	卵黄左右两边连接,眼能闭合,蛋白从浆羊膜道进入羊膜腔

胚龄(天)	照检术语	照检主要特征	胚蛋解剖所见主要特征
13～16	—	气室逐渐增大,胚蛋背面的黑影已向小头端扩展,看不到胚胎	绒毛覆盖全身,蛋白大量吞食,先后出现脚鳞、冠髯、头部转向气室端
17	封门	胚蛋锐端看不见亮的部分,全黑	蛋白输送完,上喙尖出现破壳齿
18	斜口、转身	气室倾斜而扩大,看到胚体转动	头弯曲在右翅下,眼睁开,喙向气室
19	闪毛	胚体黑影超过气室,似小山丘,能闪动	卵黄绝大部分进入腹腔,尿囊血管开始枯萎
20	见嘌、啄壳	听到叫声,壳已啄口	喙进入气室,肺开始呼吸,继而啄壳;卵黄全部吸入
21	满出	大量出雏	腹中剩余蛋黄6克左右

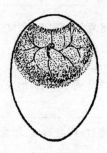
孵化3天

孵化5天

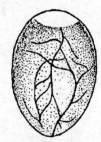
孵化11天

孵化17天

孵化19天

图4-7 鸡胚胎发育的几个关键时期的主要形态特征

2. 胎膜的形成及其功能

鸡胚胎发育是一个非常复杂的生理代谢过程,胚胎的呼吸和营养供应主要靠胎膜(也称胚外膜)实现,胚胎发育过程中形成4种胎膜,包括卵黄囊、羊膜、浆膜(亦称绒毛膜)和尿囊。

(1)卵黄囊 是形成最早的胚膜,在孵化2天开始形成,以后逐渐向卵黄表层扩展,4天卵黄囊包裹1/3的蛋黄;6天,包裹1/2的蛋黄;9天,几乎覆盖整个蛋黄表面。孵化19天,卵黄囊及剩余蛋黄绝大部分进入腹腔;20天完全进入腹腔;出壳时雏鸡腹腔内剩余5~8克蛋黄;出壳后6~7天被小肠吸收完毕,仅留一卵黄蒂(小突起)。卵黄囊表面分布很多血管汇成循环系统通入胚体,供胚胎从卵黄中吸收营养;卵黄囊在孵化初期(前6天)还有与外界进行气体交换的功能;卵黄囊内壁还能形成原始的血细胞和血管壁细胞。

(2)羊膜 羊膜在孵化的2天即覆盖胚胎的头部并逐渐包围胚胎全身,4天在胚胎背部上方合拢(称羊膜脊)并包围整个胚胎,而后增大并充满液体(羊水),5~6天羊水增多,17天开始减少,18~20天急剧减少至干枯。因羊膜腔内有羊水,可缓冲外部震动,胚胎在其中可受到保护。羊膜是由能伸缩的肌纤维构成,能产生有规律的收缩,促使胚胎运动,防止胚胎和羊膜粘连。

(3)浆膜(亦称绒毛膜) 绒毛膜与羊膜同时形成,孵化前6天紧贴羊膜和蛋黄囊外面,其后由于尿囊发育而与尿囊外层结合形成尿囊绒毛膜。浆膜透明无血管,不易看到单独的浆膜。

(4)尿囊 孵化2天末至3天初开始生出,4天如绿豆样大小,6天接触到壳膜内表面,以后迅速生长,10~11天延伸至蛋的小头包围整个胚胎内容物,并在蛋的小头合拢,其中的尿囊液达最大量。17天尿囊液开始减少,19天尿囊动静脉萎缩、尿囊液基本蒸发完,20天尿囊血液循环停止。出壳时,尿囊柄断裂,黄白色的排泄物和尿囊膜留在壳内壁上。尿囊在接触壳膜内表面继续发育的同时,与绒毛膜结合成尿囊绒毛膜,这种高度血管化的结合膜由尿囊动、静脉与胚胎循环相连接,其位置紧贴在多孔的壳膜下面,起到排出二氧化碳、吸收外界氧气的作用,并吸收蛋白营养和蛋壳上的无机盐供给胚胎生长发育。尿囊还是胚胎蛋白质代谢产生废物的贮存场所。

发育过程中的胎膜和胚胎见图4-8。

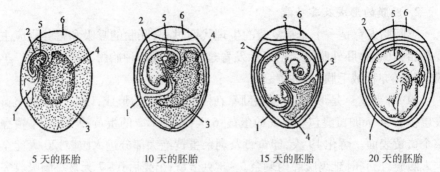

| 5 天的胚胎 | 10 天的胚胎 | 15 天的胚胎 | 20 天的胚胎 |

图 4-8　鸡的胚胎和胚膜的发育
1. 尿囊　2. 羊膜　3. 蛋白　4. 卵黄囊　5. 胚胎　6. 气室

3. 胚胎发育过程中的物质代谢

孵化初期,胚胎以渗透方式从卵黄囊吸收养分。入孵前4天,胚胎主要利用糖,5天开始利用脂肪,11天后大量利用蛋白并在胚胎体内储存,孵化后期蛋白全部吸收完毕,17天后主要利用蛋黄物质。孵化前10天,胚胎利用蛋黄和蛋白中的钙、磷,10~18天期间大量吸收蛋壳中的钙形成骨骼。整个孵化期内,胚胎发育所需的氧气、营养物质及其排出的二氧化碳及废物,主要依赖于尿囊血液循环和卵黄囊血液循环,其次是胚内循环。

第五节　孵化管理

一、孵化前的准备

1. 制定孵化计划

要依据孵化设备条件、种蛋供应、雏鸡销售等具体情况,制订出周密的孵化计划并填写孵化工作计划表。

2. 用具准备

事先要准备好发电机、空调设备、照蛋器、温度计、记录表格、消毒药品及设备、防疫注射器材、马立克疫苗、雏鸡盒等。

3. 做好消毒工作

孵化开始前一周,对孵化厅、孵化机和孵化用具进行清洗,最后消毒。对于地面、墙壁可以先用卤素类或季铵盐类消毒剂进行喷洒消毒,对于孵化设备常用熏蒸消毒方法,消毒药品通常使用福尔马林溶液和高锰酸钾。操作方法:按孵化厅每立方米容积用福尔马林溶液30毫升加高锰酸钾15克。将消毒药品放入非金属容器,封闭熏蒸消毒 24 小时。消毒后及时开启孵化厅的通风系统以排除药物气体。

4. 孵化设备的检修与试机

(1)孵化设备的检修 打开设备电源使设备处于运转状态,检查电动机、风扇等,看运转是否正常,检查恒温电气控制系统的水银导电表、继电器触点、指示灯、电热盘、超温报警装置等是否正常。校对温度计,测试机内不同部位的温度差别。检查蛋盘、蛋架是否牢固,风扇、翻蛋、加湿等转动装置是否加足润滑油。

(2)孵化设备试机 对孵化设备的检修完成后,开机试运行 1～2 天,值班人员要做好机器运行情况记录,运转正常即可入孵。

二、孵化操作

1. 码盘入孵

(1)种蛋码盘 种蛋在孵化前将钝端向上放置在孵化蛋盘上称码盘,这样有利于胚胎的气体交换;如果错将钝端朝下则胚胎发育会受到严重的不良影响,甚至死亡。码盘结束,将蛋盘放入蛋架车。对剔除的不合格种蛋和剩余的种蛋及时处理,然后清理工作场地。

(2)入孵 将装好种蛋的蛋架车推入孵化器的过程称为入孵。入孵后要在孵化器前面挂上孵化记录表,填写入孵时间、种蛋数量、品种或品系等。

2. 孵化日常管理

现代化的孵化厂有中央控制室,在电脑屏幕上可以显示出每台机器的运行情况,任何一台机器出现故障都会在电脑屏幕上显示出来。这样值班人员在控制室内就可以了解所有设备的运行情况。在中小型孵化厂管理人员需要定时在孵化室和出雏室巡回观察,了解孵化设备的运行情况。

(1)检查孵化机的运转情况 孵化机如出现故障要及时排除,对风扇皮带要经常检查,发现有裂痕或张力不足应及时更换,风扇如有松动,特别是发出异常声响应及时维修,另外,如发现电子继电器不能准确控制温度应立即更换,如检查电动机听其音响异常,手摸外壳烫手,应立即维修或换上备用电动机。此外,还应注意孵化机内的风扇、电动机及翻蛋装置工作是否正常。

(2)温度的观察与调节 孵化器控温系统,在入孵前已经校正。检验并试机运转正常,一般不要随意更动。刚入孵时,开门入蛋引起热量散失以及种蛋和孵化盘吸热,因此孵化器里温度暂时降低,是正常的现象。待蛋温、盘温与孵化器里的温度相同时,孵化器温度就会恢复正常。每隔半小时通过观察窗观察一次里面的温度计温度,每2小时记录一次温度。有经验的孵化人员,还经常用手触摸胚蛋或将胚蛋放在眼皮上测温,必要时,还可照蛋,以了解胚胎发育情况和孵化给温是否合适("看胎施温")。

孵化温度是指孵化给温,在生产上又大多以"门表"所示温度为准。在生产实践中,存在着三种温度要加以区别。即孵化给温(显示温度)、蛋面温度和门表温度。上述三种温度是有差别的,只要孵化器设计合理,温差不大且孵化厅内温度不过低,则门表所示温度可视为孵化给温,并定期测定胚蛋温度,以确定孵化时温度掌握得是否正确。如果孵化器各处温差太大,孵化厅温度过低,观察窗仅一层玻璃,尤其是停电时,则门表温度绝不能代表孵化温度,此时要以测定胚蛋温度为主。

(3)湿度的观察与调节 现代孵化机都是自动控湿,要随孵化期的不同及时调节湿度。另外,在孵化器观察窗内挂一干湿球温度计,定期观察记录,并换算出机内的相对湿度。与显示湿度对照,若有较大差距,说明湿度显示不灵敏,要及时检修。要注意包裹湿度计棉纱的清洁,并加蒸馏水。

(4)观察通风和翻蛋情况 定期检查进出气口开闭情况,根据胚龄决定开启大小,整批孵化的前三天(尤其是冬季),进出气孔可不打开,随着胚龄的增加逐渐打开进出气孔,出雏期间进出气孔全部打开。分批入孵,进出气孔可打开1/3～2/3。注意每次翻蛋时间和角度,对不按时翻蛋和翻蛋速度过快或过慢的现象要及时处理解决,停电时定时手动翻蛋。

(5)孵化记录 整个孵化期间,每天必须认真做好孵化记录和统计工作,它有助于孵化工作顺利有序进行和对孵化效果的判断。孵化结束,要统计受精率、孵化率和健雏率。孵化厅日常管理记录见表4-2,孵化生产记录见表4-3。

表4-2 孵化厅日常管理记录

机号　　　第　批　　　胚龄　　年　月　日

时间	机器情况					孵化厅		停电	值班员
	温度	湿度	通风	翻蛋	晾蛋	温度	湿度		

表 4 - 3　孵化生产记录表

批次	入孵日期	种蛋来源	品种	入孵数量	头照		二照		出雏			受精率(%)	受精蛋孵化率(%)	入孵蛋孵化率(%)	健雏率(%)
					无精蛋	死胚破损蛋	死胚蛋	破损蛋	落盘数	毛蛋数	弱死雏	健雏数			

（6）孵化厅管理　要求孵化厅卫生清洁,通风良好,空气新鲜,温度、湿度适宜,保暖性能好,物品摆放整齐。

3. 照蛋

（1）照蛋的目的　照蛋是检查胚胎发育状况和调节孵化条件的重要依据。在种蛋孵化到一定时间后,用照蛋器在黑暗环境中对胚蛋进行透视,检查胚胎发育情况,剔除未受精蛋、死胚蛋和破损蛋。传统的孵化生产中,通常于孵化的第 7 天和落盘时（18 或 19 天）照蛋 2 次,而在当前的孵化生产中,一般孵化厂每批胚蛋照蛋 1 次。

（2）照蛋的时间及内容要求　传统的孵化过程中照蛋分 3 次进行,3 次照蛋时间分别是:头照（白壳蛋在 5 天、褐壳蛋在 7 天）、二照（11 天,主要是抽检）和三照（落盘时,即 18 或 19 天）。

头照:头照的主要目的是剔除未受精蛋、死胚蛋,区别弱胚蛋和正常胚蛋,头照时各类型的蛋有如下特征:

正常胚蛋:整个蛋呈红色（除气室外）,气室界限清楚,胚胎发育像蜘蛛形态,其周围血管鲜红、明显,扩散面占蛋体的 4/5,胚胎的黑色眼点清楚。

弱胚蛋:发育缓慢,胚体较小,血管纤细而且颜色略浅,扩散面约为蛋体的一半,黑色眼点颜色较浅或不明显。

死胚蛋:俗称"血蛋",只见蛋内有不规则的血线、血点或紧贴内壳面的血圈,有时可见到死胚小黑点贴壳静止不动。

未受精蛋:俗称"白蛋",蛋内透亮,能见蛋黄阴影稍扩大,颜色淡黄,看不见血管及胚胎。

第一次照检时各类型胚蛋特征如图 4 - 9 所示。

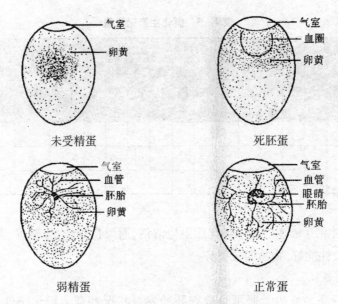

未受精蛋   死胚蛋

弱精蛋   正常蛋

图4-9　鸡胚头照各类型胚蛋示意图

二照:此次照蛋一般是抽样进行,抽取孵化器不同部位的胚蛋进行检查,主要目的是了解胚胎发育是否正常,以便及时调节孵化条件,此时胚胎的典型特征是"合拢",即尿囊绒毛膜已延伸至蛋的小头,将蛋白包裹。照检时,若有80%以上的胚蛋"合拢",说明胚胎发育正常;若有90%以上的"合拢",说明胚胎发育偏快;若只有20%~30%的胚蛋"合拢",说明胚胎发育偏慢。

三照:三照一般结合落盘进行,主要目的是检查胚胎发育情况,将发育差或死胚蛋剔除,各类型蛋的特征如下:

正常活胚蛋:可见蛋内除气室外均不透亮,蛋的小头部不透光(已"封门"),气室口变斜,气室边界弯曲明显,有时可见胚胎颤动(俗称"闪毛"),触摸蛋发热。

弱胚蛋:气室边界平整,血管纤细,看不见胎动,有的小头有少部分透亮。

死胚蛋:气室口未变斜,气室边界颜色较淡,无血管分布,黑阴影混浊不清,蛋的小头透亮,摸之感觉发凉。

(3)照蛋要求　照检蛋时动作要快,轻拿轻放。胚蛋在室温中放置不超过25分,室温要求保持在22~28℃,操作过程中不小心打破胚蛋应及时剔出。

4. 落盘

鸡胚孵至18或19天,经过最后一次照蛋后,将胚蛋从孵化器的孵化盘移到出雏器的出雏盘的过程,称落盘或移盘。过去多在孵化第 18 天落盘。现认为鸡蛋孵满 19 天再落盘较为合适。落盘时,应提高室温,动作要轻、稳、快,尽量减少碰破胚蛋。最上层出雏盘加铁丝网罩,以防雏鸡窜出。目前国内多采用人工落盘("扣盘"),也有采用机器进行落盘的。

5. 捡雏

鸡蛋孵化满 20 天就开始出雏了。应及时拿出绒毛已干的雏鸡和空蛋壳,在出雏高峰期,应每 4 小时捡一次,捡出绒毛已干的雏鸡同时,捡出蛋壳,以防蛋壳套在其他胚蛋上闷死雏鸡。每次捡完后进行拼盘。取出的雏鸡放入箱内,置于 25～28℃室温内存放。出雏期间要保持孵化厅和出雏机内的温、湿度,室内安静,机门尽量少开。

对少数未能自行脱壳的雏禽,应进行人工助产。助产时只需破去钝端蛋壳,拉直头颈,然后让雏禽自行挣扎脱壳,不能全部人为拉出,以防出血而引起死亡或成为残弱雏。

6. 机具清洗与消毒

(1)清洗用具 出雏结束后,将出雏厅、出雏机、出雏盘进行彻底清洗。

(2)消毒用具 所有出雏器具清洗完后,消毒出雏盘、水盘和出雏机,以备下次出雏时使用。可选用任何一种消毒药物进行喷洒,也可采用甲醛熏蒸法进行消毒。

第六节 雏鸡处理

一、雌雄分拣

雏鸡出壳后要进行雌雄鉴别,将不适宜出售的雏鸡(如商品代公雏、父母代父本的母雏和母本的公雏)处理掉。

1. 利用伴性性状进行鉴别

目前,在蛋鸡育种中基本都应用了伴性性状,雏鸡出壳后就能够根据其绒毛的颜色或主翼羽与副主翼羽的长度对比分辨公母。具体方法见前述。

2. 翻肛鉴别

利用伴性性状进行雌雄鉴别主要用于商品代雏鸡和部分父母代种鸡,而对于祖代种鸡和大部分父母代种鸡尚无法利用伴性性状进行雌雄鉴别,需要采用翻肛法进行雌雄鉴别。翻肛鉴别法主要看雏鸡的生殖突起形态。

(1) 生殖突起的形态　将雏鸡泄殖腔背壁纵向切开由内向外可以看到三个皱襞:第一个皱襞为直肠末端与泄殖腔的交界,第二个皱襞位于泄殖腔的中央,由斜行的小皱襞集合而成,在泄殖腔背壁幅度较广,向腹壁逐渐变细而终止位于第三皱襞,第三皱襞形成于泄殖腔的开口处。

1) 公雏生殖突起形态(图 4 - 10)　公雏在泄殖腔腹侧中间第二、第三皱襞的接合处有一个比小米粒还小的粉红色球状突起,在其两侧围以规则的皱襞状隆起,呈"八"字状,故称为八字状襞。粉红色球状突起称为生殖突起,两者共同构成生殖隆起。雌雏在雄雏生殖突起的部位呈凹陷状,但由于品种类型和个体间的差异,母雏生殖突起退化的情况也不一致,还有部分个体有明显的隆起痕迹,这就要求在鉴别的时候多加注意分辨。

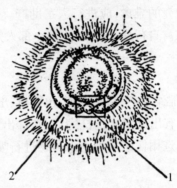

2 ┘　　　　　　　　　└ 1

图 4 - 10　公雏泄殖腔翻开后的形态
1. 生殖突起　2. 八字状襞

2) 母雏的生殖突起形态　正常情况下母雏在出壳后生殖突起几乎完全退化,原来位置仅有皱襞残余。八字状襞之间多为凹陷,正常的类型约占59.8%。此外还有两种异常类型:小突起型和大突起型。

仅仅根据生殖突起的形态差异还不能完全准确地辨识雏鸡的性别。还应根据生殖突起在组织上的差异加以辅助鉴别:①雌雏生殖突起轮廓不明显,萎缩,周围组织补托无力;雄雏的生殖突起轮廓明显,充实,基础较稳固。②雌雏肛门松弛,易翻开,生殖突起缺乏弹性,手指压迫和左右伸展时很容易变形;雄雏的肛门较紧,生殖突起富有弹性,压迫伸展时不易变形。

(2) 翻肛鉴别的基本顺序　包括抓握雏、挤粪、翻肛、鉴别和放雏 5 步骤。

1) 抓握雏　左(或右)手抓住雏鸡后移向右(或左)手保定,保定方法:雏鸡背向手心,尾部朝上,头朝下轻夹于肛门右侧。熟练者可双手同时抓握。

2）挤粪　用抓握雏鸡的手拇指轻压其腹部,与雏鸡的呼吸运动相协调促使雏鸡排粪。

3）翻肛　挤粪后将右(或左)侧,同时左(或右)手的拇指及食指放于肛门下面和左(或右)侧,三个手指在肛门周围并成一个三角形,左食指向上推,拇指由肛门下往上顶就可观察生殖突起的情况(图4-11)。

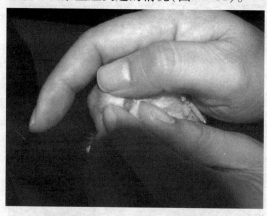

图4-11　翻肛的手势

4）鉴别　肛门翻开后,根据生殖突起的有无、形态、组织上的差异及八字状襞情况进行综合判断。若在观察时有粪便排出,则用左手食指抹去再观察。

5）放雏　鉴别者面前有3只箱,中间放混合雏,一般在左侧放公雏,右侧放母雏。

雏鸡出壳后应尽可能在24小时内鉴别完。若时间过长则翻肛不容易,生殖突起相对退化并缩入肛门深处,造成工作效率和鉴别准确率下降。

在生产上要达到80%左右的鉴别准确率比较容易,若要达90%以上则需要有较长的时间在实践中加以摸索和总结。

二、强弱分拣(图4-12)

雏鸡出壳后需要分拣,拣出病弱残个体,将不适宜出售和饲养的雏鸡挑拣出来作为残次雏处理,不能出售或免费送给客户。

三、疫苗接种(图4-13,图4-14)

在蛋用雏鸡分拣后要对合格的健康母雏注射马立克疫苗,目前使用的疫苗主要是细胞结合苗,平时保存在液氮罐内,用前取出解冻和稀释,解冻与稀

图4-12 雏鸡的分拣

释方法要按照使用说明进行。有些孵化厂为了保证雏鸡的健康还会在马立克疫苗稀释液中添加一些抗生素,常见的如丁胺卡那霉素、头孢氨苄类等。

图4-13 雏鸡在孵化室内接种马立克疫苗(单人操作)

图4-14 雏鸡在孵化室内集体接种马立克疫苗

120

四、雏鸡装盒(图4-15)

孵化厂的雏鸡要运往饲养场都是使用专门的雏鸡盒进行包装的,每个雏鸡盒分4格,每格装25只雏鸡,每盒可以装100只雏鸡。一些孵化厂通常会在每个雏鸡盒内装102只雏鸡,其中的2只作为路途损耗。

图4-15 已经装盒待运的雏鸡

现代化的孵化厂有专门的雏鸡处理系统,雏鸡分拣、鉴别、注射疫苗和装盒在一条生产线上完成(图4-16,图4-17)。

图4-16 雏鸡自动包装

图4-17 雏鸡自动处理系统

第五章　蛋鸡标准化安全生产的投入品管理

　　蛋鸡养殖过程中的投入品主要有饲料、药物、饮水等直接进入鸡体内的物质,这些物质的质量和成分会直接影响鸡的健康和肉蛋中相关成分的含量。加强对投入品的管理和监督是保证鸡群健康和鸡蛋品质安全的重要条件。

第一节　投入品的基市要求

为了保证畜禽产品的质量安全,许多地方政府和行政主管部门制定了畜禽生产投入品的使用和管理制度,用于指导和监督本地养殖企业的生产过程。这里介绍一个相关的制度供参考。

根据相关法律法规和日常监管内容,为了进一步规范养殖行为,确保畜禽投入品的可追溯性,从而保障动物源性食品的安全,建立健全养殖场投入品台账,制定本制度。

第一,饲料添加剂、预混合饲料、生物制品、生化制品的采购、使用,在兽医的监督指导下进行。

第二,使用的饲料原料和饲料产品应来源于非疫区,无腐烂变质,未受农药或某些病原体污染,符合 GB 13078—2001《饲料卫生标准》。

第三,严格按照国家有关规定合理使用兽药及饲料药物添加剂,严禁采购、使用未经兽药药政部门批准的或过期、失效的产品。

第四,实施处方用药,处方内容包括:药用名称、剂量、使用方法、使用频率、用药目的,处方需经过监管的职业兽医签字审核,确保不使用禁用药和不明成分的药物,领药者凭用药处方领药使用,并接受动物防疫机构的检查和指导。

第五,加强对生产环境、水质、饲料、用药等生产环节有害物质残留的管理和监控,通过定期接受政府部门的抽检、送检或有条件的自检等方式,严格控制或杜绝违禁物品、有毒有害物质和药物残留。

第六,投入品仓库专仓专用、专人专管。在仓库内不得堆放其他杂物,药品按剂量或用途及储存要求分类存放,陈列药品的货柜或厨子应保持清洁和干燥。地面必须保持整洁,非相关人员不得进入。库内禁止放置任何药品和有害物质。

第七,采购的药品及疫苗必须是有 GMP 批文,符号国家认证厂家生产的药品、疫苗;不向无兽药经营许可证的销售单位购买,不购进禁用药、无批准文号、无成分的药品。采购时要严格质量检查,查验相关证明,防止购入劣质投入品。

第八,建立完善的投入品购进、使用记录,购进记录包括:名称、规格(剂型)、数量、有效期、生产厂商、供货单位、购货日期。出库时要详细填写品种、规格(剂型)、数量、使用日期、使用人员、使用去向。拌料用的药品或添加剂，需在执业兽医的指导使用，并做好记录，严格遵守停药期。药品的使用应做到先进先出，后进后出，防止人为造成的过期失效。

注:投入品购进、使用记录必须真实有效，并保存不得少于2年。

第二节　蛋鸡饲料与添加剂的使用

优质饲料中的各种成分既能够满足蛋鸡生活和生产的需要，又能够满足维持健康的要求。如果某种成分含量过高就可能会影响其他成分的吸收利用，甚至可能对机体产生毒害作用；如果某种成分含量不足同样可能会影响其他成分的吸收利用，甚至造成机体出现营养缺乏症。此外，饲料中的毒素和抗营养因子含量高了也会影响饲料的消化吸收和机体的健康；被微生物污染的饲料则可能导致蛋鸡发生疾病。

饲料中的有些成分可以直接进入蛋内，如生产特种鸡蛋的时候可以在饲料中适当添加一些相关原料，如添加碘化钾和碘酸钙可以生产高碘蛋、添加亚硒酸钠可以生产富硒蛋、添加一些富含不饱和脂肪酸的油脂可以生产富含不饱和脂肪酸鸡蛋等，添加一些色素(如辣椒粉、海藻粉、金盏花粉等或合成色素如加丽素红、加丽素黄等)可以使蛋黄的颜色加深。同样，饲料中含有的毒素(如黄曲霉毒素等)以及添加的违禁成分可能对鸡群造成危害，更有可能导致其在鸡蛋和鸡肉中的残留。因此，要保证蛋品的质量安全就必须加强对饲料及添加剂的质量监管。

一、对饲料原料的要求

饲料原料的质量直接关系到配合饲料的质量，没有优质的原料就无法生产出优质的配合饲料。

1. 符合《饲料原料目录》要求

农业部2012年6月发布了《饲料原料目录》，并于2013年1月1日起施行。该目录所称饲料原料，是指来源于动物、植物、微生物或者矿物质，用于加工制作饲料但不属于饲料添加剂的饲用物质(含载体和稀释剂)。饲料生产企业所使用的饲料原料均应属于该目录规定的品种，并符合本目录的要求。

2. 符合《饲料卫生标准》、《饲料标签》等强制性标准的要求

(1)饲料卫生标准　根据《饲料卫生标准》(GB 13078—2001)，相应的卫

生指标见表 5 - 1。

表 5 - 1 饲料、饲料添加剂卫生指标

序号	卫生指标项目	产品名称	指标	试验方法	备注
1	砷（以总砷计）的允许量（每千克产品中），毫克	石粉	≤2.0	GB/T 13079	不包括国家主管部门批准使用的有机砷制剂中的砷含量
		硫酸亚铁、硫酸镁			
		磷酸盐	≤20		
		沸石粉、膨润土、麦饭石	≤10		
		硫酸铜、硫酸锰、硫酸锌、碘化钾、碘酸钙、氯化钴	≤5.0		
		氧化锌	≤10.0		
		鱼粉、肉粉、肉骨粉	≤10.0		
		家禽、猪配合饲料	≤2.0		
		牛、羊精饲料补充料			
		猪、家禽浓缩饲料	≤10.0		以在配合饲料中20%的添加量计
		猪、家禽添加剂预混合饲料			以在配合饲料中1%的添加量计
2	铅（以Pb计）的允许量（每千克产品中），毫克	生长鸭、产蛋鸭、肉鸭配合饲料	≤5	GB/T 13080	
		鸡配合饲料、猪配合饲料			
		奶牛、肉牛精饲料补充料	≤8		
		产蛋鸡、肉用仔鸡浓缩饲料	≤13		以在配合饲料中20%的添加量计
		仔猪、生长肥育猪浓缩饲料			
		骨粉、肉骨粉、鱼粉、石粉	≤10		
		磷酸盐	≤30		
		产蛋鸡、肉用仔鸡复合预混合饲料	≤40		以在配合饲料中1%的添加量计
		仔猪、生长肥育猪复合预混合饲料			

序号	卫生指标项目	产品名称	指标	试验方法	备注
3	氟（以 F 计）的允许量（每千克产品中），毫克	鱼粉	≤500	GB/T 13083	高氟饲料用 HG 2636–1994 中4.4条
		石粉	≤2 000		
		磷酸盐	≤1 800	HG 2636	
		肉用仔鸡、生长鸡配合饲料	≤250	GB/T 13083	
		产蛋鸡配合饲料	≤350		
		猪配合饲料	≤100		
		骨粉、肉骨粉	≤1 800		
		生长鸭、肉鸭配合饲料	≤200		
		产蛋鸭配合饲料	≤250		
		牛(奶牛、肉牛)精饲料补充料	≤50		
		猪、禽添加剂预混合饲料	≤1 000	GB/T 13083	以在配合饲料中1%的添加量计
		猪、禽浓缩饲料	按添加比例折算后,与相应猪、禽配合饲料规定值相同		
4	霉菌的允许量（每克产品中），霉菌数 × 10^3 个	玉米	<40	GB/T 13092	限量饲用:40～100 禁用：>100
		小麦麸、米糠			限量饲用:40～80 禁用：>80
		豆饼(粕)、棉籽饼(粕)、菜籽饼(粕)	<50		限量饲用:50～100 禁用：>100
		鱼粉、肉骨粉	<20		限量饲用:20～50 禁用：>50
		鸭配合饲料	<35		
		猪、鸡配合饲料	<45		
		猪、鸡浓缩饲料			
		奶、肉牛精料补充料			

序号	卫生指标项目	产品名称	指标	试验方法	备注
5	黄曲霉毒素 B₁ 允许量（每千克产品中），微克	玉米		GB/T 17480 或 GB/T 8381	
		花生饼（粕）、棉籽饼（粕）、菜籽饼（粕）	≤50		
		豆粕	≤30		
		仔猪配合饲料及浓缩饲料	≤10		
		生长肥育猪、种猪配合饲料及浓缩饲料	≤20		
		肉用仔鸡前期、雏鸡配合饲料及浓缩饲料	≤10		
		肉用仔鸡后期、生长鸡、产蛋鸡配合饲料及浓缩饲料	≤20		
		肉用仔鸭前期、雏鸭配合饲料及浓缩饲料	≤10		
		肉用仔鸭后期、生长鸭、产蛋鸭配合饲料及浓缩饲料	≤15		
		鹌鹑配合饲料及浓缩饲料	≤20		
		奶牛精饲料补充料	≤10		
		肉牛精饲料补充料	≤50		
6	铬（以 Cr 计）的允许量（每千克产品中），毫克	皮革蛋白粉	≤200	GB/T 13088	
		鸡、猪配合饲料	≤10		
7	汞（以 Hg 计）的允许量（每千克产品中），毫克	鱼粉	≤0.5	GB/T 13081	
		石粉	≤0.1		
		鸡配合饲料，猪配合饲料			

序号	卫生指标项目	产品名称	指标	试验方法	备注
8	镉（以 Cd 计）的允许量（每千克产品中），毫克	米糠	≤1.0	GB/T 13082	
		鱼粉	≤2.0		
		石粉	≤0.75		
		鸡配合饲料，猪配合饲料	≤0.5		
9	氰化物（以 HCN 计）的允许量（每千克产品中），毫克	木薯干	≤100	GB/T 13084	
		胡麻饼、粕	≤350		
		鸡配合饲料，猪配合饲料	≤50		
10	亚硝酸盐（以 $NaNO_2$ 计）的允许量（每千克产品中），毫克	鱼粉	≤60	GB/T 13085	
		鸡配合饲料，猪配合饲料	≤15		
11	游离棉酚的允许量（每千克产品中），毫克	棉籽饼、粕	≤1 200	GB/T 13086	
		肉用仔鸡、生长鸡配合饲料	≤100		
		产蛋鸡配合饲料	≤20		
		生长肥育猪配合饲料	≤60		
12	异硫氰酸酯（以丙烯基异硫氰酸酯计）的允许量（每千克产品中），毫克	菜籽饼、粕	≤4 000	GB/T 13087	
		鸡配合饲料			
		生长肥育猪配合饲料	≤500		

序号	卫生指标项目	产品名称	指标	试验方法	备注
13	噁唑烷硫酮的允许量（每千克产品中），毫克	肉用仔鸡、生长鸡配合饲料	≤1 000	GB/T 13089	
		产蛋鸡配合饲料	≤500		
14	六六六的允许量（每千克产品中），毫克	米糠	≤0.05	GB/T 13090	
		小麦麸			
		大豆饼、粕			
		鱼粉			
		肉用仔鸡、生长鸡配合饲料	≤0.3		
		产蛋鸡配合饲料			
		生长肥育猪配合饲料	≤0.4		
15	滴滴涕的允许量（每千克产品中），毫克	米糠	≤0.02	GB/T 13090	
		小麦麸			
		大豆饼、粕			
		鱼粉			
		鸡配合饲料，猪配合饲料	≤0.2		
16	沙门杆菌	饲料	不得检出	GB/T 13091	
17	细菌总数的允许量（每克产品中，细菌总数×10^6个	鱼粉	<2	GB/T 13093	限量饲用:2～5 禁用:>5

注:1. 所列允许量均为以干物质含量为88%的饲料为基础计算;

2. 浓缩饲料、添加剂预混合饲料添加比例与本标准备注不同时,其卫生指标允许量可进行折算。

（2）饲料标签相关要求　标示的内容应符合国家相关法律法规和标准的规定;标示的内容应真实、科学、准确;标示内容的表述应通俗易懂。不得使用虚假、夸大或容易引起误解的表述,不得以欺骗性表述误导消费者。

3. 确定特定的原料供应商

在饲料工业协会指导下,确定本饲料厂的原料供应商,合格供应商名单每年都要重新进行评审:一次不合格,对供应商提出口头警告;二次不合格,对供应商进行扣除部分货款处理;三次不合格,取消合格供应商资格。同时实行末位淘汰法,每年补充新的合格供应商。通过这些措施激励合格供应商,从而有效保证质量的稳定性。

4. 保证原料的品质与质量安全

饲料中主要营养素(如水分、粗蛋白质、限制性氨基酸、粗灰分等)含量符合相关规定。饲料原料不能被微生物、重金属、杀虫剂等污染。饲料原料不能出现发霉变质现象。准确鉴别掺假的饲料原料。

5. 质量检查与记录

饲料厂的品管部按规定对每批原料进行质量检查,并按要求填写各项质量记录,连同质量原始证明文件一起保管,归存档。包括:原料标签、供应商提供的产品质量合格单、进货单、入库单、化验单等。

二、对饲料添加剂的要求

1. 符合饲料添加剂目录

农业部于 2013 年 12 月 30 日发布了《中华人民共和国农业部公告第2045 号》即《饲料添加剂品种目录(2013)》,饲料厂使用的饲料添加剂应是本目录中所列出的添加剂。

表 5 – 2　饲料添加剂品种目录(2013)

类别	通用名称	适用范围
氨基酸、氨基酸盐及其类似物	L – 赖氨酸、液体 L – 赖氨酸(L – 赖氨酸含量不低于50%)、L – 赖氨酸盐酸盐、L – 赖氨酸硫酸盐及其发酵副产物(产自谷氨酸棒杆菌、乳糖发酵短杆菌,L – 赖氨酸含量不低于51%)、DL – 蛋氨酸、L – 苏氨酸、L – 色氨酸、L – 精氨酸、L – 精氨酸盐酸盐、甘氨酸、L – 酪氨酸、L – 丙氨酸、天(门)冬氨酸、L – 亮氨酸、异亮氨酸、L – 脯氨酸、苯丙氨酸、丝氨酸、L – 半胱氨酸、L – 组氨酸、谷氨酸、谷氨酰胺、缬氨酸、胱氨酸、牛磺酸	养殖动物
	半胱胺盐酸盐	畜禽
	蛋氨酸羟基类似物、蛋氨酸羟基类似物钙盐	猪、鸡、牛和水产养殖动物
	N – 羟甲基蛋氨酸钙	反刍动物
	α – 环丙氨酸	鸡
维生素及类维生素	维生素 A、维生素 A 乙酸酯、维生素 A 棕榈酸酯、β – 胡萝卜素、盐酸硫胺(维生素 B_1)、硝酸硫胺(维生素 B_1)、核黄素(维生素 B_2)、盐酸吡哆醇(维生素 B_6)、氰钴胺(维生素 B_{12})、L – 抗坏血酸(维生素 C)、L – 抗坏血酸钙、L – 抗坏血酸钠、L – 抗坏血酸 – 2 – 磷酸酯、L – 抗坏血酸 – 6 – 棕榈酸酯、维生素 D_2、维生素 D_3、天然维生素 E、dl – α – 生育酚、dl – α – 生育酚乙酸酯、亚硫酸氢钠甲萘醌(维生素 K_3)、二甲基嘧啶醇亚硫酸甲萘醌、亚硫酸氢烟酰胺甲萘醌、烟酸、烟酰胺、D – 泛醇、D – 泛酸钙、DL – 泛酸钙、叶酸、D – 生物素、氯化胆碱、肌醇、L – 肉碱、L – 肉碱盐酸盐、甜菜碱、甜菜碱盐酸盐	养殖动物
	25 – 羟基胆钙化醇(25 – 羟基维生素 D_3)	猪、家禽
	L – 肉碱酒石酸盐	宠物

类别	通用名称	适用范围
矿物元素及其络(螯)合物	氯化钠、硫酸钠、磷酸二氢钠、磷酸氢二钠、磷酸二氢钾、磷酸氢二钾、轻质碳酸钙、氯化钙、磷酸氢钙、磷酸二氢钙、磷酸三钙、乳酸钙、葡萄糖酸钙、硫酸镁、氧化镁、氯化镁、柠檬酸亚铁、富马酸亚铁、乳酸亚铁、硫酸亚铁、氯化亚铁、氯化铁、碳酸亚铁、氯化铜、硫酸铜、碱式氯化铜、氧化锌、氯化锌、碳酸锌、硫酸锌、乙酸锌、碱式氯化锌、氯化锰、氧化锰、硫酸锰、碳酸锰、磷酸氢锰、碘化钾、碘化钠、碘酸钾、碘酸钙、氯化钴、乙酸钴、硫酸钴、亚硒酸钠、钼酸钠、蛋氨酸铜络(螯)合物、蛋氨酸铁络(螯)合物、蛋氨酸锰络(螯)合物、蛋氨酸锌络(螯)合物、赖氨酸铜络(螯)合物、赖氨酸锌络(螯)合物、甘氨酸铜络(螯)合物、甘氨酸铁络(螯)合物、酵母铜、酵母铁、酵母锰、酵母硒、氨基酸铜络合物(氨基酸来源于水解植物蛋白)、氨基酸铁络合物(氨基酸来源于水解植物蛋白)、氨基酸锰络合物(氨基酸来源于水解植物蛋白)、氨基酸锌络合物(氨基酸来源于水解植物蛋白)	养殖动物
	蛋白铜、蛋白铁、蛋白锌、蛋白锰	养殖动物(反刍动物除外)
	羟基蛋氨酸类似物络(螯)合锌、羟基蛋氨酸类似物络(螯)合锰、羟基蛋氨酸类似物络(螯)合铜	奶牛、肉牛、家禽和猪
	烟酸铬、酵母铬、蛋氨酸铬、吡啶甲酸铬	猪
	丙酸铬、甘氨酸锌	猪
	丙酸锌	猪、牛和家禽
	硫酸钾、三氧化二铁、氧化铜	反刍动物
	碳酸钴	反刍动物、猫、狗
	稀土(铈和镧)壳糖胺螯合盐	畜禽、鱼和虾
	乳酸锌(α-羟基丙酸锌)	生长肥育猪、家禽

蛋鸡标准化安全生产关键技术

类别	通用名称	适用范围
酶制剂	淀粉酶(产自黑曲霉、解淀粉芽孢杆菌、地衣芽孢杆菌、枯草芽孢杆菌、长柄木霉、米曲霉、大麦芽、酸解支链淀粉芽孢杆菌)	青贮玉米、玉米、玉米蛋白粉、豆粕、小麦、次粉、大麦、高粱、燕麦、豌豆、木薯、小米、大米
	α-半乳糖苷酶(产自黑曲霉)	豆粕
	纤维素酶(产自长柄木霉、黑曲霉、孤独腐质霉、绳状青霉)	玉米、大麦、小麦、麦麸、黑麦、高粱
	β-葡聚糖酶(产自黑曲霉、枯草芽孢杆菌、长柄木霉、绳状青霉、解淀粉芽孢杆菌、棘孢曲霉)	小麦、大麦、菜籽粕、小麦副产物、去壳燕麦、黑麦、黑小麦、高粱
	葡萄糖氧化酶(产自特异青霉、黑曲霉)	葡萄糖
	脂肪酶(产自黑曲霉、米曲霉)	动物或植物源性油脂或脂肪
	麦芽糖酶(产自枯草芽孢杆菌)	麦芽糖
	β-甘露聚糖酶(产自迟缓芽孢杆菌、黑曲霉、长柄木霉)	玉米、豆粕、椰子粕
	果胶酶(产自黑曲霉、棘孢曲霉)	玉米、小麦
	植酸酶(产自黑曲霉、米曲霉、长柄木霉、毕赤酵母)	玉米、豆粕等含有植酸的植物籽实及其加工副产品类饲料原料
	蛋白酶(产自黑曲霉、米曲霉、枯草芽孢杆菌、长柄木霉)	植物和动物蛋白
	角蛋白酶(产自地衣芽孢杆菌)	植物和动物蛋白
	木聚糖酶(产自米曲霉、孤独腐质霉、长柄木霉、枯草芽孢杆菌、绳状青霉、黑曲霉、毕赤酵母)	玉米、大麦、黑麦、小麦、高粱、黑小麦、燕麦

类别	通用名称	适用范围
微生物	地衣芽孢杆菌、枯草芽孢杆菌、两歧双歧杆菌、粪肠球菌、屎肠球菌、乳酸肠球菌、嗜酸乳杆菌、干酪乳杆菌、德式乳杆菌乳酸亚种(原名:乳酸乳杆菌)、植物乳杆菌、乳酸片球菌、戊糖片球菌、产朊假丝酵母、酿酒酵母、沼泽红假单胞菌、婴儿双歧杆菌、长双歧杆菌、短双歧杆菌、青春双歧杆菌、嗜热链球菌、罗伊氏乳杆菌、动物双歧杆菌、黑曲霉、米曲霉、迟缓芽孢杆菌、短小芽孢杆菌、纤维二糖乳杆菌、发酵乳杆菌、德氏乳杆菌保加利亚亚种(原名:保加利亚乳杆菌)	养殖动物
	产丙酸丙酸杆菌、布氏乳杆菌	青贮饲料、牛饲料
	副干酪乳杆菌	青贮饲料
	凝结芽孢杆菌	肉鸡、生长肥育猪和水产养殖动物
	侧孢短芽孢杆菌(原名:侧孢芽孢杆菌)	肉鸡、肉鸭、猪、虾
非蛋白氮	尿素、碳酸氢铵、硫酸铵、液氨、磷酸二氢铵、磷酸氢二铵、异丁叉二脲、磷酸脲、氯化铵、氨水	反刍动物
抗氧化剂	乙氧基喹啉、丁基羟基茴香醚(BHA)、二丁基羟基甲苯(BHT)、没食子酸丙酯、特丁基对苯二酚(TBHQ)、茶多酚、维生素E、L-抗坏血酸-6-棕榈酸酯	养殖动物
	迷迭香提取物	宠物
防腐剂、防霉剂和酸度调节剂	甲酸、甲酸铵、甲酸钙、乙酸、双乙酸钠、丙酸、丙酸铵、丙酸钠、丙酸钙、丁酸、丁酸钠、乳酸、苯甲酸、苯甲酸钠、山梨酸、山梨酸钠、山梨酸钾、富马酸、柠檬酸、柠檬酸钾、柠檬酸钠、柠檬酸钙、酒石酸、苹果酸、磷酸、氢氧化钠、碳酸氢钠、氯化钾、碳酸钠	养殖动物
	乙酸钙	畜禽
	焦磷酸钠、三聚磷酸钠、六偏磷酸钠、焦亚硫酸钠、焦磷酸一氢三钠	宠物
	二甲酸钾	猪
	氯化铵	反刍动物
	亚硫酸钠	青贮饲料

类别	通用名称		适用范围
着色剂	β－胡萝卜素、辣椒红、β－阿朴－8′－胡萝卜素醛、β－阿朴－8′－胡萝卜素酸乙酯、β,β－胡萝卜素－4,4－二酮（斑蝥黄）		家禽
	天然叶黄素(源自万寿菊)		家禽、水产养殖动物
	虾青素、红法夫酵母		水产养殖动物、观赏鱼
	柠檬黄、日落黄、诱惑红、胭脂红、靛蓝、二氧化钛、焦糖色（亚硫酸铵法）、赤藓红		宠物
	苋菜红、亮蓝		宠物和观赏鱼
调味和诱食物质	甜味物质	糖精、糖精钙、新甲基橙皮苷二氢查耳酮	猪
		糖精钠、山梨糖醇	养殖动物
	香味物质	食品用香料5、牛至香酚	
	其他	谷氨酸钠、5′－肌苷酸二钠、5′－鸟苷酸二钠、大蒜素	
黏结剂、抗结块剂、稳定剂和乳化剂	α－淀粉、三氧化二铝、可食脂肪酸钙盐、可食用脂肪酸单/双甘油酯、硅酸钙、硅铝酸钠、硫酸钙、硬脂酸钙、甘油脂肪酸酯、聚丙烯酸树脂Ⅱ、山梨醇酐单硬脂酸酯、聚氧乙烯20山梨醇酐单油酸酯、丙二醇、二氧化硅、卵磷脂、海藻酸钠、海藻酸钾、海藻酸铵、琼脂、瓜尔胶、阿拉伯树胶、黄原胶、甘露糖醇、木质素磺酸盐、羧甲基纤维素钠、聚丙烯酸钠、山梨醇酐脂肪酸酯、蔗糖脂肪酸酯、焦磷酸二钠、单硬脂酸甘油酯、聚乙二醇400、磷脂、聚乙二醇甘油蓖麻酸酯		养殖动物
	丙三醇		猪、鸡和鱼
	硬脂酸		猪、牛和家禽
	卡拉胶、决明胶、刺槐豆胶、果胶、微晶纤维素		宠物

类别	通用名称	适用范围
多糖和寡糖	低聚木糖(木寡糖)	鸡、猪、水产养殖动物
	低聚壳聚糖	猪、鸡和水产养殖动物
	半乳甘露寡糖	猪、肉鸡、兔和水产养殖动物
	果寡糖、甘露寡糖、低聚半乳糖	养殖动物
	壳寡糖(寡聚β-(1-4)-2-氨基-2-脱氧-D-葡萄糖)	猪、鸡、肉鸭、虹鳟鱼
	β-1,3-D-葡聚糖(源自酿酒酵母)	水产养殖动物
	N,O-羧甲基壳聚糖	猪、鸡
其他	天然类固醇萨洒皂角苷(源自丝兰)、天然三萜烯皂角苷(源自可来雅皂角树)、二十二碳六烯酸(DHA)	养殖动物
	糖萜素(源自山茶籽饼)	猪和家禽
	乙酰氧肟酸	反刍动物
	苜蓿提取物(有效成分为苜蓿多糖、苜蓿黄酮、苜蓿皂苷)	仔猪、生长肥育猪、肉鸡
	杜仲叶提取物(有效成分为绿原酸、杜仲多糖、杜仲黄酮)	生长肥育猪、鱼、虾
	淫羊藿提取物(有效成分为淫羊藿苷)	鸡、猪、绵羊、奶牛
	共轭亚油酸	仔猪、蛋鸡
	4,7-二羟基异黄酮(大豆黄酮)	猪、产蛋家禽
	地顶孢霉培养物	猪、鸡
	紫苏籽提取物(有效成分为α-亚油酸、亚麻酸、黄酮)	猪、肉鸡和鱼
	硫酸软骨素	猫、狗
	植物甾醇(源于大豆油/菜籽油,有效成分为β-谷甾醇、菜油甾醇、豆甾醇)	家禽、生长肥育猪

蛋鸡标准化安全生产关键技术

2. 饲料标签中对添加剂标示的要求

饲料添加剂产品成分分析保证值项目的标示要求见表 5 - 3。

表 5 - 3　饲料添加剂产品成分分析保证值项目的标示要求

序号	产品类别	产品成分分析保证值项目	备注
1	矿物质微量元素饲料添加剂	有效成分、水分、粒(细)度	若无粒(细)度要求可以不标
2	酶制剂饲料添加剂	有效成分、水分	
3	微生物饲料添加剂	有效成分、水分	
4	混合型饲料添加剂	有效成分、水分	
5	其他饲料添加剂	有效成分、水分	

执行企业标准的饲料添加剂产品和进口饲料添加剂产品,其产品成分分析保证值项目还应标示卫生指标。液态饲料添加剂不需标示水分。

三、饲料加工要求

1. 严格按照饲料配方配料

针对不同阶段的蛋鸡要制订相应的饲料配方,在加工饲料的过程中要严格按照配方要求准确核定各种原料的使用比例。

2. 称量准确

在确定各种原料的使用量之后要准确称量各种原料,防止因为称量不准而造成配方中各种原料的比例失调,影响使用效果。

3. 搅拌要均匀

各种饲料原料称量准确是保证饲料全价性的基础,但是如果搅拌不均匀也无法实现饲料的全价性。饲料厂要定期对配合饲料进行抽查,确定搅拌的均匀度。

4. 防止异物混入

无论是任何异物都不能在饲料加工过程中混入饲料内。

5. 及时留取样品

每个批次加工结束都要留取样品保存,以备检验检查,样品存放至少 2 个月。

四、饲料运输与存放要求

1. 饲料运输要求

保证装车时所装载饲料与所购饲料一致;合理码放饲料,防止运输途中掉落;做好防雨工作;尽量避免从疫区经过。

2. 饲料存放要求

(1)存放场地　应该保持干燥、低温、空气流通、光线较弱;具有良好的消防设施,有防鼠防鸟设备。

(2)分类存放　不同的饲料要分类堆码并有名称牌,相互之间应保持一定的距离,便于取用,减少混乱。

(3)存放时间　配合饲料购入后一般存放时间不宜超过 2 个月,夏季不应超过 7 周,存放时间越长则饲料营养损失越大。

(4)建立管理表　建立饲料进库、出库登记表并及时填写。

五、饲料使用

对于一般的蛋鸡场不建议自己配制饲料,可以从专业化的饲料厂购买全价饲料或浓缩饲料,至少应该使用预混合饲料。因为,蛋鸡场自己配制饲料所需各种原料的量较少,购买时无法得到优惠而且进行成分化验的成本高,自己配制饲料的成本可能高于购买的商品饲料,而且质量也不稳定。

1. 全价配合饲料

全价配合饲料亦称为完全配合饲料、全日粮配合饲料。该饲料内含有能量饲料、蛋白质饲料和矿物质饲料以及各种饲料添加剂等,各种营养物质种类齐全、数量充足、比例恰当,能满足鸡生产的需要。养殖场户购买后可直接用于鸡群的喂饲,一般不必再补充任何饲料。通常可根据动物种类、年龄、生产用途等划分为各种型号,如雏鸡料、青年鸡料、产蛋高峰料、产蛋后期料、产蛋鸡夏季专用料、种公鸡料等。

全价配合饲料有粉状料、颗粒料和碎粒料 3 种形态。粉状饲料是当前使用最多的,从育雏一直到产蛋后期全程都可以使用,其优点是加工方便,缺点是运输和使用过程中可能会出现不同比重的原料分层,导致营养素摄入不均匀。颗粒饲料使用很少,只有华南地区在高温季节鸡群采食量下降的情况下使用,这种形态的饲料能够促进鸡多采食,其优点是鸡不能挑食,也不会出现原料分层,营养摄入全面、平衡,饲料经过高温处理使用更安全;缺点是加工成本较高,限制喂饲期间由于采食快鸡群空腹时间长易诱发啄癖。碎粒料是将颗粒饲料再次破碎后的产物,主要用于 10 日龄以前的雏鸡,其优缺点与颗粒饲料相同。

2. 浓缩饲料

浓缩饲料又称为蛋白质补充饲料,是由蛋白质饲料(鱼粉、豆饼等)、矿物质饲料(骨粉、石粉等)及添加剂预混料配制而成的配合饲料半成品,再掺入一定比例的能量饲料(如玉米或小麦、碎大米等)就成为满足动物营养需要的全价饲料。具有蛋白质含量高(一般在 30% ~ 50%)、营养成分全面、使用方便等优点。一般在全价配合饲料中所占的比例为 20% ~ 40%。规模较大的蛋鸡场一般使用 20% ~ 30% 配比的浓缩饲料,小型蛋鸡场多使用 40% 的浓缩饲料。

3. 预混合饲料

预混合饲料指由一种或多种的添加剂原料(或单体)与载体或稀释剂搅拌均匀的混合物,又称添加剂预混料或预混料。生产预混合饲料的目的是有利于微量的原料均匀分散于大量的配合饲料中。预混合饲料不能直接饲喂蛋鸡,需要添加适当比例的能量饲料和蛋白质饲料后才可用于喂饲。

预混合饲料可视为配合饲料的核心,因其含有的微量活性成分常是配合饲料饲用效果的决定因素,因此也被称为核心料。根据其所含原料的组成,可以分为两类:

(1)单项预混合饲料　它是由单一添加剂原料或同一种类的多种饲料添加剂与载体或稀释剂配制而成的匀质混合物,主要是由于某种或某类添加剂使用量非常少,需要初级预混才能更均匀分布到大宗饲料中。生产中常将单一的维生素或单一的微量元素(硒、碘、钴等)、多种维生素、多种微量元素各自先进行初级预混合,分别制成单项预混料等。这种类型的预混合饲料常常被视为添加剂。

(2)复合预混合饲料　它是按配方和实际要求将各种不同种类的饲料添加剂与载体或稀释剂混合制成的匀质混合物,如微量元素、维生素及其他添加剂成分混合在一起的预混料。这也是养鸡场购买使用的预混合饲料的主要形式。

第三节　药品的使用管理

在现代规模化蛋鸡生产中,对药品使用管理是非常严格的,这一方面是为了防止药物在蛋内的残留,另一方面是为了防止细菌耐药性的形成。对于药品的使用管理主要是遵守国家《兽药管理条例》和制订本场兽药使用管理制度。

第一,新购兽药,必须购买正规厂家的合格产品。

第二,使用兽药,应当遵守国务院兽医行政管理部门制定的兽药安全使用规定,并建立用药记录,必须载明进货厂家或经销商、数量、批号、有效期等内容。

第三,禁止使用假、劣兽药以及国务院兽医行政管理部门规定禁止使用的药品和其他化合物。禁止使用的药品和其他化合物目录由国务院兽医行政管理部门制定公布。兽药的使用依照有关技术规范标准执行。

第四,有休药期规定的兽药用于食用动物时,饲养者应当向购买者或者屠宰者提供准确、真实的用药记录;购买者或者屠宰者应当确保动物及其产品在用药期、休药期内不被用于食品消费。

第五,禁止在饲料和动物饮用水中添加激素类药品和国务院兽医行政管理部门规定的其他禁用药品。经批准可以在饲料中添加的兽药,应当由兽药生产企业制成药物饲料添加剂后方可添加。禁止将原料药直接添加到饲料及动物饮用水中或者直接饲喂动物。禁止将人用药品用于动物。

第六,发现可能与兽药使用有关的严重不良反应,应当立即向当地兽医主管部门报告。

第六章　蛋用雏鸡的标准化安全生产要求

　　雏鸡一般指 6 周龄(42 日龄)前的小鸡。育雏是蛋鸡养殖生产的第一步，也是基础。如果雏鸡养得好，则以后鸡群的健康和高产就有保障。因此，育雏工作是普遍受到重视的。

第一节　雏鸡的培育目标

一、加强卫生管理,提高雏鸡成活率

雏鸡体重小、体质弱、适应性和抗病力低、饲养密度高、对环境条件要求高,容易发生疾病,如果饲养管理和卫生防疫工作出现疏漏就可能导致发病率和死亡率的升高。生产中需要通过采取综合性卫生防疫措施以防止雏鸡感染,并增强雏鸡体质。要求育雏成活率不低于95%。

二、加强饲养管理,促进早期增重

生产实践表明,育雏结束时体重略大的雏鸡群以后的成活率、产蛋率、饲料效率都表现得更好。尤其是对于中小型蛋鸡养殖场户,使用商品饲料的情况下,这种表现更明显。要求育雏结束时雏鸡的平均体重比标准体重高出5%~10%。

三、强化接种管理,保证免疫效果

雏鸡阶段免疫接种的密度高、使用的疫苗种类多,这个时期接种疫苗的目的既要考虑保护雏鸡阶段免受感染,又要考虑对以后鸡群健康的影响。有些疫苗(如马立克疫苗)虽然在育雏期间接种,但是主要是保护育成鸡和成年鸡群;有些疫苗接种后所产生的抗体滴度高低和均匀度会对以后这种疫苗的接种效果有直接影响;如果疫苗接种效果不确切则可能延误防疫的最佳时机。因此,育雏期要对接种疫苗的类型、时间、方法、效果进行科学决策和检查。

第二节　雏鸡的生理特点与应用

了解和掌握雏鸡的生理特点是采用科学的育雏方法、提高育雏效果的基础。雏鸡的生理特点主要表现如下:

1. 体温调节机能发育不健全

刚出壳的雏鸡体温比成鸡低2~4℃,生长到10日龄前后其体温才接近成鸡体温。幼雏的体温调节能力差,常常见到的是当环境温度偏低的时候雏鸡体温也下降,环境温度过高时雏鸡的体温也会上升,而体温偏高或偏低对于雏鸡来说都是处于非正常的生理状态,都不利于健康和生长。到 3 周龄末的时候雏鸡的体温调节能力才趋于完善。总体看,育雏期间要求育雏室的温度保持在较高的状态,因此,育雏期要有加温设施,保证雏鸡正常生长发育所需的温度。

雏鸡体温调节能力不健全主要是因为其个体小,自身产热总量少,而单位体重的体表散热面积大,不利于保持体温;绒毛短而且其保温性能差,体热容易散发;神经和内分泌系统发育尚不健全,无法有效及时应对环境温度的变化。

2. 新陈代谢旺盛

雏鸡代谢旺盛,心跳和呼吸频率很快,安静时单位体重耗氧量与排出二氧化碳的量比家畜高一倍以上。尽管雏鸡个体小,在育雏室内饲养密度高,总的耗氧量和二氧化碳排放量很大,因此,育雏室需要有良好的通风,保证新鲜空气的供应。

3. 体重增长快

雏鸡生长速度比较快,正常饲养条件下 2 周龄、4 周龄和 6 周龄的体重分别为初生重的 4 倍、8.3 倍和 15 倍。增重快就要求必须为雏鸡提供足够的营养素,给雏鸡供给营养完善的配合饲料,创造有利的采食条件,适当增加喂食次数和采食时间,增加营养的摄入量。

4. 对饲料的消化吸收能力弱

雏鸡消化道细而且短,容积小,每次的采食量少,食物通过消化道快,每次喂饲量不能多而且喂饲间隔不能长;肌胃的研磨能力差,消化腺发育不完善,消化酶的分泌量少、活性低,要求雏鸡饲料的营养浓度应较高,饲料原料容易消化,粗纤维含量不能超过 5%;饲料的颗粒要适宜以便于雏鸡采食;为了促进饲料的消化,必要时在饲料中添加消化酶制剂。

雏鸡的消化道短,饲料在消化道中停留的时间短,这就会导致饲料中的营养吸收不充分。因此,雏鸡粪便中营养的残留量较高,生产中常常会发现雏鸡粪便中会存在饲料颗粒。

5. 胆小、易受应激

雏鸡胆小易受惊吓,异常的响动、鸟兽靠近、陌生人进入鸡舍、光线的突然改变都会造成惊群,出现应激反应。一旦发生应激反应则雏鸡的生长受阻、抗病力降低,有时发生惊群会出现挤堆现象,造成雏鸡伤残甚至死亡。因此,生产中应创造安静的育雏环境,保持饲养管理规程的相对稳定,饲养人员不能随意更换。

6. 抗病力差

雏鸡免疫系统机能低下,对疾病的耐受性低,而且在高密度饲养条件下对各种传染病的易感性较强,生产中要采取综合性卫生防疫措施,尤其要严格执行免疫接种程序和预防性投药,增强雏鸡的抗病力,防患于未然。

7. 印记习性

雏鸡对初次接触的环境和人员具有良好的记忆性,能够在较短的时间内熟悉所处环境、周围个体和接触到的饲养人员。如果更换饲养环境或饲养人员则会造成雏鸡发生应激反应,会对雏鸡的生长和健康产生不利影响。

8. 喜群居

鸡依然保留了其原始祖先在野生状态下的群居习性,雏鸡同样喜欢群居生活,一块儿进行采食、饮水、活动和休息,如果是单一的一只雏鸡反而不如一个小群容易饲养。因此,雏鸡适合大群饲养,这样有利于规模化养殖。

9. 模仿力较强

雏鸡具有良好的模仿能力,雏鸡接入育雏室并添加饲料和饮水后,只要有个别的个体会饮水或采食,在较短的时间内就会有绝大多数的个体模仿,不需要逐只训练。但是,雏鸡对不良行为也具有模仿性,如雏鸡群内一旦个别个体出现啄癖,就可能引起多数个体仿效。

10. 缺乏自我保护能力

雏鸡个体小而柔弱,自我保护意识和能力都较差,老鼠、蛇、猫、狗、鹰都会成为雏鸡的敌害,育雏期间(尤其是 15 日龄前)饲养员如果忽视夜间的巡视,育雏室则经常会遇到老鼠伤害雏鸡的现象。雏鸡对危害的躲避意识低,饲养管理过程中会出现踩死踩伤、压死砸伤、夹挂等意外的伤亡情况。

第三节 育雏前的准备

一、确定育雏时间

育雏时间不仅关系到育雏工作的开展,而且也决定了本批鸡的性成熟期和产蛋高峰期所处的时间,也直接影响着该批鸡群的养殖效益。育雏时间的确定要考虑三个方面的因素:

1. 本场鸡群的周转计划

规模化蛋鸡场内有数个或十多个的鸡舍,如果不是采用"全进全出"制则鸡群需要分批更新,同时还要保持鸡群生产规模的相对稳定以保证生产经营的稳定性。在经营中需要制定鸡群周转计划,确定每一栋鸡舍鸡群的更新时间。对于将要更新的鸡群应在鸡群淘汰前11周左右开始育雏,这样在鸡群淘汰、房舍清理、消毒、设备维护、空置一段时期后本批雏鸡已达16周龄前后,即可进行转群。当然,一些养鸡场采用"全进全出"管理模式,需要考虑进鸡的时间安排。

2. 根据市场蛋价变化规律确定育雏时间

鸡蛋价格是决定蛋鸡生产效益的关键因素之一,不同年度、不同季节鸡蛋的市场价格差异很大,如2013年4月鸡蛋的批发价格为每千克6.5元,而在2014年4月鸡蛋的批发价格则为每千克8.6元,8月则达到9.5元/千克,这种年度之间和季度之间蛋价的差别就使得养鸡场、户的经济效益差异很大。当前,每千克鸡蛋的生产成本约为7.5元,同样的生产水平在2013年4月每生产1千克鸡蛋要亏损1.0元,而在2014年4月则能够盈利1.1元,8月盈利2元。

作为有经验的经营者需要根据不同年度甚至一年中不同季节蛋价变化规律,合理确定育雏时间,将鸡群产蛋高峰期安排在蛋价高的年度或季节以明显提高本批鸡的生产效益。根据产蛋规律,在25~50周龄期间鸡群产蛋量最高。根据对市场变化的分析,应在蛋价上涨之前22周开始育雏。

3. 考虑疫情流行情况

近年来,中原地区蛋鸡的病毒性传染病主要发生在寒冷季节,而且很难控制,这是造成鸡群生产性能下降、鸡场效益差的重要原因。尤其是小型蛋鸡场、户的鸡舍比较简陋,冬季鸡舍的通风和保温就形成一对矛盾,而且这对矛盾常常没有被很好地解决,造成11月以后开始出现传染病的流行直至翌年4月,造成鸡群较多的发病和死亡,产蛋性能低下。如果鸡舍条件不好,同样要在产蛋前期避开这个敏感的时期。

二、确定育雏数量和选择合适品种

1. 育雏数量的确定

育雏数量要根据成年鸡房舍的笼位数和育雏室的笼位数而定。就某一个成年鸡舍而言,考虑育雏、育成成活率和合格率,雏鸡饲养数量要比产蛋鸡笼位多养 10% 左右。如一个即将进行鸡群更新的成年产蛋鸡舍有笼位 3 000 个,育雏时的进雏数量为 3 300 只,多出的 300 只主要是鸡群到 17 周龄前的死亡和淘汰数。

2. 配套系的选择

选养什么类型的蛋鸡配套系要根据市场需要来定,主要考虑蛋壳颜色、蛋重、适应性、生产性能和种鸡场的管理水平。

从鸡蛋的市场消费特点来看,北方地区市场对蛋壳颜色的要求不严,褐壳蛋与白壳蛋的价格差异不大,绿壳鸡蛋价格最高,其次是粉壳鸡蛋。对于长江流域以南的各省市,除白壳蛋的市场销量有限外,其他 3 种鸡蛋的市场价格规律和北方基本相似,尤其是绿壳蛋和粉壳蛋比较受欢迎。

无论是北方还是南方,粉壳蛋和褐壳蛋中蛋重小的(低于 50 克,尤其是初产蛋)价格会比蛋重正常的稍高,一般批发价每千克能高出 0.5 元左右。蛋重小的鸡蛋很多被假冒为土鸡蛋以较高的价格出售。

三、育雏室的准备

1. 清扫冲洗

每批育雏结束待鸡群转出后,要及时打扫清除舍内的蛛网、灰尘、粪渣、羽毛、垫料等杂物。然后关闭育雏室的总电源,用高压水枪或清洗机冲洗育雏室内墙壁、屋顶、地面和室内设备。冲洗的先后顺序是:屋顶→墙壁→设备→地面→下水道。冲洗后及时将地面和下水道中的水扫出去。

清扫、冲洗的目的是将育雏室内的有机杂质清理出去,因为这些有机杂质中有大量微生物的存在,不清理掉就会成为下批雏鸡健康的隐患。尤其是当上一批雏鸡曾经发生过传染病的时候,育雏室内的有机杂质中会有较多的病原体存在。

2. 检修房舍与设备

育雏室清扫干净后,要对排风口、进风口、门窗进行维修,保证其良好的密闭效果以防止老鼠、飞鸟等动物进入鸡舍带入病原体。之后检查电路、通风系统、照明系统和供温系统等,检查运转是否良好,如果发现异常情况,则应认真检查维修,防止雏鸡进舍后发生意外。

3. 消毒

消毒目的是将育雏室内存在的微生物杀死以防止感染雏鸡,消毒需要多次进行才能取得理想效果。育雏室在雏鸡转出后要及早清理粪便并在冲洗后进行消毒。接雏前5~7天要求将育雏用具再次清洗干净后用喷洒的方法或浸泡方法进行消毒。这些工作完成后,也就是接雏前4~5天将所有设备用具安放好对育雏室进行熏蒸消毒,每立方米空间用福尔马林42毫升,高锰酸钾21克,放入若干个陶瓷盆中,将鸡舍密闭36~48小时以使药物气体在育雏室内充分发挥作用,之后打开门窗和风机进行通风换气以保证雏鸡到来时育雏室内没有明显的刺鼻刺眼气味。接雏前1天再次对育雏室内的地面、墙壁、笼具设备等进行喷洒消毒。

4. 育雏室空置

从上一批雏鸡转出并清理消毒后到下批雏鸡接入之前,育雏室至少要空闲4周的时间,在经过清扫、冲洗和消毒的鸡舍内残存的少量病原体基本上都能够灭亡,可以切断上下批次之间疾病的循环传播。

5. 育雏室的干燥

育雏室在接入雏鸡之前要经过充分干燥,因为在湿度大、温度高的育雏室内雏鸡会感到非常不舒适,对健康的不良影响很大。因此,在接雏前要对育雏室进行充分的通风,即使在预热期间也要注意通风,以保证室内干燥。

四、育雏用品的准备

1. 人员的配备

育雏是蛋鸡饲养全过程中技术与责任要求最高的阶段,因此在育雏开始前要选择配备好育雏人员,尤其是一些蛋鸡场的育雏区相对封闭,在育雏期间不让相关人员外出,这对人员素质的要求更高。育雏人员要有高度的责任心,对工作认真负责;要具有良好的专业素质,起码要经过专门的技术培训。最好是每批次育雏需要有经验的人员带领新手一起工作。

2. 饲料的准备

雏鸡0~6周龄累积饲料消耗为每只900克左右。生产中大多数使用的是雏鸡用粉状饲料,但是为了促进雏鸡的早期生长,也有一些蛋鸡养殖场户使用的饲料是肉鸡花料和雏鸡料各半混合后使用。

注意要在进雏前3~5天把饲料备好,每次可以准备3周的用量。雏鸡的饲料中如果需要添加药物或其他添加剂最好是在饲料厂内添加,如果需要在育雏室添加则最好在地面铺上塑料布,尽量避免让饲料与地面的直接接触。

3. 药品及添加剂的准备

需要准备的药品有常用的消毒药(百毒杀、威力碘、次氯酸钠、福尔马林、氢氧化钠等)、抗菌药物(预防白痢、大肠杆菌的抗生素和抗病毒的中草药等),抗球虫药。用于补充营养、缓解应激和增强体质的添加剂有速溶多维、电解多维、口服补液盐、维生素 C、葡萄糖、益生素、免疫增强剂等。

消毒药物至少要准备 3 种(化学性质不同的药物),以便于交替使用和用于不同的消毒对象(如饮水消毒、环境消毒、设备和用具消毒)。

抗菌药物在育雏期间是经常用到的,常见的大肠杆菌病、鸡白痢等细菌性疾病都需要使用药物预防和治疗。因此,主要用于防治大肠杆菌病和鸡白痢的抗菌药物是必须提前备好的。此外,用于防治慢性呼吸道病的药物也要准备。

对于地面垫料平养的育雏方式,球虫病的发生概率较高,即便是在笼养育雏方式中也经常出现球虫病。防治球虫病的药物也是必备的。

4. 疫苗的准备

在育雏期间需要接种的疫苗主要有鸡新城疫疫苗、鸡传染性法氏囊炎疫苗、禽流感疫苗、鸡传染性支气管炎疫苗、鸡痘疫苗等,有的场还要接种支原体苗;既有联苗也有单苗,既有油苗也有活苗。各种疫苗要结合当地情况进行合理选择,并在育雏开始前 1 周内准备齐,按照使用说明进行贮存。

5. 其他用品准备

包括各种记录表格、干湿温度计、手电筒、连续注射器、滴管、刺种针、台秤、喷雾器、开食盘、真空饮水器等。

如果采用地面垫料方式育雏则要做好垫料准备。垫料要求干燥、清洁、柔软、吸水性强、灰尘少、无异味,切忌霉烂。可选的垫料有稻草、麦秸、碎玉米芯、锯木屑等。

五、育雏舍的试温和预热

1. 试温

试温是育雏前准备工作的关键之一。至少提前 5 天检查维修加热设备,对于有问题的加热系统必须及时维修,至少在育雏前 3 天维修好。

加热设备检修后要及时启用对育雏室进行升温,使舍内的最高温度在雏鸡到来前升至 35℃。升温过程检查火道是否漏气、加热设备有无问题、熟悉加热设备的温度控制。试温期间关键在于及时发现加热系统的问题,以便于及时解决。

2. 预热

试温的同时也是育雏室预热的过程,在预热期间随着加热设备散发的热量不仅使育雏室内的空气温度升高,还使育雏室的地面、墙壁、设备等温度也升高,而且也只有后者的温度升高后对缓解育雏室温度的波动才会有良好效果。

预热中后期要把育雏室的门窗或风机打开进行通风(可以与熏蒸消毒24小时后的通风相结合),排除室内的湿气以保持室内干燥。

第四节 雏鸡选择与运输

一、选择雏鸡

健壮的雏鸡易于饲养,其以后的生产性能也高。选择健壮的雏鸡首先要考虑从大型种鸡生产企业或孵化厂购买雏鸡,因为孵化厂种蛋来源稳定、孵化设备质量高、雏鸡质量可靠。

对于孵化厂提供的雏鸡还需要从以下几方面进行质量鉴定:

1. 雏鸡的外观表现

健壮的雏鸡表现活泼好动,反应灵敏,叫声响亮。而弱雏常常伏地不动或低头缩颈,反应迟钝。健壮雏鸡外貌特征方面没有畸形,如交叉喙、眼睛睁不开或肿胀、踝关节肿大或站立困难、跛行等。

2. 绒毛

健壮雏鸡的绒毛颜色符合品种(配套系)的特征、丰满有光泽,干净无污染,长短和密度适中。弱雏的绒毛可能黏有碎蛋壳或壳膜,绒毛黏着有黏液而呈束状等。绒毛有粘连的个体常常是体质较差的,而且多数的脐部有问题,很难饲养成功。

3. 手握感觉

手握健壮雏鸡时,感觉绒毛松软、鸡体饱满,雏鸡挣扎有力,触摸其腹部感觉大小适中,柔软有弹性。弱雏的腹部常常膨大松软或小而坚硬,握在手中不挣扎或挣扎无力。

4. 脐部愈合情况

健壮雏鸡卵黄吸收良好,脐部愈合良好,脐部表面干燥干净,绒毛完全覆盖无毛区。弱雏表现脐孔大、有红肿,有脐钉或卵黄囊外露,绒毛覆盖不全,脐部有血痂、黏液或有干缩的血管。

许多脐部愈合不良的雏鸡从精神状态和绒毛性状看没有什么异常,但是如果观察脐部则会发现脐孔愈合不良。这样的雏鸡容易被大肠杆菌、葡萄球菌或绿脓杆菌感染而发生脐炎,而发生脐炎的雏鸡成活率低,生长速度慢,很多不能成为合格的后备鸡。

5. 体重

同一品种和批次的雏鸡大小要均匀一致,体重一般为 38 克左右,体重过大和过小者应剔除。

同一个批次的雏鸡体重大小不一致,常常说明其种蛋可能来源杂或是种鸡刚开产。大小不均匀常常给育雏管理带来麻烦,也不利于提高育雏后期的群体均匀度。如果种蛋来自不同的种鸡场或种鸡群,孵化出的雏鸡其新城疫的母源抗体水平很可能不一致,给以后的防疫带来很多麻烦。

某孵化厂的雏鸡质量判定标准如表 6-1。

表 6-1　不合格雏鸡的表现

判定部位	不合格特征描述
头部	羽毛不全、受伤或畸形
喙部	弯喙、短喙、交叉喙、缺喙
眼睛	无眼、瞎眼、独眼、鼓眼、眼睛出血等
脐部	愈合不良(开口流血、卵黄外露甚至拖地)、脐部无毛、黑脐(黄豆大小)
腹部	硬、隆起较高导致站立不稳或不愿站立
腿、爪	不正常、干燥、无光泽、拐腿、站立不稳甚至站不起来、多腿
羽毛	焦毛、缺毛、绒毛上粘有粪便等异物或绒毛直接粘在身上
体型	30 克以下、软弱无力、身上有赘生物等异样情况
精神状态	仰脖或劈叉、精神不振、叫声微弱或尖利、对声音和光反应迟钝

凡是不合格的雏鸡,孵化厂都应及时拣出进行销毁,不能出售或无偿赠送。

二、雏鸡的运输

目前,很多蛋鸡场都是从其他孵化厂购买雏鸡,雏鸡从孵化厂到养殖场有一个运输过程,这个过程会影响雏鸡的质量。

1. 运输时间

适宜的运输时间应在雏鸡出壳后 12 小时,运抵目的地的时间通常在雏鸡出壳后 24 小时内,不应迟于出壳 36 小时。路途时间控制在 6 小时以内对雏鸡的影响相对较小。

如果启运过早,雏鸡表现软弱,对外界环境的适应性差,对运输产生的应激大,运输中相互挤压造成的损失也大。如果启运过晚,雏鸡饮水和开食时间都会受影响,进而影响到雏鸡的健康和生长发育,而且运输所造成的应激也比较大。运输前的雏鸡不能喂饲,否则运输途中会出现较多损失。

2. 运输用具

运雏工具包括交通工具、雏鸡箱及防雨、保温等用具。雏鸡的运输工具主要是汽车(专用的运雏车,如图 6-1),内部安装有空调和通风设备用于调控车厢内的环境条件。如果运输路途很远(超过 500 千米)而且公路质量不好的情况下也可以考虑使用火车、飞机运输。但是,从当前国内蛋种鸡场的布局看,一般在方圆 200 千米内都会有规模较大的孵化厂。

图 6-1　专用雏鸡运输车

所有与雏鸡运输有关的设备、用具、用品在使用前都要经过检查、维修和消毒处理。雏鸡运输车在卸完雏鸡后就应该立即进行清扫和冲洗,在下次使用前还要进行冲洗和消毒。目前广泛使用的纸质雏鸡盒都是一次性用品,不能循环使用。

3. 准备好需要携带的证件

运雏车司机要随身携带行车证、驾驶证等相关证件;雏鸡运输的押运人员应携带动物检疫合格证(由供种场当地县级畜牧兽医行政主管部门开具并加盖有公章)、身份证和种畜禽生产经营许可证、引种证明、发票以及其他有关的手续。以免在路途中被检查时由于缺少相关手续而被扣押造成损失。

4. 运输过程注意事项

雏鸡的运输过程中应注意防寒、防热、防闷、防压、防雨淋和防震荡。运输雏鸡的人员在出发前应准备好食品和饮用水,中途不能长时间停留。押运雏鸡的技术人员在汽车启动后间隔 2 小时左右检查车厢中心位置的雏鸡活动状态,以便于及时发现和解决问题。

如果运雏车是简单的面包车,还应根据季节确定启运的时间。一般情况下,冬季和早春运雏应选择在中午前后气温相对较高的时间启运,要有保温设施如棉被、毛毯等。夏季要带遮阳防雨用具并在早晨气温较低的时候运输。

所有运雏用具或物品在运雏鸡前,均要进行严格消毒。

如果路途时间长,为了保证运输过程中雏鸡少受应激,可以在启运前向雏鸡盒内喷洒一些专用的抗应激添加剂。

三、接雏

育雏室工作人员在雏鸡运送到育雏室前要做好各项准备工作。

1. 检查育雏室温度

雏鸡到来前要求育雏笼内温度达到 35℃ ,起码不能低于 31℃ ,如果达不到规定温度则必须采取应急措施进行加热。否则,雏鸡到来后较长时间受凉就会影响其健康。

2. 笼底铺垫处理

笼养育雏的笼底网上要铺一层菱形孔塑料网,1～3 天要在塑料网的上面铺垫报纸或牛皮纸,一方面可以防止幼雏腿脚踩空被底网的网孔卡住,另一方面可以把饲料直接撒在纸上进行开食。牛皮纸铺一层就可以,报纸则需要2～4层,铺纸的时候要把底网与侧网的边角处铺上。

3. 做好育雏笼的使用计划

根据接雏的数量和第一批使用的育雏笼数量,确定每个单笼内放置雏鸡的数量。一个育雏室内刚接入雏鸡时只使用育雏笼总数的 35% 左右,以后随着雏鸡周龄增大,在扩群的时候再使用其他笼,如 15 日龄时将雏鸡扩散到 50% 的育雏笼内、25 日龄时将雏鸡扩散至所有育雏笼内。

刚开始使用的雏鸡笼要靠近热源,一般在靠近育雏室的前部,可以在育雏室中间用双层塑料布或编织布悬垂遮挡把暂时不用的育雏室后部笼具分开,在前半部进行集中加热以减少能源消耗。

一般使用的 4 层叠层式育雏笼在最初常常只用中间两层,以后扩群时再向上层和底层疏散雏鸡;3 层的阶梯式育雏笼开始主要使用中间和下层,以后在向上层扩散。

4. 调整前网宽度和放置饮水器

雏鸡接入育雏室前先把育雏笼的前网调整好,把双层前网之间的间距调整到最小并进行固定,以防雏鸡从笼缝中外逃。5 日龄后随着笼外料槽的使用,每间隔几天就要把前网间隙扩大 1 次,让雏鸡的头部能够自由进出。

笼门调好后再把真空饮水器装水后放进笼内,每个单笼内放置 1~2 个容量为 1.5 升的饮水器。放置在笼内的中间部位,以便于较多的雏鸡可以同时饮水。

5. 分群安置

如果饲养的是蛋种鸡则应把公鸡和母鸡分开放置,对于白壳蛋鸡则需要先将母雏放进笼内,然后把公雏剪冠后放入另外的笼内,以免混淆。每个笼内放置的雏鸡数量要相同。雏鸡接入后要清点数量,把弱雏单独放在一个单笼内以加强护理。

第五节　雏鸡的环境条件管理

一、温度控制

1. 温度控制

室内温度对雏鸡的体温调节、活动与休息、采食饮水和饲料的消化吸收等都有直接影响。育雏室温度低,很容易引起雏鸡挤堆而造成伤亡。1 周龄以内育雏笼内温度掌握在 33~35℃,以后每周下降 2℃ 左右。20 日龄前的雏鸡对温度的适应范围较小,以后随日龄增大其对温度的适应范围逐渐扩大。控制标准见表 6-2。

表 6-2　雏鸡的供温参考标准(℃)

日龄	0~3	4~7	8~14	15~21	22~28	29~42
鸡体周围温度控制范围	35~33	33~31	31~29	29~27	28~23	28~20
育雏室温度控制范围	30~28	29~27	27~25	26~23	26~20	26~20

2. 看雏施温

育雏工作实践中不仅要经常观察温度计的显示数据,还要注意了解雏鸡的采食、饮水和行为表现是否正常,即要掌握看雏施温技术。温度适宜的时候雏鸡采食和饮水正常、活泼好动,休息时伸腿伸翅伸头,卧地舒展全身,呼吸均匀,羽毛丰满、干净有光泽;温度偏低时会发现雏鸡挤堆,发出尖声鸣叫,呆立不动,缩头,采食饮水减少,站立不稳;温度过低会引起暂时性瘫软或神经症状。如果雏鸡双翅下垂,张口喘气,饮水量增加,寻找低温处休息,往笼边缘跑,说明温度偏高,应立即进行降温,降温时注意温度下降幅度不宜太大。如果雏鸡往一侧拥挤,说明有贼风袭击,应立即检查进口处的挡风板是否借位,检查门窗是否未关严或被风刮开,并采取相应措施保持舍内温度均衡。雏鸡对不同温度的反应如图6-2所示。

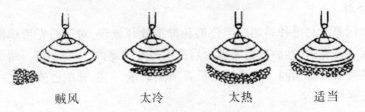

贼风　　　　　太冷　　　　　太热　　　　　适当

图6-2　雏鸡对不同温度的反应

3. 育雏温度控制的注意事项

育雏室内温度应保持相对稳定,如果温度骤升或骤降则容易造成雏鸡感冒,抵抗力下降,导致其他疾病的继发。

育雏的前2周要关注夜间的室温变化,温度的影响在夜间比其他时间更重要。这是因为前2周的雏鸡个体小,自身产热量低,御寒能力差;夜间值班人员容易瞌睡,对于人工控制的加热设备如火炉、地下火道或地上火垄有可能出现控制不当的问题而造成育雏室内温度的不适宜;夜间外界温度低,通风时常常造成局部温度偏低;夜间也是雏鸡休息的时候,休息时对不适宜温度的耐受性下降。

育雏温度随外界气温、饲养方式不同有所差异。使用略高的育雏温度能较好地控制鸡白痢的发生,冬季能防止呼吸道疾病的发生。低温季节在雏鸡的环境温度控制方面要比其他季节给予更多关注,一是育雏室的保温难度大,二是通风时室温容易下降。

4. 育雏室加热方式的管理

育雏期间室内加热的方法主要有如下4种:

(1)热风炉与暖气　热风炉一般只在大型养鸡场中使用,可以用于各种饲养方式。热风炉安装在育雏室的前端,一般有一间专用的房子作为操作间,这样可以避免热风炉运行过程中产生的粉尘进入育雏室。热风炉一般使用煤炭作为燃料，其进风口处的吹风机可以与育雏室内的感温探头连接起来，自动控制吹风机的风速(室温低的时候吹风机转速加快，炉火加大；室温高的时候吹风机转速慢，炉火变小)，经过加热的空气经过专用管道输送到鸡舍内。在鸡舍内热风通过管道上的小孔散发进入舍内，空气温度可以自动调节(图6-3)。

图6-3　育雏室内暖气加热系统

另外一种是利用小锅炉加热，使热水进入育雏室内的循环管道中，每间隔2米安装一个散热片，散热片的后方安装一个小风扇，风扇运转的时候将热空气吹向鸡笼。

(2)地下火道供温　这种供温方法适于各种育雏方式。通常是在育雏室的一端室外设置火灶(位于灶坑内)，在育雏室的另一端设烟囱(烟囱的高度要比屋顶高出30厘米以上)，在育雏室内地下有数条火道将火灶和烟囱连接。烧火后热空气经过地下火道从烟囱排出，从而使室内地面及靠近地面上的空气温度升高。育雏室内的地下火道之间的距离约1米，分布均匀；靠近火灶处的地下火道顶部距地表面约40厘米，靠近育雏室末端的地下火道顶部距地表面约10厘米；从火灶到烟囱地下火道逐渐抬升。

(3)火炉　这种供温方法适于各种育雏方式，在中小型蛋鸡场使用较多。一般用铸铁或铁皮火炉，在排烟管处用管道将煤烟排出室外，以免室内有害气体积聚。其缺点是室内较脏，空气质量不佳；优点是安装和使用方便。

(4)电热管　一般适用于4个单笼组合在一起的育雏笼，电热管安装在加热笼组内，打开电源后管内的电热丝发热使电热管周围空气的温度升高。加热笼组内的温度高，其余相连的笼组内温度略低，雏鸡可以自由选择合适的温区。

二、育雏室湿度控制

1. 湿度控制标准

雏鸡从高湿度的出雏器转到育雏舍，要求有一个过渡期。第一周要求相对湿度为70%，第二周为65%，以后保持在60%～65%即可。育雏期间，第一周有可能出现室内湿度偏低的现象，以后常见的是湿度偏高问题。

2. 湿度的控制措施

育雏前期较高湿度有助于剩余卵黄的吸收，维持正常的羽毛生长和脱换。必要时需要在育雏室内喷洒消毒液，既能够对环境消毒，又可以适当提高湿度。环境干燥易造成雏鸡脱水，使其饮水量增加而引起消化不良，对剩余卵黄的吸收也不利；干燥的环境中尘埃飞扬，会诱发呼吸道疾病。

育雏后期需要采取防潮措施，可以通过适当增加通风量、及时清理粪便、及时更换潮湿垫料、防止供水系统漏水等措施解决。采用地面垫料平养方式育雏更要注意防潮，因为，育雏室湿度过高会引起垫草或饲料的发霉，诱发曲霉菌病，容易造成细菌的繁殖而引起疾病，会影响高温情况下雏鸡的呼吸道散热过程。

三、育雏室通风控制

通风是为了排出舍内污浊的空气，换进新鲜空气，还可以有效降低舍内湿度。通风不良会造成育雏室内空气质量恶化，若雏鸡长时间生活在有害气体含量高的环境中，会抑制其生长发育，造成衰弱多病，以至死亡。

育雏前期主要考虑保温，4天以后可以选择晴朗无风的中午进行开窗换气。第二周以后结合使用机械通风和自然通风，若外界气温低则通风时应避免冷空气直接吹到雏鸡身上，若气流的流向正对着鸡群则应该设置挡板，使其改变风向，以避免鸡群直接受凉风袭击。

育雏室内有害气体的控制标准为氨气不超过20毫克/千克，硫化氢不超过10毫克/千克。实际工作中通风控制是否合适应该以工作人员进入育雏室后不感觉刺鼻、刺眼为度。

室内气流速度的大小取决于雏鸡的日龄和外界温度。育雏前期注意室内气流速度要慢，后期可以适当提高气流速度；外界温度高可增大气流速度，外界温度低则应降低气流速度。

育雏期间通风和保温是常见的一对矛盾，保温效果好的时候常常是忽视通风,而通风的时候常见的是育雏室内温度的下降。尤其是在低温季节育雏这对矛盾更加突出。在规模化养鸡场解决这对矛盾的根本方法是采用热风炉或暖气加热系统,吹向雏鸡笼的是热风。

在寒冷季节要选择中午前后外界温度高的时候通风,在进风口(进风窗)内侧必须设置风斗,将进入育雏室的风导向育雏室的上方,避免冷风直接吹向雏鸡身体,否则会对雏鸡的健康造成严重的不良影响;温暖或凉爽季节的通风时间可以集中安排在上午10点到下午4点进行,如果舍内外温差大,同样需要防止冷风直吹鸡体;高温季节,则可以昼夜通风,白天加大通风量,晚上打开部分风机或窗户,尤其是要注意在中午前后加大通风量防止室内温度过高。

开窗通风必须密切关注天气变化,防止不良气候条件对育雏室内环境造成不良影响。

四、光照管理

光照关系到雏鸡的采食、饮水、运动、休息,也关系到工作人员的管理操作和减少老鼠的活动。

1. 光照时间控制

对于有窗鸡舍,育雏室内的光线受自然光照的影响,在控制光照的时候需要考虑自然光照的变化。育雏期前3天,采用24小时连续光照制度,白天利用自然光,夜间用灯泡照明。4~7日龄,每天光照22小时,8~21日龄为18小时,22日龄后每天光照14小时。育雏前期较长的日照明时间有助于增加雏鸡的采食时间。但是,对于4周龄以后的雏鸡来说,由于消化系统发育趋于健全,消化道的容积增大,每次的采食量较多,晚上关灯的时间可以适当延长。

如果采用的是密闭式鸡舍,育雏室内的光照时间完全可以人为控制。光照时间的控制要求为:育雏期前3天,每天4小时光照,4~7日龄,每天光照22小时,8~21日龄为18小时,从22日龄开始就限定为每天8或10小时。有的鸡场使用密闭式育雏室的时候,从第二周就把光照时间缩短到每天8小时,这种做法不利于雏鸡的早期体重发育。

2. 光照强度控制

在有窗式育雏室,光照强度的控制要考虑白天自然光照的强度。白天如果光线过强,需要在靠南侧的窗户上悬挂布帘;如果是阴天,靠南侧的自然光线强度能够满足雏鸡需要,但是在育雏室中间或北侧就会显得光线较弱,需要补充光照。要求育雏室内光线的强度以能够清晰地观察雏鸡行为表现、饲料和饮水状况、粪便形状和颜色即可。

夜间照明主要靠灯泡提供光线,第一周光照强度要稍高,夜间补充光照的强度约为50勒,相当于每平方米5~8瓦白炽灯光线,便于雏鸡熟悉环境,找到采食、饮水位置,也有利于保温。第二周之后光照强度也要逐渐减弱,光照强度在30勒就可以。

光照强度低影响雏鸡的采食、饮水和活动,不利于雏鸡的生长发育,也会给老鼠的活动形成方便。光照强度过大会使雏鸡表现烦躁不安,也容易诱发啄癖。

3. 光线分布

育雏室内的光线分布要均匀,尤其是采用叠层式育雏笼的情况下,需要在四周墙壁约1米高度的位置安装适量的灯泡,以保证下面2层笼内雏鸡能够接受合适的光照。

五、饲养密度

1. 饲养密度控制标准

饲养密度对于雏鸡的正常生长发育和健康有很大的影响。在合理的饲养密度下,雏鸡采食正常,生长均匀一致。饲养密度大小与育雏方式有关,因此要根据鸡舍的构造、通风条件、饲养方式等具体情况灵活掌握。育雏期不同育雏方式雏鸡饲养密度可参照表6-3。

表6-3　不同育雏方式雏鸡饲养密度(每平方米饲养只数)

地面平养		立体笼养		网上平养	
周龄	密度	周龄	密度	周龄	密度
0~2	30~35	0~1	60	0~2	40~50
2~4	20~25	1~2	40	2~4	30~35
4~6	15~20	3~6	25	4~6	18~21
6~12	8~11	6~11	17	6~8	13~14

2. 饲养密度过大的不利影响

(1)雏鸡生长发育慢　饲养密度高会造成雏鸡的采食位置紧张,饮水位置不足,活动面积小,生活环境质量差,影响雏鸡的采食和体重增长,常常造成大部分雏鸡体重偏小。

（2）群体发育不均匀　饲养密度高雏鸡在采食、饮水会出现争抢现象,这样会造成一些弱小的个体采食饮水不足,或只能采食其他雏鸡吃剩的饲料,时间稍长则这部分雏鸡的体重会明显比其他雏鸡小。

（3）容易发生啄癖　饲养密度高会造成雏鸡的烦躁不安,相互间的啄斗现象较多,尤其是当有的个体有外伤的时候更容易诱发大群中出现啄癖。

（4）容易感染疾病　饲养密度高常常使雏鸡处于应激状态,而且生活环境质量差,雏鸡的抵抗力低,容易发生疾病。事实上有很多疾病的发生与雏鸡的生活环境质量有很大关系,一旦环境质量差雏鸡发病的概率就高。

（5）会加重疾病的危害　一旦雏鸡感染疾病,如果加上环境质量差则会使疾病的表现更严重,对雏鸡的危害也越大。有的鸡场育雏时如果饲养密度高,遇到雏鸡感染新城疫、大肠杆菌和慢性呼吸道病会在较短时间内在大群传播,症状表现明显。如果及时疏散鸡群、降低饲养密度,治疗的效果就会更好。

（6）影响雏鸡羽毛的生长　饲养密度高容易造成雏鸡相互啄毛,影响新生羽毛的生长。

六、噪声控制

噪声会造成雏鸡的紧张、惊群、挤堆,严重时可能导致死亡。在生产中由于突然的异常声响导致雏鸡死亡的现象并不罕见。因此,育雏室内鸡附近必须保持一个相对安静的环境,不能鸣汽车喇叭、不能大声喊叫、避免狗在鸡舍附近狂吠、不能在附近进行有较大噪声的施工等。

七、防止雏鸡受惊扰

由于雏鸡胆小容易惊群,受到一些外界干扰后会出现应激反应,进而影响其生长发育和健康,生产中要设法减少雏鸡群所受的干扰。要注意防止猫、狗等体型较大的动物进入育雏室,减少各种飞鸟进入育雏室,减少陌生人的靠近,防止门窗因刮风而出现的晃动和噪声,避免灯泡晃动等。

第六节　雏鸡的饲料与喂饲

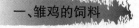

一、雏鸡的饲料

雏鸡要喂饲专用的雏鸡料,根据雏鸡的消化吸收特点和生长发育需要,雏鸡饲料应满足以下4点要求：

1. 营养浓度要高

指单位重量的饲料中各种必需营养素的含量高。由于雏鸡的消化道短、容积小，每次的采食量有限，如果提高饲料的营养浓度则有助于增加其每天的营养摄入量。要求在雏鸡料配制过程中要尽量减少消化率低、粗纤维含量高的饲料原料的用量。

我国制定的家禽饲养标准中关于雏鸡的饲养标准和海兰褐蛋鸡的雏鸡饲养标准见表6-4。

表6-4   蛋用雏鸡的饲料营养标准

营养指标	单位	我国的标准	海兰褐标准
代谢能	兆焦/千克	11.91(2.85)	11.5~12.4
粗蛋白质	%	19.0	19.0
蛋白能量比	克/兆焦	15.95(66.67)	—
赖氨酸能量比	克/兆焦	0.84(3.51)	—
赖氨酸	%	1.00	1.0
蛋氨酸	%	0.37	0.45
蛋氨酸+胱氨酸	%	0.74	0.80
苏氨酸	%	0.66	0.68
色氨酸	%	0.20	0.20
精氨酸	%	1.18	1.15
钙	%	0.90	1.0
总磷	%	0.70	0.7
非植酸磷	%	0.40	0.45
钠	%	0.15	0.18
氯	%	0.15	0.16

2. 颗粒大小要适中

饲料颗粒大会因为雏鸡难以下咽而影响采食，另外雏鸡的肌胃对饲料的研磨能力差，饲料颗粒较大常常还没有被消化就排出体外。因此，使用较小颗粒的饲料有利于消化。但是，饲料颗粒过小如粉状则不利于采食。一般要求饲料颗粒在小米到绿豆样大小。如果使用颗粒饲料还必须进行破碎处理。

3. 饲料要容易消化

由于雏鸡对饲料的消化效率低，一些饲料原料由于含有较多的粗纤维或角质蛋白而不容易被消化。要减少消化率低的饲料原料用量，如菜籽粕、棉仁粕，较多使用豆粕；不要使用羽毛粉和血粉，可以少量使用鱼粉和肉粉。在饲料中添加消化酶制剂有助于提高饲料消化率。

4. 饲料质量要可靠

雏鸡的饲料要新鲜，加工后的产品存放时间不宜超过 1.5 个月，因为随存放时间延长饲料中的营养素会被破坏。不能使用发霉变质的饲料和饲料原料，被污染的饲料或原料也不能使用，以免影响雏鸡的健康。

二、雏鸡的开食

雏鸡第一次吃料称为开食。开食时间一般掌握在出壳后 24～36 小时，初饮后可以随即进行。过早开食由于雏鸡胃肠软弱，不利于消化器官功能的完善；开食过晚（如超过出壳后 36 小时）会使雏鸡体内营养物质消耗较多，影响正常生长发育。

开食可以使用开食盘（直径约 30 厘米、深度约 1.5 厘米，盘的表面有突起斑点以防滑），将全价配合饲料撒在盘内，放到雏鸡笼内用手指敲击料盘，引诱雏鸡啄食饲料颗粒。也可以把塑料布或多层报纸放在笼底，将饲料撒在上面供雏鸡采食。开食所用饲料量平均每只雏鸡不超过 2 克，如果加料太多会造成部分雏鸡采食过多而影响消化吸收。

三、雏鸡的喂饲管理

1. 注意观察采食行为

开食过程中一个笼内只要有几只雏鸡采食，其他雏鸡就会模仿，短时间内绝大部分个体都会采食。最初两天要注意观察有无不会采食的雏鸡，如果发现要及时隔离出来，单独诱导采食。

2. 喂料方法

前 3 天可以把饲料放在开食盘内让雏鸡采食，4 天后同时使用开食盘和料槽以引导雏鸡在料槽内采食，10 天后完全更换为料槽喂饲。每天至少要清洗 1 次喂料用具，必要时要进行消毒处理。使用开食盘喂饲，在雏鸡采食结束后及时将开食盘取出，尽量减少雏鸡踩进盘内并在盘内排粪，以减少饲料的污染。

3. 喂饲次数

雏鸡越小其消化道容积也越小,因此对于幼雏由于饲料在消化道内停留时间短,雏鸡容易饥饿(尤其是 7 日龄内的雏鸡),在喂饲时要注意少给勤添。前 3 天,每天喂饲 7 次,4~7 天每天喂饲 6 次,8~12 天每天喂饲 5 次,13 天以后每天喂饲 4 次。每次喂料量以雏鸡在 30 分左右吃完为度,每次喂饲的间隔时间随雏鸡日龄而调整。

四、微生态制剂的使用

以前,有报道称在雏鸡饲料或饮水中添加酸奶能够促进雏鸡的健康,这主要是利用了酸奶中的乳酸菌,而目前常常使用的是微生态制剂。它是利用正常非致病微生物或促进微生物生长的物质制成的活的微生物制剂,可以促进动物胃肠道正常微生物区系的建立,抑制有害微生物的繁殖,减少有害物质及废物的吸收,促进有益物质的生成与利用,改善机体的健康状况。

在雏鸡阶段使用微生态制剂有利于建立肠道内的有益微生物菌群,促进雏鸡健康发育。需要注意的是一般应禁止与抗生素、消毒药或具有抗菌作用的中草药同时使用,否则会杀死或抑制其中的活菌,减弱或失去微生态制剂的作用。目前,有的微生态制剂产品已经进行了保护处理,使用一般的抗生素不会影响其效果。

五、生长鸡的体重与饲料消耗

育雏期间需要定期测定雏鸡的体重以了解其发育,如果体重不达标会影响以后的生产性能,如果体重超标过多同样不利于生产性能的发挥。对于体重的控制主要是把握好喂料量或营养素摄入量。

1. 体重与耗料控制标准

在我国农业部制定的《鸡饲养标准》(NY/T 33—2004)中,提出了 20 周龄前生长期的蛋用鸡体重发育和饲料消耗标准(表 6-5)。这个标准相对来说比较笼统,因为当前饲养的褐壳蛋鸡、白壳蛋鸡和粉壳蛋鸡的体重存在一定的差异,而且同一种类型的蛋鸡不同育种公司的配套系之间在体重方面也有差异。因此,本标准仅供参考。

表6-5 生长蛋鸡体重与耗料量

周龄	周末体重(克/只)	耗料量[克/(只·周)]	累计耗料量(克/只)
1	70	84	84
2	130	119	203
3	200	154	357
4	275	189	546
5	360	224	770
6	445	259	1 029
7	530	294	1 323
8	615	329	1 652
9	700	357	2 009
10	785	385	2 394
11	875	413	2 807
12	965	441	3 248
13	1 055	469	3 717
14	1 145	497	4 214
15	1 235	525	4 739
16	1 325	546	5 285
17	1 415	567	5 852
18	1 505	588	6 440
19	1 595	609	7 049
20	1 670	630	7 679

此外,各个育种公司在其配套系的饲养管理手册中也都有各自的体重发育标准和喂料量参考标准(表6-6、表6-7和表6-8),可供参考。

163

表6-6　京红1号生长期体重与耗料量标准

周龄	体重（克）	日采食量[克/（天·只）]	累计采食量（克）
1	70	13	91
2	115	19	224
3	180	24	392
4	280	28	588
5	380	33	819
6	470	38	1 085
7	580	43	1 386
8	680	49	1 729
9	780	55	2 114
10	880	61	2 541
11	980	66	3 003
12	1 070	71	3 500
13	1 150	73	4 011
14	1 250	74	4 529
15	1 330	75	5 054
16	1 400	76	5 586
17	1 480	77	6 125
18	1 550	78	6 671

表6-7　罗曼褐商品代生长鸡体重与喂饲量标准

周龄	体重（克）	喂饲量[克/（天·只）]	累计喂饲量（克/只）
1	72~78（75）	10	70
2	122~132（127）	17	189
3	182~198（190）	23	350
4	260~282（271）	29	553
5	341~370（356）	35	798
6	434~471（453）	39	1 071

蛋鸡标准化安全生产关键技术

164

周龄	体重（克）	喂饲量[克/（天·只）]	累计喂饲量（克/只）
7	536～580（558）	43	1 372
8	632～685（658）	47	1 701
9	728～789（759）	51	2 058
10	819～888（853）	55	2 443
11	898～973（936）	59	2 856
12	969～1 050（1 010）	62	3 290
13	1 030～1 116（1 073）	65	3 745
14	1 086～1 176（1 131）	68	4 221
15	1 136～1 231（1 184）	71	4 718
16	1 182～1 280（1 231）	74	5 236
17	1 230～1 332（1 281）	77	5 775
18	1 280～1 387（1 334）	80	6 335
19	1 339～1 450（1 395）	84	6 923
20	1 402～1 518（1 460）	88	7 539

注：体重一列括号内为平均体重。

表6-8　海兰蛋鸡体重发育标准（单位：克）

周龄	海兰褐	海兰灰
1	70	65
2	115	110
3	190	180
4	290	270
5	380	360
6	480	450
7	590	550
8	690	660
9	790	760
10	890	850

周龄	海兰褐	海兰灰
11	990	940
12	1 080	1 020
13	1 160	1 100
14	1 250	1 170
15	1 340	1 240
16	1 410	1 310
17	1 480	1 370
18	1 550	1 420
19	1 610	1 510
20	1 660	1 560

2. 体重测定

在饲养实践中要求每周龄末要抽测雏鸡的体重，了解其体重发育情况和群体均匀度并合理调整每周的饲料供给量。通常要求每次测定不少于50只，要逐只称重。

3. 促进雏鸡的早期增重

实践证明，早期增重稍快的雏鸡体质较好，以后的产蛋性能也较高。有报道称，5周龄末雏鸡体重稍高的群体与体重偏低的群体相比，育成期成活率、产蛋期成活率、初产蛋重、产蛋总重、蛋的合格率等指标更好。因此，育雏期间要设法促进雏鸡增重，使其体质略高于标准体重。

促进雏鸡早期增重可以通过提高饲料营养水平、增加喂饲次数、促进采食、保证饮水供应、保持适宜的饲养密度、适当的运动、舒适的环境条件、严格的卫生防疫管理等措施来实现。

第七节　雏鸡的饮水管理

水是雏鸡重要的营养素，而且雏鸡身体中的含水率也很高。因此，对于雏鸡尤其是刚接入育雏室的雏鸡，饮水对其健康和发育具有无可替代的重要性。

一、做好初饮管理

1. 初饮的时间安排

雏鸡接入育雏室后第一次饮水称为初饮,也称开水。初饮应在雏鸡安置好之后立即进行,以保证雏鸡尽早喝到水,补充体内的水分。如果雏鸡初饮时间太晚会造成脱水,不利于剩余蛋黄的吸收,不利于生长发育和健康。

图6-4　雏鸡初饮

2. 初饮的方法(图6-4)

一般的方法是把装有适量水的真空饮水器放在笼内并用手指轻轻敲击,引诱雏鸡用喙啄饮水器的水盘。当雏鸡的喙接触到水的时候就会刺激雏鸡主动饮水,其他雏鸡也会模仿。对于无饮水行为的雏鸡应将其喙部浸入饮水器内以诱导其饮水。初饮的持续时间约为2小时,以后就转入正常的饮水管理。

3. 初饮的水质管理

初饮用水最好用凉开水,温度控制为25℃。为了刺激饮欲和补充能量,可在水中加入葡萄糖或蔗糖(浓度为5%~7%)。对于长途运输后的雏鸡,在饮水中要加入口服补液盐,有助于调节体液平衡。在饮水中加入速溶多维、电解多维、维生素C可以减轻应激反应,提高成活率。

二、饮水管理

合理的饮水管理有助于促进剩余卵黄的吸收、胎粪的排出,有利于增进食欲和对饲料的消化吸收。初饮结束后就转入正常的饮水管理。

167

1. 饮水用具管理

一般在3日龄前使用真空饮水器,4~10日龄期间同时使用真空饮水器和乳头式饮水器,并要引导雏鸡使用乳头式饮水器,10日龄以后完全使用乳头式饮水器(图6-5)。

图6-5 雏鸡饮水方式(左为真空饮水器,右为乳头式饮水器)

真空饮水器使用前要经过消毒和清洗,使用过程中要每天清洗2~3次、消毒1次。乳头式饮水器使用前用对水线进行冲洗,并检查饮水乳头有无漏水或堵塞情况,使用过程中要及时调整高度以方便雏鸡饮水,并要求每周对水线冲洗1次。

2. 饮水质量管理

饮水质量直接影响雏鸡的饮水量和健康。如果有条件在5日龄前最好饮用凉开水,以后可换用深井水或自来水。如果使用井水或自来水,最初几天的饮水中,通常加入消毒剂(如次氯酸钠、百毒杀等)对饮水进行消毒。如果井水浑浊还需要进行过滤处理。

3. 保证充足的饮水供应

饮水器的数量要足够,每天有光照的时间内保证饮水器具中有足够量的水,保证雏鸡随时可以喝到水。要注意观察饮水器的位置高低是否方便雏鸡饮水,使用乳头式饮水器要经常调整高度,经常观察饮水乳头是否堵塞或漏水。

如果出现缺水问题则影响雏鸡的采食,而且在恢复供水后由于干渴会造成雏鸡争抢饮水并可能出现把前边的雏鸡压到水盘中的情况;同时,雏鸡可能会大量饮水而出现水中毒问题。

4. 饮水中添加剂的使用

为了促进雏鸡的健康和生长,在育雏期间常常在第一周向饮水中添加一些葡萄糖或电解多维、补液盐、抗生素等添加剂。使用这些添加物的时候要注意添加量要合适,如果超量则可能有不良影响;加有这些添加物的水量不宜太多,每次为雏鸡提供含添加剂的饮水量应在 1 小时内基本饮完,每天上、下午各用 1 次,不能连续使用;要注意有的添加物能否混合使用。

第八节　雏鸡的管理

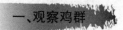

一、观察鸡群

饲养员要经常在鸡舍内观察各处雏鸡的采食、饮水行为表现,观察鸡群的精神状态、粪便的颜色和形状,各种设备和用具的使用情况,以便于及时发现和解决问题。

1. 采食与饮水情况观察

在每次喂饲过程中和喂饲后注意观察雏鸡的采食积极性,健康的雏鸡在喂料后争相采食。如果,喂料后雏鸡采食频率不高则说明存在问题,可能是饲料的适口性差、与上次喂料的间隔时间短、上次喂料量偏多、缺水、温度不适、健康出问题等。

喂料后 30 分左右要检查料槽内的情况,看有无剩余饲料或剩余多少以判断喂料量是否合适;检查各处饲料分布是否均匀;检查料槽底部有无饲料发霉结块情况,有无饲料抛洒情况。

在检查采食情况的同时注意观察饮水情况,尤其注意饮水器有无漏水和堵塞。

2. 观察鸡群的精神状态

注意观察雏鸡的活动和休息情况,尤其要注意有无羽毛松乱、双翅下垂、低头缩颈、闭目呆立或伏卧在笼底网上的个体。如果发现这样的个体要及时挑出放到隔离笼内并请兽医进行检查。如果大群内有较多个体有这种表现则说明发病率高,要及时处理。

3. 观察粪便颜色和形状

雏鸡的粪便颜色和形状能够反映其健康状况和饲料情况,正常粪便是由粪和尿液混合组成的,软硬适中,形状多呈圆柱形或条状,棕绿色,在鸡粪的一端附有白色的尿酸盐,没有恶臭。常见有问题的粪便颜色和形状有如下几种:

(1)白色稀便　粪便白色非常稀薄,主要由尿酸盐组成,常见于感染法氏囊炎、白痢、大肠杆菌的鸡以及瘫痪鸡、食欲废绝的病鸡。

（2）血液粪便　粪便为黑褐色、茶锈水色、紫红色,或稀或稠,均为消化道出血的特征。如上部消化道出血,粪便为黑褐色,茶锈水色。下部消化道出血,粪便为紫红色或红色。常见的疾病有药物中毒、球虫病、新城疫早期等。

（3）肉红色粪便　粪便为肉红色,成堆如烂肉,消化物较少,这是脱落的肠黏膜形成的粪便,常见于绦虫病、蛔虫病、球虫病和肠炎恢复期。

（4）绿色粪便　粪便墨绿色或草绿色,粪便稀薄并混有黄白色的尿酸盐。这是感染传染病(如鸡新城疫、禽流感、禽霍乱、伤寒等)、住白细胞原虫病或中暑后常见的粪便类型。

（5）蛋清状粪便　粪便似蛋清状、黄绿色并混有白色尿酸盐,消化物极少。常见于重病鸡或新城疫病鸡。

（6）水样粪便　粪便中消化物基本正常,但含水分过多,造成粪便稀薄,这是轻度肠炎和鸡饮水过多造成的。引起的原因有大肠杆菌病、低致病性禽流感、肾传支、副伤寒、温度过高、饲料内含盐量过高等。

4. 检查设备和用具的运行情况

主要是观察鸡笼的完整性、前网的宽度、饮水器和料槽的情况,加热、通风和照明设备有无损坏等。

二、断喙

蛋鸡在笼养条件下很易发生啄癖(啄羽、啄肛、啄趾、啄蛋等),啄癖会造成鸡的严重伤亡和蛋的破损。另外,鸡在采食时常常用喙将饲料勾出料槽,造成饲料浪费,据有关资料报道在产蛋期的 50 周饲养过程中,平均每只合理断喙的母鸡可以减少饲料浪费约 500 克。

引起鸡发生啄癖的因素很多,包括温度偏高、活动空间狭小、通风不良、光照强度过大、应激、饲料中某些营养素的不足或缺乏(如蛋白质、维生素、食盐、粗纤维等)、疾病(有泄殖腔炎症、皮炎症状的疾病)等。啄癖发生后很难纠正,即便是使用相关药物或添加剂也难以收到可靠效果,而断喙是解决上述问题的有效途径,也是目前普遍应用的技术措施。

1. 断喙设备

目前使用最普遍的是断喙器,配套使用的工具包括台案、椅子、雏鸡盒、多用电源插座等。断喙器的类型有多种,目前普遍使用的是台式自动断喙器,放在台案上接通电源即可使用。其他几种如脚踏式、剪刀式等很少使用,红外线自动断喙设备也开始在个别大型鸡场使用。

蛋鸡标准化安全生产关键技术

2. 断喙时间

雏鸡的断喙时间一般安排在 6 ~ 15 日龄期间进行。5 日龄以内断喙则因为雏鸡太小、应激大,影响雏鸡早期的发育,而且由于喙太软,切得短容易再生,切得长则喙部过短而影响采食。迟于 20 日龄断喙则雏鸡的喙逐渐变得坚硬,切喙速度慢易发生喙部断面出血的现象,对雏鸡造成的影响大。

3. 断喙方法

安放好断喙器,接通电源,打开断喙器上的电源,调整刀片下切的频率(间隔时间为 2 ~ 3 秒)和刀片的温度(700℃左右,颜色暗红色),做好断喙的准备。刀片前的铁片上一般有大、中、小 3 个孔供选用(插喙孔),根据雏鸡的日龄大小选择使用哪个插喙孔。

喙部切断长度要求,上喙切去 1/2(喙端至鼻孔),下喙切去 1/3,断喙后雏鸡下喙略长于上喙。在实际操作时,上喙的切断部位在前端颜色发白处与中段颜色暗红色交界处。这个部位是喙尖的生长点,从此处切断并烧烙能够使生长点的组织坏死,有效防止喙部再长尖。断喙后的雏鸡喙部见图 6 – 6。

图 6 – 6　断喙处理后的雏鸡喙部

4. 断喙操作要点

单手握雏,拇指压住鸡头顶,食指放在咽下并稍微用力,使雏鸡缩舌防止舌尖断掉。将头向下,后躯上抬,上喙断掉较下喙多。在切掉喙尖后,在刀片上灼烫 1 ~ 2 秒,有利止血。日龄小的雏鸡其喙的前端一般不是切掉的,常常是在刀片上烧烙掉的。

断喙 1 000 只左右要将断喙器上的电源开关关闭,3 分后拔掉插座,彻底切断电源,用绝缘螺丝刀的前端将断喙器刀片上粘的杂物刮掉,清理干净后再接通电源继续操作。断喙完成后先关闭机器上的电源开关,几分钟后再关闭总电源,然后清理断喙器,待刀片温度下降至室温的时候将机器收起保存。

5. 断喙注意事项

第一,断喙器刀片应有足够的热度,切除部位掌握准确,确保一次完成。

第二,断喙前后2天应在雏鸡饲料中添加维生素K(2毫克/千克)或复合维生素,有利于止血和减轻应激反应。

第三,断喙后立即供饮清水,3日内饲槽中饲料应有足够深度,避免采食时喙部触及料槽底部而使喙部断面感到疼痛。

第四,鸡群在非正常情况下(如疫苗接种、患病)不进行断喙。

第五,断喙时应注意观察鸡群,发现个别喙部出血的雏鸡要及时烧烫止血。

6. 红外线断喙

美国 NOVATECH 工程公司发明的一项断喙新工艺,使用高强红外线光束,对雏鸡没有任何损伤,在1日龄孵化厅内完成。目前在国内一些大型孵化场已得到了应用。

(1)工作原理 红外线光束穿透鸡喙硬的外壳层(角质层),直至喙部的基础组织。起初,角质层仍保留得完整无缺,保护着已改变的基础组织。一两个星期以后,鸡正常的啄食和饮水等活动使喙部前端的外壳层脱落,露出逐渐硬结的内层,达到断喙目的。

(2)半自动化的操作过程 使用独特的可以固定鸡头部的面罩,确保操作过程的安全性、精确性和连续性。可同时给4只鸡断喙,每个操作人员同时可将两只雏鸡的头部卡在机器上,机器连续不断地在旋转,旋转到断喙部位时机器发出高强红外线光束,断完喙后,雏鸡自动落入雏鸡盒内。断喙面罩可安全地固定雏鸡头部,便于连续准确地进行操作。

这种方法可以使喙部组织无任何创面,不出血,不会导致细菌感染;能够减少鸡应激,断喙均匀,劳动量大为减少。

三、剪冠

饲养蛋种鸡的时候,需要对父本雏鸡(公雏)进行剪冠处理。目的在于方便成年公鸡的采食,冬季能够防止鸡冠被冻伤;对于父本和母本羽毛颜色一致的品种(配套系),通过剪冠还能够在育成初期确定雌雄鉴别错误的个体。

1. 剪冠的工具和用品

剪冠常用的工具是手术剪,其他用品主要是酒精(乙醇)棉球(或棉签)和镊子。剪刀用于剪冠,棉球用于消毒。

2. 剪冠时间

剪冠通常在 1 日龄进行,在雏鸡接入育雏室后可立即进行,日龄大则容易出血。有的在孵化厂就对种公雏进行剪冠处理。

3. 剪冠操作

操作时用左手握雏鸡,拇指和食指固定雏鸡头部,右手持手术剪,在贴近头皮处将鸡冠剪掉(残余的部分越少越好),只要不伤及皮肤一般不会有较多出血。创面用消毒药水消毒即可。成年公鸡鸡冠形状如图 6-7 所示。

图 6-7　雏鸡阶段剪冠后的成年公鸡鸡冠形状

四、调群

1. 雏鸡的分群

在笼养条件下,每个单笼内的雏鸡为一群,在饲养过程中要根据雏鸡的具体情况定期进行小群的调整。要求每个小群内的个体在大小、强弱、性别等方面尽可能一致。调群一般在每周末结合饲养密度的调整进行,每次每个小群内的调整数量不宜太大,只是少数调整。

调群时一般是把小群内个体偏大的取出后集中到若干个新的笼内,再把体重偏小的取出后集中到另外的若干个新笼内。这样在调群的同时也将原来每个单笼内的雏鸡数量减少了,饲养密度也降低了。同时,通过调群也将体重适中、偏大或偏小的个体相对集中。每次调群后,尽量保持每个单笼内雏鸡的数量相同以便于确定每个单笼的喂料量。

2. 饲养密度调整

随着雏鸡周龄的增大,其体重也在增加,单位面积内雏鸡的饲养量要相应减少,否则就会出现密度过大的问题。每周与调群结合进行密度调整,保证笼内雏鸡的活动空间,一般要求按照相关密度标准落实,但是由于具体情况存在差异,可以按照鸡群的表现进行调整,当雏鸡卧下休息的时候笼底有20%左右的空闲面积是比较恰当的。

五、弱雏复壮

在规模化饲养条件下,育雏过程中难免会出现部分弱雏。如果能够及时处理则能够提高鸡群成活率和群体均匀度。

1. 隔离弱雏

观察鸡群时发现弱雏要及时挑拣出来放置到专门的弱雏笼(或圈)内,防止弱雏在大群内被踩踏、挤压而伤亡。弱雏在大群内的采食和饮水也受影响。因此,及时发现和隔离是关键。

2. 注意保温

将弱雏笼设在靠近热源的地方或在笼内增加加热设备,使其笼内温度要比正常温度标准高出 1~2℃,这样有助于减少雏鸡的体温散失和体内营养消耗,促进康复。

3. 强化营养

对于挑拣出的弱雏不仅要供给足够的饲料,还应该在饮水中添加适量的葡萄糖、复合维生素、口服补液盐等,增加营养的摄入,促进其恢复。

4. 对症处理

对于弱雏有必要通过合适途径给予抗生素进行预防和治疗疾病,以促进康复;对于有外伤的个体还应对伤口进行消毒;对于已经失去治疗价值的个体及时进行无害化处理。

六、雏鸡的卫生防疫

1. 卫生防疫制度制定要科学,执行要严格

育雏前要制订卫生防疫制度,这些制度包括隔离措施、消毒要求、药物使

用准则、疫苗接种要求、病死雏鸡处理规定等，所有可能对雏鸡健康能够产生影响的因素都要考虑到，都要有相应的防范措施。

卫生防疫制度要重在落实，每个环节都要有实施要求，都要有检查要点，尤其是作为技术员或兽医，很重要的工作就是指导和检查卫生防疫制度的落实情况。

2. 严格隔离，全方位消毒

育雏室与其他鸡舍之间至少有 30 米的距离并通过绿化和围墙进行隔离；杜绝无关人员的靠近，尽可能减少育雏人员的外出；设法避免其他动物（如飞鸟、老鼠、猫、狗等）进入育雏室。凡是进入育雏区的人员、车辆和物品必须经过严格的消毒。

育雏室在进雏前要进行熏蒸消毒，进雏后每周带鸡消毒 3 次，育雏室的窗户外周、通风口及附近每周喷洒消毒药 2 次；饮水和喂料设备每天消毒 1 次；道路每周消毒 2~3 次；进入育雏室的门口每天消毒 1 次。消毒可以杀灭环境中的大部分病原体，是保证鸡群健康的重要前提。

3. 合理使用药物预防疾病

要结合育雏期一些肠道细菌性和寄生虫感染（如鸡白痢、大肠杆菌病、禽霍乱、球虫等）的发病规律和本场以往的情况，提前使用药物进行预防。10 日龄前主要是预防鸡白痢和大肠杆菌病；20 日龄前后要预防球虫病的发生，尤其是地面垫料散养的雏鸡；28 日龄后还要做好大肠杆菌病和副伤寒、禽霍乱的预防工作。要合理选用药物，使用剂量准确，用药时间要按照疗程要求进行。

4. 及时做好疫苗的接种工作

目前，在中小型养鸡场都是使用相关的免疫程序进行接种：出壳当天通过皮下接种鸡马立克病疫苗（冷冻保存的细胞结合苗）；4~5 日龄通过滴鼻或滴口的方式接种传染性法氏囊炎弱毒疫苗；9~10 日龄通过滴鼻或滴口的方式接种新城疫 - 传染性支气管炎疫苗；17~18 日龄通过饮水方式接种传染性法氏囊炎弱毒疫苗；25~26 日龄通过滴鼻或滴口的方式接种新城疫 - 传染性支气管炎疫苗并半倍量肌内注射新城疫油乳剂灭活疫苗；32 日龄肌内注射禽流感油乳剂灭活疫苗；40 日龄接种传染性喉气管炎和禽痘疫苗。使用免疫程序最好与当地的兽医结合并考虑当时当地家禽疫病的发生特点，进行适当的调整。

在大型养鸡场还需要通过抗体检测，根据检测结果确定下次疫苗的接种时间。

5. 对病死雏鸡与粪便进行无害化处理

病死的雏鸡是育雏环境中主要的污染源,发现病死雏鸡后要及时从笼内拣出进行诊断,诊断后要把死鸡尸体消毒后定点深埋(距地表面不少于30厘米),也可以焚烧。粪便要经常清理,如果采用人工清粪方式一般在育雏中后期每1~2天清1次,采用自动清粪则每天清理2~3次。清理出的粪便要在与育雏室和人员来往频繁的道路有较大距离的地方堆积发酵处理。

七、减少雏鸡的意外伤亡

除因为疾病造成的死亡外,其他各种原因引起的雏鸡伤亡都属于意外伤亡。

1. 防止野生动物伤害

雏鸡缺乏对敌害的防卫和躲避能力,老鼠、鼬、鹰、猫、狗、蛇都会对它们造成伤害。因此,育雏室的密闭效果要好,任何缝隙和孔洞都要提前堵塞严实,门窗要罩有金属网,防止这些能够伤害雏鸡的其他动物进入育雏室。

育雏人员要经常在育雏室内巡视,防止野生动物进入室内伤害雏鸡。在育雏的前10天夜间必须要有值班人员定时在育雏室内走动,在照明管理方面必须注意不能有照明死角。

2. 减少挤堆造成的死伤

雏鸡休息的时候喜欢相互靠近,当育雏室温度过低、有贼风、雏鸡受到惊吓时都会引起雏鸡挤堆,被压在下面的雏鸡可能会出现窒息死亡或伤残,有的绒毛上沾有水雾则在水雾蒸发后会造成雏鸡感冒。育雏人员要经常性地观察雏鸡的表现,一旦有挤堆现象要立即查明原因并采取措施。

3. 防止中毒

育雏期间造成雏鸡中毒的原因主要有一氧化碳中毒、饲料毒素中毒和药物中毒三种。一氧化碳中毒主要出现在使用煤火炉加热的育雏室内,如果不注意煤烟的排放就可能造成煤气中毒;第二种情况主要是饲料被杀虫剂、毒鼠药污染或饲料原料发霉造成的;第三种情况有药物使用剂量过大、药物与饲料混合不均匀。

4. 其他

笼养时防止雏鸡的腿脚被底网孔夹住、头颈被网片连接缝挂住等。

评价育雏效果主要是雏鸡成活率、合格率。

1. 雏鸡成活率

也称育雏成活率。是育雏结束时的成活雏鸡数与入舍时的雏鸡数之比。一般应达到97%以上。

2. 雏鸡合格率

是指育雏结束时达到合格标准的雏鸡(无畸形、伤残、体质过弱、体重过小等)数与入舍时的雏鸡数之比,一般应达到95%以上。也有的是指育雏结束时达到合格标准的雏鸡数与育雏结束时成活的雏鸡数之比,一般应达到98%以上。

第七章　蛋用育成鸡标准化安全生产的要求

　　育成鸡是指 7~17 周龄的青年鸡,生产中也称为青年鸡或后备鸡。饲养实践中一般把 7~12 周龄阶段称为育成前期,13~17 周龄称为育成后期。

　　如果采用三阶段饲养工艺,通常在 7 周龄时将鸡群从育雏室转入青年鸡舍,17 周龄时再转入产蛋鸡舍;如果采用两阶段饲养工艺则鸡群在育雏室饲养至 13 周龄前后,然后转入产蛋鸡舍直至产蛋期结束。

第一节 育成鸡培育目标

一、群体发育整齐度高

生产实践证明,育成期(尤其是育成后期)青年鸡群的发育均匀度高则鸡群开产后产蛋率上升速度快、高峰期产蛋率高而且持续时间长、死淘率低。生产中有许多产蛋初期产蛋率上升慢、高峰持续期短、后期死淘率高的问题都与育成后期鸡群整齐度差有关。衡量鸡群发育整齐度的指标是标准体重 ± 10%的个体在全群中所占比例,达到80%算合格,超过90%是优秀。

二、体重和体格发育符合标准

育成后期鸡的体重对开产期、初产蛋重、产蛋高峰持续期、饲料效率等生产指标有直接影响。通常情况下,每个育种公司推出的配套系都会有建议的体重发育标准,生产中应该以这种标准为准则。但是,对于一些中小型蛋鸡养殖场户如果使用商品全价饲料或浓缩饲料的情况下,建议体重比标准体重略高一点,这样的鸡群生产性能会更好。

单纯以体重为指标不能准确地反映问题,还要以骨骼发育水平为标准,具体可用胫长来表示。总之,要注意保持体重、肌肉发育程度和肥度之间的适当比例。小体格肥鸡和大体形瘦鸡就是两种典型的体重合格、但发育并不合理的类型,前者脂肪过多,体重达标而全身器官发育不良,必然是低产鸡;后者体形过大,肌肉发育不良,也很难成为高产鸡。测定时要求体重、胫长在标准上下10%范围以内,至少80%符合要求。体重、胫长一致的后备鸡群,成熟期比较一致,达50%产蛋率后迅速进入产蛋高峰,且持续时间长。

三、性成熟期合适

当前饲养的高产蛋鸡配套系普遍存在性成熟期提早的趋势,10年前的蛋鸡群20周龄进入性成熟期,而今已经提前到18周龄,有的蛋鸡场可能17周龄鸡群的产蛋率已经达到5%～10%。然而,并非鸡群的性成熟期越早越好,成熟偏早常常造成早期蛋重偏小、产蛋高峰持续期短、后期鸡群死淘率高。因此,在目前当鸡群在18周龄时产蛋率5%～10%是比较合适的。

合格的育成鸡,要求健康无病,体质状况良好。

第二节　育成鸡环境条件控制

与雏鸡相比,育成鸡对环境条件的适应性更强,但是不适宜的环境条件同样会影响到鸡群的发育。

一、光照管理

光照不仅影响育成鸡群的采食、饮水、运动和休息,也直接影响到鸡生殖系统的发育。因此,在育成鸡群的环境条件管理中光照管理是最重要的内容。

1. 光照时间控制

光照时间对青年鸡生殖系统发育的影响主要在 13 周龄以后,而在 12 周龄前光照时间的长短对生殖器官发育的影响不大。因此,在青年鸡光照管理方面重点在于控制育成后期的光照时间。育成期鸡群光照的控制原则为:保持稳定的短光照(每天光照时间不超过 10 小时)或使每日的光照时间逐周缩短,这样有利于防止鸡群性成熟期提早。如果育成后期光照时间长(每天超过 13 小时)或光照时间逐周延长则会刺激鸡生殖系统发育,促进性成熟。

(1)密闭鸡舍光照控制　由于密闭式鸡舍内的光线不受外界自然光照的影响,可以人为确定鸡群在不同时期的光照时间。常用的方法是在 8~18 周龄将每天的光照时间稳定控制为 8 小时,或在育成前期(7~12 周龄)把每天光照时间控制为 9 小时,育成后期(13~18 周龄)控制为 7~8 小时。

(2)有窗鸡舍光照控制　要根据育成后期所处的季节进行调整。如果13~18 周龄处于 4~8 月,这个阶段自然光照时间逐渐延长或处于长光照时期(尤其在 6~7 月自然光照时间超过 13 小时)。在这种情况下,可以把 12 周龄前的光照时间控制为每天 14 小时,从 13 周龄开始逐渐将光照时间缩减至 18 周龄时的每天 12 小时,必要的时候在 15 周龄后的早晨和傍晚对窗户进行遮光处理。

如果 13~18 周龄处于 9~12 月,则自然光照时间呈现逐渐缩短的变化趋势,育成后期可以采用自然光照而不用补充人工照明;如果 13~18 周龄处于 1~4 月,虽然自然光照时间呈现逐渐延长的变化趋势,但是每天自然光照时

蛋鸡标准化安全生产关键技术

间一般不超过 12 小时, 只要把 12 周龄前的光照时间（自然光照加人工照明）控制为 13 小时, 以后每周把早晨开灯时间推迟 10 分或晚上关灯时间提前 10 分即可。

2. 光照强度控制

育成期光照强度高会对生殖系统产生比较强的刺激作用, 也容易引起啄癖。一般要求在育成期内使用人工光照的光照强度不超过 30 勒。如果使用自然光照, 由于光线较强, 常常需要在鸡舍南侧的窗户上安装窗帘以降低舍内光照强度。

3. 育成后期加光时间的掌握

育成后期需要逐周递增光照时间以刺激鸡群生殖系统的发育, 为产蛋做准备。加光时间需要考虑鸡群的周龄和发育情况。发育正常的鸡群可以在 18 周龄开始加光, 如果鸡体重偏低则应推迟 1 ~ 2 周加光。加光时间不能早于 17 周龄, 即便是在鸡发育偏快的情况下。

加光的措施, 第一周在原来基础上增加 1 小时, 第二周递增 40 分, 以后逐周递增 20 ~ 30 分, 在 26 周龄每天光照时间达到 16 小时, 以后保持稳定。

二、鸡舍温度控制

尽管育成鸡对环境温度的适应性比较强, 但是还应该注意为鸡群创造一个适宜的温度条件, 尽量避免温度不适对鸡群造成的不良影响。

1. 适宜温度

15 ~ 28℃的温度对于育成鸡是非常适宜的, 这个温度范围有利于鸡的健康和生长发育, 也有利于提高饲料效率。但是, 不同季节的外界温度变化很大, 需要注意的是在低温季节尽量使舍温不低于 10℃, 尤其是对于 9 周龄之前的育成鸡羽毛的保温性能尚不可靠, 如果温度过低容易造成严重的应激; 高温季节鸡舍内的温度尽量不超过 30℃, 否则鸡群会表现出明显的热应激反应。

2. 鸡舍温度管理

鸡舍内的温度控制要注意保持相对的恒定, 不能忽高忽低, 温度的突然变化是造成鸡群健康问题的重要原因。尤其要注意的是冬季和早春要注意莫让鸡舍内温度突然下降, 否则有可能导致鸡群出现呼吸系统疾病, 这种情况在环境温度突然降低或鸡舍通风时进风口没有进行导流处理的情况下很容易发生。要关注天气变化, 如果有突然降温的气候情况则需要提早做好鸡舍的防寒保暖措施。

3. 育成初期的脱温

如果鸡群6周龄育雏结束时处于低温季节(中原地区的11月至翌年3月),需要认真做好脱温工作。不能在育雏结束的时候突然停止供热,至少在10周龄前,舍内温度不能低于15℃。

脱温指的是鸡舍内停止人工加热。在9周龄之前如果外界气温低于10℃,则需要在鸡舍内继续使用加热设备,只是比育雏期使用的加热设备数量适当减少些,使舍内温度维持在17℃左右;如果外界气温不低于10℃,那么白天鸡舍内的温度能够保持在16℃以上,只要在夜间适当加热就可以;如果晚上最低气温不低于12℃,鸡舍内的温度就能够满足鸡群需要,可以不使用加热设备。

三、通风控制

通风的目的是促进舍内外空气的交换,保持舍内良好的空气质量。无论采用任何通风方式,每天都有必要定时开启通风系统进行通风换气。这是因为育成鸡群的饲养密度较高、粪便产生量较大、羽毛脱换持续时间长,容易造成鸡舍内空气质量恶化。如果忽视通风则会造成鸡舍内空气中有害气体、粉尘和微生物浓度偏高,不利于鸡群的健康和生长发育。

通风要达到的目标是鸡舍内氨气含量不超过20毫升/米³,硫化氢含量不超过10毫升/米³。要求在人员进入鸡舍后没有明显的刺鼻、刺眼等不舒适感。仲春之后、夏季和秋季外界温度较高,白天可以打开门窗或风扇进行充分的通风换气,夜间也需要保留几个通风窗。

育成鸡舍通风管理的最大问题在低温季节。在天气晴好的日子里中午前后要多打开一些门窗通风,早晨和傍晚可以少开几个门窗;如果是在十分寒冷或风雪天气则主要在中午前后适当通风。冬季由于气温低,通风时需要注意在进风口设置挡板,避免冷风直接吹到鸡身上。

四、湿度控制

湿度高低对育成鸡的健康和生长有一定的影响,只是其影响远远没有其他环境条件大,而且鸡对湿度的适应范围也比较宽。

在生产实践中蛋鸡育成期很少会出现舍内湿度偏低的问题,常见的问题是湿度偏高。因此,需要通过合理组织通风、减少供水系统漏水、及时清理粪便等措施降低湿度。

第三节　育成鸡的喂饲与饮水管理

一、育成鸡的饲料

根据育成前期和后期鸡的生理特点和饲养管理目标,通常分别配制育成前期饲料和育成后期饲料。育成前期饲料的营养成分中粗蛋白质水平应达到16%、代谢能11.6兆焦/千克、钙含量1.0%~1.1%;育成后期饲料中粗蛋白质为14.5%、代谢能11.4兆焦/千克、钙含量0.9%~1.0%。育成前期饲料营养水平较高,主要是为了满足鸡肌肉、羽毛和骨骼较快发育之需;育成后期适当降低饲料营养水平则是为了防止生殖器官发育偏快而造成性成熟期提前以及体内脂肪沉积过多。

有的鸡场使用商品配合饲料,育成前期和后期没有变化,这样的情况下饲料粗蛋白质水平应达到15%、代谢能11.5兆焦/千克、钙含量1.0%。

二、育成鸡的喂饲

1. 喂饲次数

育成前期一般每天上、下午各喂饲1次;育成后期一般每天喂饲1次,多数情况下安排在上午喂饲。

2. 饲料更换

第一次更换饲料是在育雏结束进入育成前期,由雏鸡料变换成育成前期料,此时要结合雏鸡的发育情况,如果雏鸡体重没有达到目标则可以适当推迟换料时间;第二次更换饲料是在12~13周龄,由育成前期饲料变换为育成后期饲料。

饲料变换要有一个过渡期,通常为5~7天,原有饲料用量逐渐减少,新饲料用量逐渐增加,使鸡的消化系统有一个适应过程。

3. 喂饲要求

要保证鸡均匀采食,这是保证鸡群发育整齐度良好的重要条件。要求每个单笼内鸡的数量要相同、饲料添加要均匀(人工加料时要及时匀料)。

经常检查鸡群的采食情况。通过定期称重来调整喂料量。

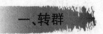

三、育成鸡的饮水管理

由于育成鸡普遍采用笼养方式,其饮水也都采用乳头式饮水器。在日常饲养过程中要注意饮水供应充足,在光照期间要保证供水;饮水质量符合饮用水卫生质量标准。

有的蛋鸡养殖户采用一种所谓的"压榨式养鸡法",其方法是在育成期喂以高能高蛋白饲料,不控制体重,让鸡群早开产,早上高峰,并提前淘汰,全程利用到45周龄前后。这种做法可以缩短育成期,节省前期饲料投入;产蛋早、见效快,蛋重偏小却销售价格较高;提早淘汰可以避开养鸡市场行情低潮,总体效益良好。这种饲养方法在养鸡行情不景气的情况下可算为一条权宜之计,但不应盲目提倡。

第四节　育成鸡的管理

一、转群

根据不同鸡场所采用的生产工艺,两阶段饲养工艺需要在13周龄转群1次,三阶段饲养工艺需要在6~7周龄、16~17周龄转群2次。

1. 转群时间

如果采用两阶段饲养工艺,仅在13周龄进行一次转群,如果转群时间早则鸡的体格小,转入产蛋鸡笼后一部分个体小的鸡容易从前网和底网之间的间隙中逃逸出来,而且还可能造成部分个体小的鸡在转入产蛋鸡笼后喙部够不到乳头式饮水器,影响饮水。

如果采用三阶段饲养工艺则需要在6~7周龄和16~17周龄进行两次转群。16~17周龄这次转群的时间最好在16周龄或17周龄前半期完成,如果到17周龄末转群则可能会对开产较早的个体产生不良影响。

2. 转群前的准备

(1)做好人员安排　转群是一个劳动量较大的工作,需要有较多的人员参与。人员的分工包括抓鸡、运输和向新鸡笼内放鸡,有时还需要结合进行疫苗接种。应合理安排各个环节人员的数量和负责人,并对各个环节的技术要求和注意事项进行培训,保证转群工作顺利开展。

(2)鸡群停止喂饲　转群前停饲3~4小时,但要给予充足的新鲜饮水。

如果不停饲就抓鸡,转运过程中会对鸡造成伤害。

（3）新鸡舍的准备　鸡群即将转入的新鸡舍要提早进行维修和消毒,在转群前2小时可以在料槽内添加少量饲料,乳头式饮水器要提前通水,保证鸡群转入后能够及时地采食和饮水。

3. 转群过程要求

（1）严格消毒　转群前应将安装完毕的鸡舍及设备喷雾消毒两遍后,用甲醛和高锰酸钾熏蒸,并对转群时使用的车辆、转群笼进行消毒。同时新鸡舍的门口要设有脚踏消毒盆,以防止转群人员复杂而使病菌带入。参加转群工作的人员必须穿工作服、雨鞋,并在转群工作前用0.1%新洁尔灭洗手。

（2）使鸡舍处于光线昏暗状态　在光线昏暗的状态下抓鸡对鸡造成的应激相对较小,因为鸡在弱光下不容易惊群。在抓鸡前要将鸡舍进行遮光处理,舍内仅留1～2个灯泡照明,使鸡舍处于昏暗状态。也可把转群时间放在晚上进行。

（3）人员分工合理　每个环节如抓鸡、运送、接种疫苗、检查体重、向笼内装鸡等都要有专人负责。

4. 转群的注意事项

第一,转群前后三天,应在饲料或饮水中投入多种维生素和广谱抗生素,以避免感染,增强抗应激能力。

第二,转群时如果是冬天,尽量避开暴风雪的天气和大风天气;春天避开扬沙天气;夏天则应选择较为凉爽的天气或时间段等,努力把对鸡群的应激人为地控制在最小范围内。

第三,转群时必须尽量保证环境条件的基本恒定,使两舍环境尽量一致,温度、湿度、光照、饲养方式、饲养人员等不要变化太大,饲养人员服饰要固定、朴素,不可穿色彩鲜艳的奇装异服。特别是温度一定要恒定。另外,要保证鸡进入新舍时,有充足的饮水和适量的饲料,限饲的鸡也要适当增加饲料。

第四,转群时一律捉鸡的双腿,严禁抓翅、颈、头,一定不要过于急躁,要轻拿轻放。将鸡的两腿并在一起,手握胫部提起,绝对不能用铁钩子钩鸡腿或只提一条腿。转群笼最好用塑料笼,如果要用铁丝笼应在笼底垫板或纸壳,以防止铁丝刮伤鸡体,如果用车直接装鸡,要在车底垫刨花或稻草,并要少装,以防止挤压死鸡。

第五,往产蛋鸡笼装鸡时要注意大小、强弱分笼。转群时将病、弱和没有发展前途的鸡挑出来淘汰掉。

二、体格发育测定

一般将胫部长度发育作为体格发育的检测指标。海兰蛋鸡育成期的胫部长度发育标准见表7-1。

表7-1　海兰蛋鸡育成期的胫部长度发育标准（单位：毫米）

周龄	海兰褐	海兰白
7	85	77
8	89	83
9	93	88
10	96	92
11	99	96
12	101	99
13	102	101
14	103	103
15	104	104
16	104	104
17	104	105
18	104	105
19	104	105
20	104	105

三、体重的测定

在条件允许的情况下，应每周（至少每2周）对鸡群进行1次抽样称重，随机抽取鸡群的5%，一般不少于50只，多点进行抽取，称重最好安排在相同的时间，一般以天气凉爽的早晨最好，计算出平均体重。京红1号和京粉1号种鸡育成鸡的体重标准见表7-2和表7-3。

表7-2 京红1号父母代育成鸡的体重标准(单位:克)

周龄	母鸡	公鸡	日耗料
7	540	660	46
8	650	800	55
9	760	950	60
10	860	1 100	65
11	960	1 250	68
12	1 050	1 400	72
13	1 120	1 550	76
14	1 190	1 700	78
15	1 260	1 840	80
16	1 330	1 950	82
17	1 420	2 020	84
18	1 510	2 070	86
19	1 600	2 160	87
20	1 690	2 240	94

表7-3 京粉1号父母代育成鸡的体重标准(单位:克)

周龄	母鸡	公鸡	日耗料
7	500	660	40
8	590	800	45
9	670	950	53
10	750	1 100	56
11	820	1 250	61
12	890	1 400	62
13	950	1 550	64
14	1 000	1 700	65
15	1 050	1 840	68
16	1 110	1 950	71
17	1 170	2 020	72
18	1 250	2 070	75
19	1 330	2 160	82
20	1 390	2 240	87

体重测定要安排在周龄末空腹时进行。

四、均匀度的测定

对于育成后期的鸡群,发育的均匀度是主要的评价指标。鸡群的均匀度是指群体中体重在平均体重±10%范围内的鸡所占的百分比。例如,某鸡群16周龄的平均体重为1 330克,超过或低于平均体重±10%的范围:上限是1 330+(1 330×10%)=1 463克,下限是1 330-(1 330×10%)=1 197克;在5 000只鸡群中抽样100只,体重在平均体重±10%(1 197～1 463克)范围内的有87只,占称重总鸡数的百分比是87%,抽样结果表明,这群鸡的均匀度为87%,饲养效果为良好。

提高育成鸡群的均匀度有以下3个方面:

1. 合理分群和调群

分群的目的在于按照不同群内鸡的体重采取不同的饲养管理措施。在育成鸡的饲养管理过程中,要根据体重进行合理分群,把体重过大和过小的分别集中放置在若干笼内或圈内,使不同区域内的鸡笼或小圈内鸡的体重相似。

调群的目的在于及时将群内体重偏大、偏小的个体调整到合适的群内。分群之后要定期根据各群内鸡的发育情况进行调群,要求各周需要通过目测或称量方式检查体重,及时调整。

2. 根据体重调整喂饲量

喂料量多少能够直接影响鸡体重的增长速度,分群和调群的目的在于根据不同的体重调整喂料量。体重适中的鸡群按照标准喂饲量提供饲料,体重过大的鸡群则应该适当降低喂饲量标准,体重过小的则适当提高喂饲量标准。这样使大体重的鸡群生长速度减慢,小体重的鸡群体重生长加快,最终都与中等体重的鸡群相接近。

喂料量的变化通常是每周一次,喂料量的标准可以参考所养蛋鸡饲养管理手册中相应的数据。喂料量的调整幅度不宜太大,一般每只鸡的每天喂料量增减幅度不超过5克。

3. 保证均匀采食

只有保证所有鸡都能均匀采食,每天摄入的营养相近才能使鸡的体重增长速度相似,才能达到群体发育均匀度高的育成目标。由于在育成阶段一般都是采用限制饲喂的方法,绝大多数鸡每天都吃不饱,这就要求有足够的采食位置,而且投料时速度要快。这样才能使全群同时吃到饲料,平养时更应如此。

五、补充断喙

由于育雏期免疫接种次数多,而断喙对鸡来说又是较强的应激,会对免疫接种效果产生不良影响,因此多把补充断喙放在育成前期。通常在 7~8 周龄对第一次断喙效果不佳的个体进行补充断喙。用断喙器进行操作,要注意断喙长度合适,避免引起出血。补充断喙的时间不能晚于 10 周龄,否则会影响鸡的初产日龄和早期产蛋性能。注意事项与雏鸡阶段相同。

六、减少应激反应

日常管理工作,要严格按照操作规程进行,尽量避免外界不良因素的干扰。抓鸡时动作不可粗暴;接种疫苗时要慎重;不要穿着颜色鲜艳的衣服突然出现在鸡舍,不让陌生人和其他动物进入鸡舍,不要在鸡舍内和附近大声喊叫或鸣喇叭,以防惊群,影响鸡群正常生长发育。

七、控制性成熟

现代蛋鸡具有早熟的特性,如生长后半期光照时间超过光照刺激阈(即可达到刺激育雏期母鸡性器官发育的最短的光照时间,一般认为是每日连续光照 11~12 小时),育成鸡就会出现过早性成熟,导致早产早衰,开产初期蛋重小,产蛋高峰达不到应有水平且持续期短而下落快,产蛋期产蛋少而死亡较高。控制性成熟的主要方法:一是限制每天的光照时间,不能超过 12 小时,如果能够控制在 10 小时以内效果更好;二是控制蛋白质的摄入量,在育成后期使用蛋白质含量较低的饲料(蛋白质含量不超过 14.5%)能够使性成熟延迟。

当前,在实际生产中一般把鸡群的性成熟期控制在 18 周龄,即在 18 周龄的时候有 5% 左右的产蛋率,同时体重要符合标准。因此,要根据 16 周龄时鸡的体重和鸡冠发育情况对光照时间和饲料蛋白质含量进行调控。

八、做好生产记录

做好生产记录是建立生产档案、总结生产经验教训、改进饲养管理效果的基础。每天要记录鸡群的数量变动情况(死亡数、淘汰数、出售数、转出数等)、饲料情况(饲料类型、变更情况、每天总耗料量、平均耗料量)、卫生防疫情况(药物和疫苗名称、使用时间、剂量、生产单位、使用方法、抗体监测结果）和其他情况（体重抽测结果、调群、环境条件变化、人员调整等）（表7-4、表7-5）。

表7-4 育成鸡群工作记录表

鸡群转入时间_____ 转入数量_____ 品种（配套系）_____ 鸡舍号_____

日期	日龄	鸡群变动情况			饲料情况		卫生防疫情况	环境条件情况		记录人签名
		死亡	淘汰	存栏	总耗料量	平均耗料		光照时间	天气	

注：卫生防疫情况主要记录是否接种疫苗、使用药物、消毒等；天气情况主要记录是否出现恶劣气候条件。

表7-5 育成鸡群体重测定记录表

品种（配套系）_____ 鸡舍号_____

抽测日期	抽测周龄	体重测定结果	标准体重	实测平均重	均匀度	工作建议

注：工作建议主要是根据测定结果对下周喂料量的调整、均匀度调整等。

蛋鸡标准化安全生产关键技术

九、育成失败原因分析

在生产实践中有时可能会出现青年鸡群体重不足或超标、群体均匀度不高、性成熟期控制不理想等问题,其可能的原因包括:饲养密度过大,严重影响鸡群的均匀度,使部分鸡发育不良;饲料营养水平过低,尤其是蛋白质水平低或氨基酸不平衡,增重缓慢,鸡群性成熟推迟;夏季受热应激,鸡群采食量不足;限饲过度或根本未采取限饲措施;没有按科学的免疫程序接种疫苗,鸡群发生传染病,影响生长速度或成为带毒鸡;没有及时分群,弱鸡与壮鸡混养,致使弱鸡成为僵鸡等。

第五节　预产阶段鸡群的管理

预产阶段是指 17～23 周龄的时期,包括了蛋鸡的育成末期和产蛋初期。在生产上这个时期是鸡生殖系统快速发育的阶段,也是鸡病死率比较高的时期,其饲养管理方法对以后鸡群生产性能的影响比较大。

一、预产阶段鸡的生理特点

进入 14 周龄后青年鸡卵巢和输卵管开始出现较快的发育,17 周龄后其体积和重量增长速度更快,19 周龄时个别鸡生殖系统发育达到成熟并产蛋,而大部分鸡的生殖系统发育接近成熟;23 周龄时 50% 以上的个体生殖系统发育成熟并产蛋。

发育正常的母鸡 14 周龄时的卵巢重量约 4 克,18 周龄时达到 25 克以上,22 周龄能够达到 50 多克。在 18～20 周龄期间骨的重量增加 15～20 克,其中有 4～5 克为髓质钙。髓质钙是接近性成熟的雌性家禽所特有的,存在于长骨的骨腔内,在蛋壳形成的过程中,可分解将钙离子释放入血液中用于形成蛋壳,白天在非蛋壳形成期采食饲料后又可合成。髓质钙沉积不足,则产蛋高峰期常诱发笼养鸡产蛋疲劳综合征等问题。

在 17～22 周龄期间,每只鸡体重增加 350 克左右(不同品系之间存在差异),这一时期体重的增加对以后产蛋高峰持续期的维持是十分关键的。体重增加不足会造成产蛋高峰持续期短,高峰后死淘率上升。体重增加过多则可能造成腹腔脂肪沉积偏多,也不利于高产。

二、预产阶段鸡的管理要求

1. 环境条件控制

可以参考育成鸡的环境控制要求。

2. 喂饲预产期饲料

为了满足鸡体重增长、生殖器官发育和髓质钙的沉积对营养素的需要,当鸡群饲养到 17 周龄部分鸡已经出现鸡冠变大、发红的时候就应将育成鸡饲料逐渐更换为预产期饲料。预产期饲料中粗蛋白质的含量为 16%、钙含量为 2.2% 左右,复合维生素的添加量应与产蛋鸡饲料相同或略高。饲料能量水平为 11.6 兆焦/千克左右。当鸡群产蛋率达 15% 时开始逐渐更换为产蛋期饲料。

3. 喂饲要求

预产阶段鸡的采食量明显增大,而且要逐渐适应产蛋期的饲养管理要求,日喂饲次数可确定为 2 次或 3 次。日喂饲 3 次时,第一次喂料应在早上光照开始后 2 小时进行,最后一次在晚上光照停止前 3 小时进行,中间加一次。喂料量以早、晚两次为主。此阶段饲料的喂饲量应合理控制,如果喂料量增加速度慢则会使产蛋率的上升速度慢,如果喂料量增加过快则可能会因为营养摄入过多而导致脱肛鸡的出现。饮水要求充足、洁净。

4. 加强疫病防疫工作

(1)免疫接种 根据免疫计划在 17～19 周龄期间,需要接种新支减灭活苗、传染性喉气管炎疫苗和禽痘疫苗、禽流感灭活苗,如果是种鸡还需要接种传染性法氏囊炎疫苗。本阶段免疫接种效果对产蛋期间鸡群的健康影响很大。

(2)合理使用抗菌药物 这个阶段由于鸡群容易发生应激反应,容易发生疾病,需要通过饮水或饲料添加适量的抗生素以提高抗病能力,如氟哌酸、环丙沙星、庆大霉素等,可以在 17 周龄和 19 周龄各用药 3 天,以预防大肠杆菌病、沙门菌病、肠炎等。

(3)坚持严格的消毒 按照要求定期进行带鸡消毒和舍外环境消毒,生产工具也应定期消毒。保持良好的环境卫生,舍内走道、鸡舍门口要每天清扫,窗户、灯泡应根据情况及时擦拭。粪便、垃圾按要求清运、堆放。

第八章　产蛋鸡标准化安全生产的要求

　　正常情况下,蛋用鸡在饲养到 18 周龄的时候约有 5% 的个体已经产蛋,此时在鸡群的饲养管理方面就开始按照产蛋期的相关要求实施;通常在 21 或 22 周龄产蛋率能够达到 50%,26 周龄产蛋率超过 90%。产蛋期一般持续为 54 周,即鸡群达到 72 周龄前后进行淘汰,实际生产中有可能 60 周龄前后就提前淘汰,也可能推迟到 80 周龄再淘汰,淘汰周龄主要依据鸡群的产蛋性能和市场鸡蛋价格和淘汰鸡价格的变化而定。

第一节 产蛋鸡饲养管理目标与生产性能指标

一、产蛋鸡饲养管理目标

1. 高的产蛋量

产蛋量受产蛋率和平均蛋重的影响,有的企业把产蛋率作为主要的生产性能指标,也有一些企业把总蛋重作为性能指标进行评价。一些发达国家和地区平均每只入舍鸡72周龄的产蛋量能够达到16.5千克,我国平均为15千克,部分鸡场能够达到16.5千克。

要求19～70周龄的平均产蛋率不低于75%,高峰期(26～45周龄)产蛋率不低于90%,高峰期的持续时间不低于15周。

平均蛋重在初产阶段相对较小,以后随周龄增加而增大。如某褐壳蛋鸡配套系商品代蛋鸡22周龄平均蛋重53克、30周龄达60克、50周龄达63.5克、65周龄达64克。但是,在很多地方产蛋初期平均重量较小的鸡蛋能够以较高的价格销售。

2. 高的饲料效率

饲料效率是指产蛋鸡群每产蛋1千克所需要消耗的饲料量,饲料效率越高则生产成本越低,一般要求产蛋全程的饲料效率不高于2.4,即每生产1千克鸡蛋消耗的饲料量不超过2.4千克。但是,饲料效率受很多因素的影响,如饲料的质量、鸡群的健康状况、鸡群的遗传品质、环境温度、饲养管理水平等。提高饲料效率需要从这几个方面着手采取综合性技术和管理措施。

3. 高的产蛋期存活率

产蛋期鸡群的死淘率偏高是当前国内蛋鸡生产中普遍存在的问题,多数蛋鸡场产蛋鸡群的月死淘率超过1%,而较高水平的鸡场该指标则不超过0.7%;当遇到传染病流行的季节鸡群的死淘率会更高。死淘率高势必造成鸡群的产蛋量偏低,这是当前我国蛋鸡生产水平不高的主要原因。

4. 高的蛋品合格率

蛋品合格率是指能够符合市场消费者要求的鸡蛋占总产蛋数的比例。不合格的鸡蛋主要有破蛋、软壳蛋、畸形蛋等。这些类型的鸡蛋其商品价值低,甚至失去商品价值,如果蛋品合格率低就会严重影响经济效益。一般要求蛋品的合格率应达到98%。

5. 高的生产效率

以往我国蛋鸡生产的效率较低,一个饲养员能够管理的蛋鸡数量为 2 000 ~ 3 000 只,在劳动力成本日益增高的今天,较低的生产效率就意味着生产成本的增高。因此,很多规模化蛋鸡场通过提高机械化和自动化水平来提高生产效率,有的鸡场一个饲养员管理蛋鸡的数量已经达到 5 000 ~ 10 000 只,甚至更多。

二、产蛋鸡生产性能指标

1. 生活力

产蛋鸡生活力指标常用存活率表示。在某个特定时期内入舍母鸡数减去该时期内母鸡的死亡数和淘汰数后的存活数占入舍母鸡数的百分比。

$$母鸡存活率 = \frac{入舍母鸡数 - (死亡数 + 淘汰数)}{入舍母鸡数} \times 100\%$$

2. 开产日龄

对于单一个体来说产第一个蛋的日龄即为其开产日龄。群体记录时按日产蛋率达 50% 的日龄作为开产日龄。

3. 产蛋量

可用饲养日产蛋量和入舍母鸡产蛋量来表示,计算公式如下:

$$(1)\ 饲养日产蛋数(枚) = \frac{统计期内的总产蛋数}{平均日饲养母鸡只数}$$

$$= \frac{统计期内的总产蛋数}{统计期内累加日饲养只数} \times 统计期日数$$

1 只母鸡饲养 1 天即为 1 个饲养日。

$$(2)\ 入舍母鸡产蛋量(枚) = \frac{统计期内总产蛋数}{入舍母鸡数}$$

目前普遍使用 500 日龄(72 周龄)入舍母鸡产蛋量表示鸡的产蛋数量,不仅客观准确地反映了鸡群的实际产蛋水平和生存能力,还进一步反映了鸡群的早熟性。

$$500 日龄入舍母鸡产蛋量(枚) = \frac{500 日龄的总产蛋数}{入舍母鸡数}$$

$$(3)\ 母鸡产蛋重量(千克) = \frac{一个产蛋期内母鸡产蛋数 \times 平均蛋重(克)}{1\ 000}$$

4. 产蛋率

指母鸡在统计期内的产蛋百分率。

$$（1）饲养日产蛋率 = \frac{统计期内的总产蛋数}{实际饲养日母鸡只数的累加数} \times 100\%$$

$$（2）入舍母鸡产蛋率 = \frac{统计期内的总产蛋数}{入舍母鸡数 \times 统计日数} \times 100\%$$

（3）高峰产蛋率指产蛋期内最高周平均产蛋率。

5. 蛋重

是衡量蛋鸡产蛋性能的重要指标。用平均蛋重和总蛋重表示。

（1）平均蛋重　个体记录群每只母鸡连续称 3 个以上的蛋重，求平均值；群体记录连续称 3 天产蛋总重，求平均值；大型鸡场按日产蛋量的 2% 以上称蛋重，求平均值，以克为单位。

$$（2）总蛋重　总蛋重（千克） = \frac{平均蛋重（克） \times 平均产蛋量}{1\ 000}$$

6. 饲料报酬

常用产蛋期料蛋比（饲料利用率）和蛋料比（饲料效率）来表示，料蛋比即产蛋期消耗的饲料量除以总蛋重，也就是每产 1 千克鸡蛋所消耗的饲料量（千克）；蛋料比则是每消耗 1 千克饲料所生产出鸡蛋的重量（千克）。

$$产蛋期料蛋比 = \frac{产蛋期内耗料量（千克）}{该期内总产蛋量（千克）}$$

$$产蛋期蛋料比 = \frac{产蛋期内总产蛋量（千克）}{该期内总耗料量（千克）}$$

三、蛋鸡的生产性能标准

不同的育种公司对于其推广的蛋鸡高产配套系都提出了在理想条件下鸡群的生产性能标准，作为蛋鸡场生产过程中衡量生产效果的参考（见表 8 - 1、表 8 - 2）。

表 8 - 1　罗曼褐商品代蛋鸡产蛋性能

周龄	存栏鸡产蛋率（%）	入舍鸡累计产蛋数（枚）	平均蛋重（克）	入舍鸡累计产蛋重（千克）
19	10.0	0.7	44.3	0.03
20	26.0	2.5	46.8	0.12
21	44.0	5.6	49.3	0.27
22	59.1	9.7	51.7	0.48

周龄	存栏鸡产蛋率(%)	入舍鸡累计产蛋数(枚)	平均蛋重(克)	入舍鸡累计产蛋重(千克)
23	72.1	14.8	53.9	0.75
24	85.2	20.7	55.7	1.08
25	90.3	27.0	57.0	1.44
26	91.8	33.4	58.0	1.82
27	92.4	39.9	58.8	2.19
28	92.9	46.3	59.5	2.58
29	93.5	52.9	60.1	2.97
30	93.5	59.4	60.5	3.36
31	93.5	65.8	60.8	3.76
32	93.4	72.3	61.1	4.15
33	93.3	78.8	61.4	4.55
34	93.2	85.3	61.7	4.95
35	93.1	91.7	62.0	5.35
36	93.0	98.2	62.3	5.75
37	92.8	104.6	62.3	6.15
38	92.6	111.0	62.6	6.55
39	92.4	117.3	62.8	6.95
40	92.2	123.7	63.0	7.35
41	92.0	130.0	63.2	7.55
42	91.6	136.3	63.4	8.15
43	91.3	142.6	63.6	8.55
44	90.9	148.8	63.8	8.95
45	90.5	155.0	64.0	9.35
46	90.1	161.2	64.2	9.74

周龄	存栏鸡产蛋率（%）	入舍鸡累计产蛋数（枚）	平均蛋重（克）	入舍鸡累计产蛋重（千克）
47	89.6	167.3	64.4	10.14
48	89.0	173.4	64.6	10.53
49	88.5	179.4	64.8	10.92
50	88.0	185.4	64.9	11.31
51	87.6	191.4	65.0	11.70
52	87.0	197.3	65.1	12.08
53	86.4	203.2	65.2	12.46
54	85.8	209.0	65.3	12.84
55	85.2	214.7	65.4	13.22
56	84.6	220.4	65.5	13.59
57	84.0	226.1	65.6	13.97
58	83.4	231.7	65.7	14.33
59	82.8	237.3	65.8	14.70
60	82.2	242.8	65.9	15.06
61	81.5	248.3	66.0	15.42
62	80.8	253.7	66.1	15.78
63	80.1	259.0	66.2	16.14
64	79.4	264.3	66.3	16.49
65	78.7	269.5	66.4	16.83
66	77.9	274.7	66.5	17.18
67	77.2	279.8	66.6	17.52
68	76.5	284.9	66.7	17.86
69	75.7	289.9	66.8	18.19
70	74.8	294.9	66.9	18.52

蛋鸡标准化安全生产关键技术

表8-2 京红1号父母代种鸡产蛋期生产性能

周龄	饲养日产蛋率(%)	饲养日产蛋数(枚)	累计饲养日产蛋数(枚)	累计合格种蛋数(枚)	累计提供合格母雏数(只)	体重(克)	日耗料(克/只)
19	18	1.3	1.3			1 600	87
20	55	3.9	5.1			1 690	94
21	70	4.9	10.0			1 760	100
22	80	5.6	15.6			1 800	102
23	90	6.3	21.9	5.0		1 830	104
24	93	6.5	28.4	11.0	2.5	1 840	108
25	95	6.7	35.1	17.3	5.2	1 840	110
26	94	6.6	41.7	23.5	7.9	1 850	110
27	93	6.5	48.2	29.6	10.6	1 850	111
28	92	6.4	54.6	35.8	13.3	1 860	111
29	92	6.4	61.0	42.0	16.0	1 860	113
30	92	6.4	67.5	48.1	18.8	1 870	113
31	92	6.4	73.9	54.3	21.6	1 870	115
32	92	6.4	80.4	60.6	24.4	1 870	115
33	91	6.4	86.7	66.7	27.2	1 880	115
34	91	6.4	93.1	72.9	30.0	1 880	115
35	91	6.4	99.5	79.2	32.8	1 880	115
36	91	6.4	105.8	85.4	35.6	1 890	115
37	91	6.4	112.2	91.6	38.4	1 890	115
38	91	6.4	118.6	97.9	41.2	1 890	115
39	90	6.3	124.9	104.1	44.0	1 890	115
40	90	6.3	131.2	110.2	46.8	1 900	115
41	90	6.3	137.5	116.3	49.5	1 900	115
42	90	6.3	143.8	122.5	52.2	1 900	115

周龄	饲养日产蛋率(%)	饲养日产蛋数(枚)	累计饲养日产蛋数(枚)	累计合格种蛋数(枚)	累计提供合格母雏数(只)	体重(克)	日耗料(克/只)
43	90	6.3	150.1	128.6	54.9	1 900	115
44	89	6.2	156.3	134.6	57.6	1 900	115
45	89	6.2	162.5	140.6	60.3	1 900	114
46	88	6.2	168.7	146.5	62.9	1 910	114
47	88	6.2	174.9	152.4	65.5	1 910	114
48	87	6.1	181.0	158.2	68.0	1 910	114
49	87	6.1	187.0	164.0	70.6	1 910	113
50	86	6.0	193.1	169.7	73.1	1 910	113
51	86	6.0	199.1	175.4	75.5	1 920	113
52	85	6.0	205.0	181.0	77.9	1 920	115
53	85	6.0	211.0	186.6	80.3	1 920	115
54	84	5.9	216.9	192.1	82.7	1 920	115
55	84	5.9	222.7	197.6	85.0	1 920	115
56	83	5.8	228.6	202.9	87.3	1 920	115
57	83	5.8	234.4	208.2	89.5	1 920	115
58	82	5.7	240.1	213.4	91.7	1 920	115
59	82	5.7	245.8	218.5	93.8	1 920	115
60	81	5.7	251.5	223.5	96.0	1 920	115
61	81	5.7	257.2	228.5	98.0	1 920	115
62	80	5.6	262.8	233.4	100.1	1 920	115
63	79	5.5	268.3	238.3	102.1	1 920	115
64	78	5.5	273.8	243.0	104.0	1 920	115
65	77	5.4	279.2	247.6	106.0	1 920	115
66	76	5.3	284.5	252.2	107.8	1 920	115
67	75	5.3	289.7	256.7	109.7	1 920	115
68	75	5.3	295.0	261.2	111.6	1 920	115

在实际应用时常常将产蛋标准制作成一个曲线图,将这个图作为标准曲线图,每周将鸡群的实际产蛋率标记到图上,与标准进行对比,可以清晰地了解实际生产效果。

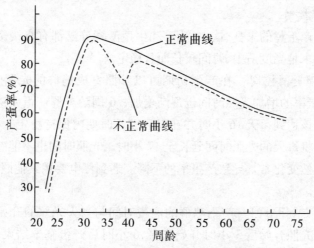

图 8 - 1　蛋鸡的产蛋曲线示意图

第二节　产蛋鸡的环境条件控制

环境条件是影响蛋鸡健康和生产性能的关键因素,当前在蛋鸡生产中大多数的健康和产蛋性能问题都与饲养环境条件控制不当有关。因此,改善生产环境是当前提高蛋鸡生产性能的重要基础。

1. 鸡舍温度控制

蛋鸡生产的理想温度范围为 15 ~ 25℃,可接受的温度范围为 8 ~ 29℃。在理想温度范围内鸡的产蛋量、饲料效率和健康状况都能够保持在良好状态。温度低于 15℃ 饲料效率就会下降,低于 8℃ 不仅影响饲料效率,还影响产蛋率;高于 28℃ 蛋重就会减轻,超过 32℃ 则出现热应激,产蛋性能受影响,如果舍内温度超过 35℃ 鸡就有可能出现中暑。

在生产实践中需要注意预防夏季的高温和冬季的严寒对鸡群造成的不良影响。注意天气预报,一旦将出现恶劣气候,要提前做好防范工作。尤其是要注意防止冬季温度突然下降对鸡群造成的不良影响,这是诱发病毒性传染病的重要因素。

冬季鸡舍的温度控制主要是采取加温措施,目前使用热风炉加热的较多。

当外界温度低于2℃的时候就需要启用热风炉向鸡舍内送热风,要求舍内温度不低于10℃。夏季则使用湿帘与纵向通风降温系统,使鸡舍温度尽量不超过30℃。

2. 光照控制

光照对产蛋鸡的采食、饮水、活动和生殖激素分泌都有直接影响,产蛋期间的光照要求是亮度适中、时间较长而且稳定。

(1)光照时间控制 在产蛋初期可以参照育成鸡群的光照时间增加方案,即随产蛋率的增加光照时间也逐渐增加,26周龄鸡群产蛋率达到高峰,光照时间也应该达到每天16小时并在以后较长时期内保持稳定。在鸡群淘汰前5周可以将每天的光照时间延长至17小时。光照时间也不能忽短忽长,光照时间的突然变化常常导致产蛋率的下降。遇到停电要用其他照明设备为鸡群提供照明。

(2)光照启闭时间 产蛋鸡群的产蛋时间与当天光照的开始时间有关,一般从当天光照开始后3小时开始产蛋,6小时后产蛋基本结束。如正常情况下早晨6点开始光照,在9点前后鸡群开始大量产蛋,大约在中午12点产蛋基本结束。如果把光照开始时间提前至早晨5点,那么产蛋的开始和结束时间也会提前。生产中要求每天开、关灯的时间要相对固定。

(3)光照强度 早晚人工补充光照要保证鸡舍内的光照强度,应达到30勒左右,工作人员在鸡舍内应该能够清楚地观察到饲料、饮水情况和鸡群的精神状态。光线弱则不能有效刺激与蛋的形成和产出相关的激素的合成和分泌,影响产蛋率;光线过强容易造成鸡的神经兴奋,敏感性增强,还可能诱发啄癖,因此在白天要注意避免强光对鸡群的影响,靠南侧的窗户有必要进行适当的遮光。鸡舍内的灯泡要在白天关闭电源后用软抹布擦拭,以保证其亮度;损坏的灯泡要及时更换。

(4)光线分布 要求鸡舍内光线分布要均匀,尽量保证各处光照强度的相对一致。灯泡要安装在走道的正中间,距走道地面约1.8米高。

3. 通风换气

产蛋鸡的新陈代谢旺盛,单位体重在单位时间内消耗的氧气和排出的二氧化碳量较多,而且在高密度饲养条件下还容易造成鸡舍空气中粉尘和其他有害气体含量的升高。在当前的蛋鸡生产中,鸡舍空气质量差常常是引发呼吸道感染的主要诱因。

产蛋鸡舍要保持良好的空气质量,氨气、硫化氢的含量不能超标,通常要求鸡舍内空气中氨气含量不超过20毫升/米³，硫化氢不超过10毫升/米³。如果鸡舍内有害气体含量长期超标则会造成鸡群的产蛋性能和健康状况下降，尤其是呼吸系统传染病的危害非常严重。这种情况在寒冷的季节最容易出现，因为在这个阶段更多的人重视的是鸡舍保温而忽视了通风。良好的空气质量主要通过人员的感官感受来衡量，要求鸡舍内没有明显的刺鼻、刺眼等不舒适感。

合理组织鸡舍的通风是保持鸡舍内空气质量良好的主要措施。在气候温和或炎热的季节通风不会造成多大问题，这种季节鸡舍的通风量可以较大，而且在通风过程中不会造成鸡舍内的温度突然下降；在低温季节通风需要注意避免舍温的大幅度下降，防止冷空气直接吹到鸡身上，一般在白天温度较高的时候（如中午前后）多开几个窗户或风扇，夜间少开几个窗户和风扇，不能因为担心夜间鸡舍温度低而将所有通风口关闭。冬季和早春鸡舍通风必须注意防止舍内温度突然下降（尤其是靠近进风口附近），以免造成鸡群受凉而诱发呼吸道疾病。

4. 鸡舍湿度控制

鸡舍内的相对湿度应控制在60%～65%。湿度对鸡群的影响主要是在过度偏离正常范围或在温度过高与过低的情况下。高温高湿的环境会加重鸡群的热应激反应，更容易造成中暑，会降低湿帘降温的效果，容易造成饲料的发霉变质；低温高湿会加重鸡群的冷应激反应。

通常情况下，在产蛋鸡饲养过程中常见的问题是湿度偏高，这主要是鸡呼吸过程中呼出的水汽、粪便中水分的蒸发、饮水器漏水或其中水的蒸发、湿帘降温过程中水的蒸发、喷雾消毒喷洒的药水等在鸡舍内积累所造成的。需要通过采取相应的措施加以控制。

5. 饲养密度

在产蛋鸡饲养过程中，饲养密度的概念可以从两方面进行介绍。

（1）鸡舍内鸡饲养量　一个鸡舍内饲养鸡的数量是常用的饲养密度评价指标，但是受鸡笼的形式和鸡笼在鸡舍内的布局方式影响较大。叠层式鸡笼的层数有4～8层，而且宽度较小，同样面积的鸡舍能够饲养更多的产蛋鸡；阶梯式鸡笼一般为3层，宽度也较大，同样面积的鸡舍饲养数量较少。如一个长60米、净宽10米的产蛋鸡舍，如果使用6层叠层式产蛋鸡笼则可以饲养产蛋鸡1.2万只，如果使用3层阶梯式鸡笼仅可以饲养产蛋鸡0.7万只。按照鸡舍面积计算，两种方式的饲养密度分别为20只/米² 和11.75只/米²。

（2）每只鸡占有的笼底面积　目前，国内设计的产蛋鸡笼一般是每只产蛋鸡占有的笼底面积约为 550 厘米^2，而以前的鸡笼每只产蛋鸡占有的笼底面积仅为 400～450 厘米^2。实践表明，每只产蛋鸡占有的笼底面积稍大的时候，鸡群的产蛋率、成活率、蛋品合格率等指标的表现更好一些。

第三节　产蛋鸡的饲养要求

一、采用分阶段饲养

产蛋鸡群在一个产蛋期间的不同阶段不仅产蛋率不一样，在很多方面都存在差异，结合不同阶段鸡群的生理特点、体重和产蛋性能变化、饲养目标制定相应的饲养管理方案是发挥鸡群最佳生产潜力的重要基础。

1. 产蛋初期

这个阶段指 18～25 周龄。本阶段鸡群的特点：随周龄增加，产蛋率、采食量、平均蛋重、体重都在逐渐增加。这个阶段的生产目标主要是促进产蛋率的快速上升，因为本阶段产蛋率上升的幅度在很大程度上影响着高峰期产蛋率、高峰期持续时间。

饲养管理方面的要求：使用产蛋高峰期饲料以保证产蛋量和体重增加对营养素的需求，喂料量要逐周递增，保证饮水供应；保持适宜的鸡舍温度，光照时间逐周延长，26 周龄要达到每天 16 个小时；尽可能减少各种应激的发生，在此阶段任何应激都会影响产蛋率的上升。

2. 产蛋高峰期

这个阶段指 26～50 周龄的时期。本阶段鸡群的特点主要表现为：产蛋率高而且平稳，蛋重基本稳定略有增加，采食量变化不大。如果是种鸡群这个阶段的种蛋合格率、受精率都比较高。这个阶段的饲养管理目标是延长产蛋高峰持续期。但是，在实际生产中产蛋高峰期持续的时间长短差别很大，这主要与鸡群的体质、疫病的流行、饲料质量、环境条件、饲养管理技术等因素有关。

饲养管理方面的要求：使用产蛋高峰期饲料以保证鸡群高产对营养素的需求，喂料量要保证足够、保持相对稳定，保证饮水供应；保持适宜的鸡舍温度，光照时间保持为每天 16 个小时；尽可能减少各种应激的发生，在此阶段任何应激都会造成产蛋率的下降。25～35 周龄期间是鸡群容易发生传染病的时期，一旦此阶段发生疾病则产蛋率会从 90% 以上下降到 70% 以下，甚至降到50%以下,而且很难再恢复到应有水平,因此还要把卫生防疫管理做到最好。

3. 产蛋后期

这个阶段指50周龄以后到淘汰的时期。本阶段鸡群的特点主要表现为:产蛋率逐渐下降,体重和蛋重缓慢增加,死淘率升高。本阶段的生产目标主要是控制鸡体重增长幅度以防止腹脂沉积过多,减缓产蛋率的下降速度。及时淘汰停产和体质弱的鸡、合理确定鸡群的淘汰时间也是这个阶段的重要工作内容。

二、产蛋鸡的饲料

1. 产蛋鸡群的饲料特点

产蛋鸡由于具有较高的产蛋量,所消耗的营养素也很多,这就要求其饲料配制必须满足其特殊需要。产蛋鸡群的饲料特点包括:钙的含量比较高,要求为3.3%~3.5%,是非产蛋鸡群的3~4倍,这主要是因为蛋壳形成需要消耗较多的钙,通常一个62克的鸡蛋所含钙约为2克;限制使用粗饲料,蛋鸡饲料中由于钙含量高(通常需要添加7.5%左右的石粉或贝壳粉来满足),很容易造成饲料中蛋白质含量和能量水平偏低,需要注意调整所用原料,不能使用粗饲料,否则很难使配合饲料的营养水平达到标准;注意维生素和微量元素添加剂的使用,要按照产品使用说明添加,甚至可以将添加量提高25%左右,尤其是维生素添加剂的用量适当增加后能够使生产性能更理想。

2. 饲料营养水平控制

根据蛋鸡的产蛋规律和各个时期鸡的生理特点,适当调整鸡的饲料营养水平,以保证最佳的产蛋性能。生产上一般按两阶段配合饲料,即产蛋前期料(也称高峰料)和产蛋后期料。生产上一般是以45周龄为分界点,之前为产蛋前期,之后为产蛋后期。前期饲料的营养浓度比较高,后期略低。

保证每天蛋鸡的营养素摄入量是保证鸡群高产的前提(见表8-3、表8-4和表8-5)。

表8-3　伊萨巴布考克 B-380 商品蛋鸡每日主要营养素摄入量标准

营养素	单位(每天每只)	开产至45周龄前	45周龄以后
粗蛋白质	克	21.0	20.0
粗赖氨酸	毫克	930	900
粗蛋氨酸	毫克	450	400
粗蛋氨酸和胱氨酸	毫克	790	700
粗色氨酸	毫克	200	190
粗异亮氨酸	毫克	730	695
粗苏氨酸	毫克	620	590
亚油酸	克	1.6(最少)	1.8(最大)
有效磷	克	0.42	0.38
钙	克	3.8~4.2	4.2~4.6
钠(最少)	毫克	180	180
氯(最少/最多)	毫克	170/200	170/200

表8-4　京红、京粉父母代种鸡18~32周龄日营养需要量

营养素	京红1号	京粉1号	京粉2号
代谢能(千焦)	1 247.4	1 255.8	1 264.2
蛋白质(克)	18.0	18.2	18.3
赖氨酸(毫克)	880	902	924
蛋氨酸(毫克)	484	506	528
色氨酸(毫克)	187	198	209
钙(克)	3.96	4.02	3.96
总磷(毫克)	638	660	671
钠(毫克)	176	176	176
氯(毫克)	176	176	176

表 8-5　京红、京粉父母代种鸡 46 周龄至淘汰日营养需要量

营养素	京红 1 号	京粉 1 号	京粉 2 号
代谢能（千焦）	1 226.4	1 230.6	1 234.8
蛋白质（克）	17.2	17.3	17.5
赖氨酸（毫克）	825	847	880
蛋氨酸（毫克）	418	440	462
色氨酸（毫克）	165	176	198
钙（克）	4.07	4.13	4.07
总磷（毫克）	572	594	605
钠（毫克）	165	165	165
氯（毫克）	165	165	165

有的饲养标准中提供了每只鸡每天的采食量参考标准，但是要求饲料的营养水平要符合该公司提供的相应标准，只有这样才能保证每只鸡每天各种营养素的摄入量。

饲料的营养水平不是一成不变的，需要结合生产实际进行适当调整，主要依据是鸡群产蛋率、产蛋阶段、环境温度、饲料原料价格等。

三、饲料质量要求

饲料质量是影响鸡群产蛋性能、蛋品质量、健康和生产成本的关键因素。产蛋鸡群的饲料质量要符合以下要求。

1. 较高的营养浓度

产蛋期鸡的饲料营养水平要符合相应育种公司提供的饲养标准，保证鸡每天采食足够的营养。使用较高营养浓度的饲料才能保证鸡在合适采食量的前提下摄入足够的营养素。

2. 良好的卫生质量

产蛋鸡所使用的饲料、饲料原料和添加剂都不能被微生物污染，不能受农药、杀虫剂、灭鼠药、重金属污染。这些类型的污染会危及鸡群的健康。所使用的饲料添加剂要符合国家相关的规定，严禁使用规定的禁用添加剂。

3. 良好的原料质量

不能使用发霉变质的饲料原料,含有抗营养因子或毒素的饲料原料要控制其使用量(如棉仁粕、菜籽粕、花生粕等)。如果饲料营养水平和卫生质量达不到要求,鸡群的产蛋性能就难以达到正常的标准。

4. 饲料要相对稳定

饲料要相对稳定(包括其中主要的饲料原料、饲料形状、颜色等),如果随意变换饲料则可能会影响产蛋性能。如果不是饲料质量问题,产蛋鸡群不建议经常更换饲料,如果需要更换,则饲料的变换要有一个过渡期,通常不少于5天,以便让鸡能够逐渐适应。

5. 保证饲料的新鲜

饲料新鲜是饲料质量的保证,随着饲料存放时间的延长,其中有些营养素会被氧化破坏甚至出现变质,要求本场内加工的饲料存放期尽量控制在一周以内;购买的浓缩饲料的保存期一般不要超过 2 个月。发霉结块的饲料坚决不要使用。

四、喂饲要求

产蛋鸡群的喂饲原则是:产蛋初期和高峰期要保证营养的摄入量足够以满足高产之需;产蛋后期适当控制营养摄入量以减少饲料浪费和母鸡肥胖。

1. 喂饲方法

在一些大中型蛋鸡场一般都使用自动喂料设备,每次喂料前将饲料量确定好并加入料箱内,启动电源后自动料车由前向后行驶,并将饲料均匀地添加到料槽内。要求每次的喂料量相同,如果每次的喂料量不同则需要调整出料口的大小以调节出料量。要定期检查料箱内有无饲料积存和结块,检查出料口控制板和螺丝有无变形和松动,检查饲料添加是否均匀。

中小型蛋鸡养殖场、养殖户多数采用人工加料,采用这种方式要有合适的加料工具,要注意掌握好加料量和均匀度,防止饲料抛洒。

2. 喂饲次数

在大多数鸡场内产蛋期的鸡群一般每天喂饲 3 次,这样既能够刺激鸡的食欲,又能够使每次添加的饲料量不超过料槽深度的 1/3,有助于减少饲料浪费。第一次喂饲在早晨开灯后 1 小时内,最后一次在晚上关灯前 3~4 小时,中午喂饲 1 次。

有的蛋鸡场每天喂饲 2 次,分别在上午 8 点前后和下午 5 点前后进行。

不建议每天喂饲一次,这样容易出现饲料浪费和营养损失。

3. 喂料量控制

如果所使用的饲料营养水平能够达到该配套系的饲养标准,则应按照饲养管理手册中建议的喂料量执行。但是,在使用商品饲料的情况下由于饲料原料的质量不稳定、饲料厂为了降低成本而较多使用杂粮,这就容易导致配制出的饲料营养水平常常偏低、蛋白质质量不佳,在实际生产中需要根据具体情况调整喂料量。一般来说在产蛋前期(性成熟后至产蛋高峰结束)要促进采食,使鸡每天能够摄入足够的营养,保证高产需要。产蛋后期适当控制喂饲,根据产蛋率变化情况将采食量控制为自由采食的 93% ~ 95% ,以免造成母鸡过肥和饲料浪费。

在科学的喂养过程中,蛋鸡群的喂料量需要及时调整。因为,这项指标会受许多因素的影响,如饲料中能量水平高则采食量会减少,环境温度高也会降低采食量,高产鸡群的采食量比低产鸡群多,饮水不足或水质差也会降低采食量,产蛋率高则采食量高,受到应激的情况下采食量会下降。

一天中不同喂料时间的喂料量也有差异,早、中、晚 3 次喂料量分别占全天喂料量的 40% 、25% 和 35% ,如果喂饲两次则上、下午的喂料量分别占全天喂料量的 55% 和 45% 。采用自动喂料设备的鸡场,每次喂料量相同,可以减少调整出料口的麻烦。

4. 匀料

每次添加饲料时要尽量添加均匀,当鸡群采食 20 分左右要用小木片或其他工具将料槽内的饲料拨匀,保证鸡群能够均匀采食。对于饲料堆积的地方要注意观察、寻找原因,出现这种情况的原因可能有:加料时没控制好加料量,添加量太多;该笼内鸡数量少;该笼内鸡的健康状况有问题;笼具变形影响鸡的采食;该笼的乳头式饮水器堵塞,影响鸡的饮水。

为了保证鸡的均匀采食,要保证每个单笼内鸡的数量要一致,每只鸡的采食位置长度要一致。这就要求当某个单笼内的鸡出现死淘情况时及时从末端鸡笼中调整出鸡补充到该单笼内。

5. 净槽措施

是指每天要让鸡群将料槽内的饲料吃干净 1 次,防止料槽内饲料的积存,其目的在于:保证摄入营养的全价性,因为只有当所有饲料都被采食才可能摄入完善的营养;减少饲料营养的分解、减少饲料的发霉变质,饲料在料槽内积存时间越长则营养素分解越多、饲料发霉的概率越大。

图 8 - 2 　净槽

五、饮水要求

对于产蛋鸡来说,饮水具有与喂饲同样的重要性。缺水会影响采食量,严重时会造成脱水问题,饮水管理的基本要求是:清洁、充足。

1. 饮水方式

以前在笼养蛋鸡生产中较多使用水槽,也有的使用水杯为鸡群供水,目前采用最普遍的供水方式是乳头式饮水器。相比之下使用乳头式饮水器能够节约用水、减少水的污染、降低劳动量、降低粪便中的水含量和鸡舍内的湿度。

使用乳头式饮水器要注意保持水箱盖的密闭,有的鸡场或鸡舍管理粗放,当通过饮水添加药物或疫苗等物品后水箱盖常常被丢在一边,这样容易造成灰尘、杂物落入箱内,时间长了不仅影响水的卫生质量,还可能影响出水乳头的密封效果。

一般要求每周冲洗一次水管(水线),即将水管末端的放水阀打开 15 分左右,让水从水管内快速流出,这样可以将水管内的杂质冲洗出去、减少水管壁污垢的形成,也有利于保证水的卫生质量。要经常检查出水乳头有无堵塞或漏水现象,观察出水乳头的位置是否有利于鸡的饮水。

2. 饮水量

一般情况下鸡的饮水量是采食量的 2 ~ 3 倍,由于鸡的唾液腺不发达,采食时唾液分泌少,因此每啄食几口饲料就需要饮 1 次水。饮水供应不足会影响采食量。要求在有光照的时间内,供水系统内必须有足够的水。如果需要停止供水,则不能超过 2 小时。

鸡的饮水量受一些因素的影响,如环境温度、产蛋率、健康状态、采食量、体重大小等,一般的饮水量见表8－6。

表8－6　产蛋鸡每天的参考饮水量(单位:毫升/只)

鸡舍内温度	20℃	32℃
产蛋率50%的鸡群	150	250
产蛋率90%的鸡群	180	300

注意观察和测定鸡群的饮水量,如果饮水减少或增多都应该引起关注,这可能是鸡群健康或其他方面发生问题的征兆。

3. 饮水质量管理

饮水质量是关系鸡群生产和健康的重要因素,保证饮水的清洁卫生对于提高鸡群生产性能至关重要。由于饮水卫生质量不达标而影响鸡的产蛋量、蛋壳质量和健康的情况在生产中经常发生。饮水质量要符合饮用水的卫生标准,一般要求蛋鸡场要使用深井水,定期对水质进行化验以了解其是否符合卫生要求,一旦出现某些指标超标就必须采取相应措施。

消毒是保证饮水质量的重要措施之一。供水系统必须定期清洗消毒,防止藻类滋生。饮水也需要定期进行消毒处理。

过滤也是保证水质良好的重要措施之一,通常要求在水管通入鸡舍后在总水管上安装过滤器和加药装置,安装在水管前端的过滤器要定期清洗或更换滤芯。

4. 供水管理

饮水供应要充足,在每天有光照的时间内要保证鸡随时能够饮水。无论采用哪种供水方式,都要保证方便于鸡群的饮水,各处水的供应均衡,能够减少水的抛洒和泄漏,供水设备的安装位置不影响笼门的打开和关闭。使用乳头式饮水器如果通过饮水途径进行免疫、给药、补充维生素或电解质等,要在使用后及时冲洗水线,保持水管内壁的洁净。注意观察出水乳头的情况,发现哪个单笼内鸡的羽毛有淋湿现象,就说明该单笼内的出水乳头漏水;发现哪个单笼前料槽中积存饲料较多,就要检查该单笼内的出水乳头是否堵塞。

第四节　产蛋鸡的管理要求

一、保持生产条件的相对稳定

对于产蛋鸡群来说,相对稳定的、适应的生产条件是鸡群保持稳产高产的重要基础。

1. 饲养员的相对稳定

饲养员是与鸡群接触最多、对鸡群情况最了解的人,当饲养员在一个鸡舍内工作一段时间后鸡群就会对该饲养员熟悉,对他们的操作管理程序能够很好地适应。如果经常更换饲养员,也许新的饲养员缺少生产经验和专业技能而影响鸡群生产,而且鸡群对饲养员及其管理方法也需要有一个适应过程,而在适应期间就可能影响到产蛋性能。

2. 饲料的相对稳定

如果使用商品浓缩饲料或配合饲料,只要饲料的质量能够满足产蛋鸡的需要就不要随意更换不同厂家的产品或同一厂家不同类型的产品。如果是自配料则注意不要较大幅度地改变饲料原料,如果饲料原料需要改变也应逐渐变化以免引起鸡群的不适应。

3. 环境条件的相对稳定

温度发生变化要有一个渐变过程,防止突然变化;湿度要保持在一个合适的范围内;光照时间和亮度尽量不要改变;要注意尽可能降低鸡舍内的有害气体浓度;减少陌生人和其他动物进入鸡舍,避免噪声对鸡群的影响。

4. 饲养管理程序的相对稳定

包括开灯和关灯时间、每天喂料次数和每次喂料时间、鸡蛋收捡次数和时间、带鸡消毒和打扫卫生时间、清粪次数和时间等都要相对固定。

二、鸡蛋的收捡

1. 捡蛋方法

当前,在一些大型蛋鸡场多数使用自动化捡蛋方式,即在鸡舍内安装自动集蛋设备,设备启动后位于鸡笼底网前端盛蛋网内的传送带向前运行,将鸡蛋送到鸡笼前端的集蛋台上,工作人员将台上的鸡蛋捡起放置到蛋托或蛋箱内(图 8 - 3)。

图 8 - 3　自动化集蛋设备

在大多数蛋鸡场依然采用人工捡蛋方式(图 8 - 4),工作人员将蛋箱(蛋筐)放在小推车上,在鸡舍内边前进边捡蛋放在箱(筐)内,一般情况下一个蛋箱可以放 16.5 千克的鸡蛋(图 8 - 5)。如果是种鸡则一般用蛋托盛放鸡蛋(图 8 - 6)。

图 8 - 4　人工捡蛋

2. 捡蛋次数和时间

收捡鸡蛋是产蛋鸡群重要的管理工作,一般情况下蛋鸡场每天捡蛋 3 ~ 4 次。第一次一般在上午 10 点半,第二次在上午 11 点半,第三次在下午 2 点前后,第四次在下午 5 点半前后。

每天捡蛋次数较多的目的主要是缩短鸡蛋产出后在鸡舍内的停留时间,减少蛋被污染的机会。鸡舍内的温度、湿度、空气中的粉尘、微生物和有害气体都不利于鸡蛋品质的保持。有人测定发现,蛋产出后在鸡舍内停留 2 小时

图8-5　商品蛋及蛋箱

图8-6　蛋托及种蛋

蛋壳表面的细菌数量是刚产出时的5~10倍。

3. 捡蛋时的要求

捡蛋时将合格蛋和不合格蛋(破蛋、软壳蛋、双黄蛋、畸形蛋等)分别放置,一般是先收捡合格蛋,之后再收捡不合格蛋。捡蛋后应及时清点和记录产蛋数并送往蛋库,不能让鸡蛋在舍内过夜。捡蛋的同时应注意观察产蛋量、蛋壳颜色、蛋壳质地、蛋的形状和重量与以往有无明显变化。如果饲养管理或鸡群健康出现问题,常常能够在产蛋量、蛋壳质量方面表现出来。

三、产蛋鸡群的卫生管理

保健对于产蛋鸡群来说是非常重要的,因为鸡群的健康不仅关系到产蛋性能、生产成本,而且也会对蛋品质量产生直接影响。目前在产蛋鸡生产中所

图 8-7 不合格的鸡蛋

存在的产蛋率偏低、死淘率偏高、蛋品质量差等问题绝大多数都与鸡群的健康有密切联系。由于产蛋鸡群的生理特殊性和生产要求,在产蛋期间的鸡群要严格控制药物使用,这就给鸡群的卫生防疫工作带来了很多困难,需要把综合性的预防工作放在关键位置。

1. 采用"全进全出"制

"全进全出"制是解决蛋鸡场疫病流行问题的重要措施之一,这种管理制度要求一个蛋鸡场或小区无论有几个鸡舍,必须在同一时间从同一个供种场接入同一日龄的鸡,饲养到一定的时期后在几天内全部淘汰出售。"全进"的目的在于管理方便,"全出"的目的便于鸡场(鸡舍)清理、消毒。把不同批次的鸡群混养于同一场内,不利于饲养管理措施的制订和实施,无法有效防止疫病的相互感染和循环感染。

2. 做好消毒工作

(1)搞好带鸡消毒工作 鸡群产蛋期间应经常性地进行带鸡喷雾消毒,最大限度地杀灭鸡舍内的微生物,降低鸡群被感染的概率。带鸡消毒的次数要根据季节调整:冬季每周 2 次,春季和秋季每周 3~4 次,夏季每日 1 次。喷洒消毒剂的时间应安排在中午前后。消毒时喷雾器的喷嘴朝上,应使雾滴遍及舍内任何可触及的地方,同时还要计算一个鸡舍一次的用药量,保证单位空间内消毒药物的喷施量以保证消毒效果。用于带鸡消毒的药物应符合几项要求:消毒效果好、无刺激性、无腐蚀性、对家禽毒性低。

（2）鸡舍外环境消毒　带鸡消毒的同时不能忽视鸡舍外环境的消毒。因为在通风、人员走动、物品搬运过程中鸡舍外周环境中的病原体都可能进入到鸡舍内,只有对鸡舍外周环境定期进行消毒,减少其病原体的数量才能保证鸡舍内带鸡消毒的效果。一般要求鸡场内的道路每 2～3 天消毒一次,鸡舍入口的门外每天消毒 1～2 次,进风口(窗户)外周每天消毒一次。

（3）喂饲用具的消毒　供水系统应每周冲洗消毒、料槽应每周消毒 1 次;料车、料盆、加料斗不能做他用,保持干燥、清洁,并每周消毒 1 次。

（4）人员和工具消毒　饲养员进入生产区和鸡舍前要进行消毒;工作服和鞋子每天消毒一次;生产工具要固定到特定的鸡舍,不要乱拉混用。

3. 做好疫病监控

对于规模化蛋鸡场必须高度重视疫病的监测工作,防患于未然。要求每个月要抽样检测新城疫和禽流感抗体,为检测疫苗的接种效果和下次的免疫时间确定提供科学的参考依据。

4. 病死鸡的处理

病死鸡带有大量病原体,如果不及时进行无害化处理就会成为鸡场内严重的污染源,这也是很多鸡场传染病无法有效控制的重要原因。从舍内挑出的病鸡、死鸡应放在指定处,不要靠近饲料、蛋托、蛋箱和其他生产工具,也不要靠近人员走动频繁的地方,最好是在鸡舍外用一个带盖的木箱,内盛生石灰,把死鸡放入后盖上盖子,防止蚊蝇接触,减少病原体扩散,当其他工作处理结束时请兽医诊断。

病死鸡经技术员(兽医)处理后在粪便处理区内挖深坑掩埋,每次填放死鸡的同时洒适量的消毒药物。有的鸡场有专门的填尸井,深度约 5 米,井口高出地面 0.5 米,上面有盖子可以密封,每天把拣出的死鸡投入井内。也有的鸡场安装有焚尸炉,及时将拣出的病死鸡焚烧处理。

5. 消灭蚊蝇

夏、秋季节蚊子、苍蝇较多,它们不仅干扰鸡群的生活,还会传播疾病。因此,舍内、外应定期喷药杀灭。

6. 合理处理粪便

粪便在舍内堆积,会使舍内空气湿度、有害气体浓度和微生物含最升高,夏季还容易滋生蝇蛆。采用机械清粪方式每天应清粪 2 次、人工清粪时每2～4天清 1 次,清粪后要将舍内走道清扫干净。高床或半高床式鸡舍,在设计时要保证粪层表面气流的速度,以便及时将其中的水分和有害气体排出舍外。

粪便清理、运送和贮存过程中要注意减少对地面、道路和环境的污染。清理出的粪便应及时运送走并进行发酵处理或烘干处理。

四、注意观察鸡群

经常细心观察鸡群，以便于及时发现和解决问题，防止出现大的问题。观察的时间一般在喂饲过程中及夜间熄灯后半小时左右，主要观察以下内容：

1. 鸡群的精神状态

就是观察鸡群是否有活力，动作是否敏捷，鸣叫是否正常等。观察鸡冠是否红润、面部是否红润，高产的鸡群鸡冠和面部都很红润。当饲养员手伸入鸡笼内的时候，高产鸡常常呈半蹲姿势。

2. 观察采食情况

首先要在喂料的时候观察采食情况，高产鸡群在喂料后忙于吃料，料槽上一排鲜红的鸡冠非常整齐；其次要注意采食量是否正常，如果采食量下降则常常预示着产蛋率的降低；其他还要注意喂料是否均匀，料槽是否充足，有无剩料等。

3. 观察饮水情况

主要观察供水系统是否卫生，有无漏水、堵塞、冻结等现象。

4. 鸡粪情况

主要观察鸡粪颜色、形状及稀稠情况。如茶褐色粪便是盲肠的排泄物，并非疾病所致。绿色粪便是消化不良、中毒或新城疫所致；红色或白色的粪便，一般是球虫、蛔虫、绦虫所致。对颜色不正常的粪便，要查找原因，对症处理。

5. 及时淘汰低产鸡

对鸡冠发白或萎缩、开产过晚或开产后不久就换羽的鸡，要及时淘汰。如发现有啄癖鸡，应查找原因，及时采取措施。对有严重啄癖的鸡要立即隔离治疗或淘汰。

6. 观察产蛋情况

注意每天产蛋率和破蛋率的变化是否符合产蛋规律，有无软壳蛋、畸形蛋，蛋壳颜色有无异常，比例占多少。

7. 了解鸡舍环境

鸡舍温度是否适宜，有无防暑、保温等措施；室内有无严重的恶臭和氨味等。

五、减少饲料浪费

蛋鸡生产总成本中饲料占 60%～70%,而且在生产实践中尚存在饲料浪费的情况,因此要把节约饲料作为提高蛋鸡生产效益的重要措施。减少饲料浪费的主要措施有:

1. 保证饲料营养的全价性

全价配合饲料是根据蛋鸡的饲养标准,结合饲料原料的实际可利用情况,按科学配方(各种原料按照合理的比例)加工配制而成的。它能够满足蛋鸡维持生命活动、生产和健康所需的各种营养成分,而且各种成分又不会因为过多或比例不当而影响利用,所以全价配合饲料既能够保证蛋鸡的高产,又能够最有效地利用和节约饲料。

如果喂给鸡群的饲料不是全价配合饲料,出现任何一种营养素的不足或过多都会造成其他营养素利用率的降低。因此,饲料日粮营养不全价是蛋鸡生产中最大的浪费。

2. 注意饲料的存放

(1)要有较好的饲料加工和贮存场所 饲料要存放在阴凉、干燥处,对饲料要防鼠害、防霉变、防虫蛀,以减少饲料储存的损耗;还要避光保存,以免多种维生素及其他养分受破坏而降低饲料的营养价值。在很多蛋鸡场由于饲料存放条件不理想造成的饲料损失也是比较大的。

(2)存放时间控制 在密封条件下保存期不要超过 2 个月;如果是非密封条件则应缩短存放期。存放期越长则饲料中的营养损失越大。

3. 饲料添加管理

高质量的喂料机械可减少饲料浪费;人工喂饲可能会出现添加不均匀、抛洒等问题。每次添料量应不超过料槽深度的 1/3,否则会出现饲料的抛撒。

4. 饲料颗粒大小

饲料颗粒大小要适中,如果饲料粉碎过细,则易造成采食困难并"料尘"飞扬;如果颗粒过大,则影响采食过程和鸡对饲料的消化吸收。

5. 及时淘汰停产、伤残鸡

在产蛋期间,尤其是产蛋中后期要注意经常观察鸡群,根据鸡的外貌和生理特征及体态挑出停产、伤残鸡并及时淘汰。停产鸡从外貌上表现为鸡冠苍白或萎缩,精神萎靡,从生理特征上表现为耻骨间距变窄(小于 2 指宽),肛门干燥紧缩,一些鸡后腹膨大,站立时如企鹅状。

6. 补饲沙粒

要求每周为鸡群补饲一次沙粒,按照每只鸡5~8克提供,直接撒到料槽内让鸡采食,沙粒的大小与黄豆相似,这样有助于提高肌胃对饲料颗粒的研磨效率。

7. 断喙

断喙能够改变喙的形状,改变鸡的采食行为,进而减少采食过程造成的饲料浪费。

8. 检查料槽

料槽的结构要合理,在添加饲料过程中和鸡采食过程中能够阻挡饲料被弄到料槽外面;检查料槽的接缝处是否严密、料槽两端的堵头是否脱落、料槽底部有无破损、料槽有无变形等,发现问题及时解决。

六、减少应激对鸡群的影响

应激是由多种因素引起的鸡生理上出现的紧张或其他不适反应,应激会造成产蛋鸡生产性能、蛋品质量及健康状况的降低,尤其是对于产蛋鸡群发生应激后常常表现为产蛋率的下降,而且会持续一定时间,给生产造成损失,因此在生产中应设法避免应激的发生。

1. 引起应激的因素

生产中会引起鸡群发生应激反应的因素很多,如:缺水、缺料、突然换料、喂料时间推迟;温度过高、过低或突然变化;光照时间的突然变化(停电光照不足或夜间没关灯);突然发出的异常声响(鸣喇叭、大声喊叫、工具翻倒、刮风时门窗碰撞等)、陌生人或其他动物进入鸡舍;饲养管理程序的变更、疫苗或药物的注射等。这些因素中有些是能够避免的,有些是无法避免但能够采取措施减轻其影响的。

2. 减少应激的措施

针对上述引起应激的原因,生产管理上应注意采取以下几项措施:

(1)保持生产管理程序的相对稳定 每天的加水、加料、捡蛋、消毒等生产环节应定时、依序进行。不能缺水、缺料。饲养人员不宜经常更换。

(2)防止环境条件的突然改变 每天开灯、关灯时间要固定。冬季搞好防寒保暖工作,夏季做好防暑降温工作,防止高温、低温带来的不良影响;春季和秋季在气温多变的情况下,要提前采取调节措施;夏、秋雷雨季节要防止暴风雨的侵袭。

（3）防止惊群　惊群是生产中容易出现的危害,也是较严重的应激。防止措施:生产区内严禁汽车鸣喇叭、严禁大声喊叫,舍内更不能乱喊叫,门窗打开或关闭后应固定好,饲养操作过程动作应轻稳。陌生人和其他鸟、兽不能进入鸡舍。饲养员工作服的样式和颜色要稳定。

（4）更换饲料应逐渐过渡　生产过程中不可避免地要更换饲料,但每次更换饲料,必须有 5 天左右的过渡期,使鸡能顺利地适应。

（5）尽量避免注射给药　产蛋期间应尽可能避免采用肌内注射方式进行免疫接种和用抗菌药物治疗,以免引起卵巢肉样变性或卵黄性腹膜炎。

（6）提早采取缓解措施　在某些应激不可避免地要出现的情况下,应提前在饲料或饮水中加入适量复合维生素和维生素 C。

七、降低破蛋率

破蛋是指蛋壳出现裂纹或破孔,破蛋的商品价值低,有的破损严重则无价值,生产中破蛋率一般不应高于 2% 。降低破蛋率的主要措施如下:

1. 饲料质量良好

饲料中许多营养素会影响到蛋壳质量,如饲料中钙和磷的含量及两者之间的比例,钙、磷的吸收利用率,锰、氟、镁的含量,维生素 D_3 的含量等都对蛋壳的形成有一定的影响,任何一种营养素的不足或过多都会增加破蛋率。因此,饲料中各种营养成分的含量和比例要适当,有害元素含量不能超标。

2. 笼具的设计安装要合理

笼底的坡度以 8°~9° 为宜,过小则蛋不易滚出,过大则蛋滚动太快易碰破。两组笼连接处应用铁丝将盛蛋网连在一起,以免缝隙过大使蛋掉出。笼架要有较高的强度,防止使用中出现的变形。

3. 增加捡蛋次数

每天增加捡蛋次数可以减少蛋在盛蛋网上因相互碰撞而引起的破裂,也可减少因鸡啄食而造成的破损。

4. 保持鸡群的健康

呼吸系统感染、肠炎、输卵管炎、非典型性新城疫、温和型禽流感、产蛋下降综合征、传染性脑脊髓炎等,都会引起蛋壳变薄或蛋壳质地不匀,甚至出现软壳蛋和无壳蛋。因此,做好卫生防疫工作,保持鸡群健康,对维持较高的产蛋量和良好的蛋壳质量,都是十分重要的。

5. 缓解高温的影响

高温会引起蛋鸡钙、磷的摄入量不足，影响蛋壳的形成过程。当气温超过25℃时蛋壳就有变薄的趋势，超过32℃则破蛋率明显增高。

6. 防止惊群

产蛋鸡受惊后可能会造成输卵管发生异常的蠕动，使正在形成过程中的蛋提前产出，造成薄壳、软壳或无壳蛋的数量增多。惊群还可能会因鸡的骚动而造成笼网变形挤破或踩破蛋。

7. 防止啄蛋

啄蛋是鸡异食癖的一种表现。除常捡蛋外，对有啄蛋癖的鸡，应放在上层笼内，若其本身为低产鸡，则可提前淘汰。

8. 其他

减少蛋在收捡、搬运过程中的破损。

第五节　产蛋鸡群常见的几个问题与解决措施

一、褐壳蛋壳颜色变浅的可能原因

在褐壳蛋鸡饲养过程中有时会发现蛋壳颜色变浅，在市场上如果是蛋壳呈现不均匀的浅色则会影响其价格。褐壳蛋壳颜色变浅的可能原因有如下几方面：

1. 某些有呼吸道症状的疾病引起

鸡群感染传染性支气管炎、传染性喉气管炎、新城疫、温和型禽流感等传染病都会引起蛋壳颜色的变浅，当鸡群处于发病初期会有少量鸡蛋的颜色变浅，呈现浅褐色、灰白色等，如果已经有病鸡出现则浅色蛋数量较多，还会出现薄壳蛋、软壳蛋。

2. 饲料因素

饲料中杂粕用量大、使用时间长会引起蛋壳颜色变浅，如果以豆粕为主要的蛋白质原料则这种情况出现得很少；饲料中维生素 D、B 族维生素不足也会使蛋壳颜色变浅；饲料原料的突然变化也会出现这个问题。

3. 鸡群周龄大小

在产蛋前期如果没有疾病问题则很少发生蛋壳颜色变浅的现象，而在产蛋后期，母鸡周龄大其生理机能逐渐退化，涉及蛋壳色素形成的一些代谢过程也会受影响,因此,在产蛋后期即便是鸡群健康、饲料质量良好也可能会出现部分蛋壳颜色变浅的情况。

4. 应激的发生

发生应激,鸡群受到任何类型的应激都会在之后的一段时间内产生一些浅色鸡蛋,尤其是受惊吓后表现更明显。

5. 药物因素

使用了某些药物也会造成蛋壳颜色变浅,有的药物尼卡巴嗪、磺胺类、呋喃类、抗球虫药或驱虫药,使用时间或剂量不当会对蛋壳颜色的形成有不良影响。

二、提高产蛋初期产蛋率上升速度

产蛋初期(19~25周龄)产蛋率的上升幅度会直接影响高峰期的产蛋率及高峰持续时间,只有在这个阶段产蛋率上升快的鸡群高峰期到的才早、高峰期持续的时间才长,总的产蛋量才高。要使这个阶段产蛋率能够快速增加,需要注意以下几方面的要求。

1. 及时增加喂料量

从鸡群初产开始,鸡群的采食量逐日增加,这个阶段必须及时增加喂料量以满足产蛋率、蛋重和体重增长所需的营养。如果喂料量增加不够就会因为营养不足而影响产蛋率的上升速度。

2. 及时更换饲料

育成后期使用的育成后期饲料其蛋白质和钙的含量较低,远不能满足产蛋所需,因此在18周龄当鸡群中大部分个体鸡冠变红、变大,个别鸡已经产蛋的时候就要将育成后期饲料更换为预产阶段饲料,及时加营养浓度,满足鸡蛋形成过程对营养的需求。

3. 保证良好的饲料质量

初产期的鸡对饲料营养的要求很高,如果能量水平低,蛋白质、维生素、某些微量元素含量不足都会使产蛋率的上升速度减慢。

4. 合理补充光照

对于18周龄前后的鸡群来说,其生殖器官对光照变红的敏感性增强,如果光照时间逐周延长则会刺激卵泡发育,促进鸡产蛋;如果光照时间短或不逐渐延长则卵泡发育慢,产蛋时间推迟。因此,从18周龄开始要逐周延长光照时间,当鸡群达到25周龄时每天的光照时间也要达到16小时。

5. 避免强烈应激的发生

在产蛋率快速上升时期发生任何强烈的应激都会造成产蛋率上升速度减慢甚至停滞,使产蛋高峰期到来的时间推迟甚至产蛋率达不到高峰值。肌内注射疫苗是强烈的应激,在鸡群产蛋率上升到 5% 以后尽量不要再通过肌内注射方式接种疫苗,一些必须采用这种方式接种的疫苗应该在 18 周龄之前完成。

防止鸡群发生惊群非常重要,惊群常常造成产蛋率下降。

6. 适时转群

转群本身属于一种强烈应激,如果采用三段制饲养方式,转群的时间不能迟于 17 周龄,否则就会影响产蛋率的上升。

7. 保证鸡群健康

如果鸡群健康状况不好则产蛋率的上升速度肯定较慢。

8. 保证育成鸡群良好的培育质量

如果育成鸡群健康状况好、均匀度高、体重发育符合标准,则性成熟后鸡群的产蛋率上升速度就会快。

三、降低产蛋鸡死淘率

产蛋期间鸡群死淘率偏高是当前很多蛋鸡场面临的重要问题,18～72 周龄期间死淘率常常超过 12%,有的甚至超过 15%。而生产和管理水平较高的蛋鸡场其死淘率仅为 7% 左右。因此,提高产蛋鸡群的成活率是目前蛋鸡生产的重要工作,而且也有较大的提升空间。

1. 加强卫生防疫管理

做好卫生防疫工作是减少鸡死亡和弱残的重要途径。其一是要做好消毒工作,进鸡前将鸡舍用高压水枪冲洗干净,用生石灰粉刷鸡舍墙壁,用火焰消毒器消毒鸡笼,用消毒剂消毒用具、设备、地面,然后封闭鸡舍,用福尔马林熏蒸消毒,空置 5 周左右,在新鸡上笼前一天再次进行喷雾消毒;要求人员进入生产区一定要洗澡,更换消毒后的工作服和鞋。鸡舍门口要设消毒池,池内的消毒液要定期更换;生产区道路每天消毒和打扫。坚持每天一次带鸡消毒,这对预防疫病有一定的积极意义。其二是要做好免疫工作,根据本地鸡病流行特点,制定切实可行的免疫程序,选择高质量的疫苗,按照规定的剂量和操作方法进行免疫。同时注意各种抗体的检测工作,如果抗体的效价过低或参差不齐,应及时补免。其三是及时发现和处理病死鸡,把问题消灭在萌芽状态。

2. 提高育成鸡的培育质量

育成鸡的体重、体质、均匀度都会影响到鸡群性成熟后生产性能的表现，如果体质弱、均匀度差则产蛋期间鸡群的死淘率就会升高。体重不达标也会造成产蛋高峰过后鸡群死淘率的上升。上笼前对体重过大过小、病残瘦弱的鸡，要坚决予以淘汰，或视情况另群饲养。因此，保持育成鸡群适宜的体重、强壮的体质和高的均匀度是提高产蛋鸡群成活率的重要基础。

3. 保证良好的饲料质量

营养全面、各种成分比例适宜的全价配合饲料是保证鸡群高产和健康的重要基础。如果饲料营养不全价、某种营养素缺乏或过多，首先表现为鸡群的产蛋率不高或下降，持续一段时间后就可能表现为鸡群的体质差。对于高产蛋鸡而言，为了保持高产就需要消耗大量的营养物质，如果某种营养素不足就会出现营养缺乏症而导致健康出现问题。尤其是有的营养素与鸡体免疫机能密切相关，当其不足或缺乏时就会导致鸡体的免疫机能下降，容易感染疾病。

饲料质量还反映在其中有害物质的含量多少方面，如果使用发霉的饲料或饲料原料，其中的霉菌和霉菌毒素会对鸡造成严重伤害，生产中常见到产蛋鸡肝脏肿大、变脆、颜色发黄、容易破裂出血等问题，这就与长期使用发霉饲料（原料）有关。

4. 保持适宜的环境条件

在生产实践中，对鸡群健康影响最大的环境条件是温度和空气质量。温度的影响主要表现在高温、低温以及温度突然下降的情况下，夏季高温会引起中暑并容易使鸡群感染肠道疾病；冬季和早春的低温与鸡舍内空气质量低劣常常共同作用于鸡体的健康，这个时期呼吸系统感染问题严重就是没有解决好鸡舍保温与通风的矛盾；温度突然下降容易使鸡受凉而发生感冒、抵抗力下降，进而诱发其他疾病。

保持鸡舍内适宜的环境条件应该受到重视，这尤其是解决好冬季和早春传染病问题的重要环节。

5. 减少应激

新鸡上笼前应倍量添加多维素，适当使用抗生素，以减少转群应激带来的不利影响。鸡舍门窗和排气孔必须安装防护网，以防止小动物及野鸟进入鸡舍。夏季注意防暑降温，冬季注意防寒保暖，确保舍内温度、湿度适宜，勤出鸡粪，这样既能减少病菌的滋生和繁殖，又能净化舍内空气，控制和防止有害气体超标。

224

四、发病后恢复期鸡群的管理

目前,在蛋鸡生产中常常会遇到产蛋鸡群感染某种传染病,产蛋率显著下降,经过治疗后鸡群的症状逐渐消失、死亡率趋于正常,产蛋率也逐渐上升。对于这样的鸡群所采用的饲养管理调整措施是否得当对于鸡群产蛋性能的恢复以及养殖效益会有很大的影响。

1. 适当增加维生素用量

鸡群发病时,饮水采食下降,再加抵抗疾病的消耗,恢复期鸡群体质较弱,免疫系统功能也下降,可在饮水或饲料中加入优质电解多维或速补,满足蛋鸡代谢和修复组织对维生素的需要,同时应用黄芪多糖等免疫增强剂,促进免疫功能的恢复。

2. 合理使用益生素

鸡群的病毒性疾病基本控制后,要及时应用防治大肠杆菌的抗菌消炎药物,防止大肠杆菌等条件致病菌乘虚而入,也有助于脏器炎症的消除和炎性渗出物的吸收。适时保肝通肾,调整肠道菌群,鸡群在治疗过程长时用药给肝肾加重负担,有的病毒或细菌的产物对肝肾也有损害,适时健肾保肝排毒,有助鸡群尽快康复。长期应用消炎药及疾病的影响,易使肠道菌群失调,出现顽固性水泻,应用益生素类调整肠道菌群,调整饲喂方案。

3. 控制营养摄入,防止肥胖

少喂勤添。发病鸡群采食量没恢复前,采取少喂勤添的方法,可刺激食欲,提高采食量,采食量恢复后,产蛋率恢复前,要适当降低饲料中的钙蛋白能量水平,并控制饲喂量在发病前水平,防止钙过多造成水泻或痛风,防止蛋白质、能量摄入过多造成鸡过肥出现脂肪肝,影响产蛋。

4. 及时淘汰低产鸡

及时淘汰低产停产鸡,发病过程中产蛋大幅下降的鸡群,多伴有卵巢或输卵管的损伤,通过使用输卵管、卵巢消炎药及增蛋的中草药,促进生殖机能恢复。经 15 ~ 30 天的恢复期后,将停产、低产鸡挑出淘汰,减少饲料消耗,提高养殖效益。

5. 减轻应激

加强管理,减少应激,最重要的是防止鸡舍温差过大,造成疾病反复或久治不愈,夏天要注意通风散热,冬天要注意保暖。中午及时通风,降低有害气体浓度,有利于鸡群的彻底康复。

第六节 蛋鸡群的四季管理

中原地区一年四季气候变化很大,夏季气温能够达到36℃,而冬季可能降至 -10℃,自然光照时间在夏至前后有15个小时,而在冬至前后仅为11个小时,不同季节的主风向、风力也不同。如果鸡舍条件不好则舍内环境会受外界条件的严重影响,对鸡群的高产稳产和健康都不利,即便是使用密闭式鸡舍,舍内环境在一定程度上也同样会受到影响。因此,在不同季节要结合季节的气候特点采取相应的应对措施,减轻不适气候条件对鸡群的不利影响。

一、春季管理

1. 春季气候特点

春季气温逐渐升高,日照时间逐渐延长,刮风较多且风力较大,下雨较少、气候干燥,气温常常出现波动而且变化幅度较大。

2. 春季管理要点

由于春季气温容易波动,尤其是在温度上升的过程中常常会突然出现急剧降温的现象,而这种突然降温很容易引起鸡受凉而诱发其他疾病。因此,春季要特别注意气候的变化,以便采取相应措施。遇到大风降温天气要及时关闭门窗和通风孔,并在保证通风换气的同时注意保温。

其他管理要点包括充分满足鸡群的采食量,日粮营养全价以保证春季鸡群高产的需要,要及时清理笼底下的鸡粪。春季各种病原微生物容易滋生繁殖,为了减少疾病的发生,需要经常性地对鸡舍内外环境清扫和消毒,并加强疾病检测工作,尤其是注意禽流感和新城疫的预防工作。

二、夏季管理

1. 夏季气候特点

高温是夏季最主要的气候特点,白天最高气温超过32℃的天数较多,有时可能超过35℃,高温对鸡群造成的热应激是夏季蛋鸡生产面临的主要问题;夏季的另一个气候特点是狂风暴雨和雷电天气出现较多。

2. 夏季管理要点

夏季饲养管理的主要任务是防暑降温,以保证营养的足够摄入,维持生长生产所必需。夏季饲养管理主要应抓好以下几方面的工作:

（1）湿帘降温与纵向通风　目前，规模化蛋鸡场的鸡舍基本都安装有采用湿帘降温与纵向通风系统，这是夏季鸡舍降温最行之有效的方法。此法在夏季能够将室内温度降低5～6℃，不但减少了中暑死亡鸡数，而且能够提高生产水平。一般在上午10点以后到下午5点之间需要该系统运行，如果夜间气温超过23℃则需要夜间运行3～5小时。

（2）减少鸡舍所受到的辐射　在鸡舍的周围种植高大的、树冠较大的乔木如悬铃木、速生杨、泡桐树等为鸡舍遮阴；也可以增加鸡舍房顶厚度或内设顶棚，房顶外部涂以白色涂料，在房顶上安装喷头喷水，这些措施都可使鸡舍屋顶温度显著降低，进而使鸡舍内温度有较大幅度下降。

（3）加大舍内气流速度　开放式鸡舍应将门窗及通风孔全部打开，当气温高而通过加大舍内的换气量舍温仍不能下降时，可采用接力通风，以达到降温的目的。密闭式鸡舍要开动全部风机，昼夜运转。如果采用纵向通风，进风口面积至少大于风扇面积的1.5倍，一般要求进气孔附近风速达到2.5米/秒以上。

（4）喷雾降温　在鸡舍或鸡笼顶部安装喷雾器械，当鸡舍内温度超过30℃的时候启动喷雾系统直接对鸡体进行喷雾，每次持续时间约15分，可以起到明显的降温效果。也可用背负式或手压式喷雾器向鸡的头部喷水降温。喷雾的同时要加强通风，尽量降低舍内湿度，以利于鸡体蒸发散热。如果在通风不良的情况下进行喷雾，只能暂时降温，之后高温高湿对鸡群会造成更大的不良影响。

（5）降低饮水温度　夏季的饮水要保持清凉，水塔中的水要勤换，水温以10～30℃为宜。在炎热环境中，鸡主要靠水分蒸发散热，水温过高会使鸡的耐热性降低。让鸡饮冷水，可刺激其食欲，增加采食，从而提高产蛋量和增加蛋重。有的尝试在中午前后向水箱内投放冰块以降低饮水温度也取得了良好的效果。

（6）提高采食量　刺激采食量所采用的方法有多种。通常是增加饲喂次数，在一天中最凉爽的时间喂鸡是增加采食量的有效方法。通过改变饲料的形状也能提高采食量，可由粉状料改为颗粒料，因为鸡喜欢采食颗粒状的饲料。

（7）减少恶劣气候的影响　要经常关注天气预报，一旦有雷电和暴风雨等恶劣气候条件发生要提早关闭门窗。

（8）夜间开灯补饲　夏季高温会降低采食量并造成夜间鸡中暑死亡，可以在夜间 12 点至凌晨 1 点之间开灯并喂饲和饮水,这样能够提高采食量和降低死亡率。

(9)使用抗热应激添加剂　在饲料或饮水中添加维生素 C(0.03%)或碳酸氢钠(0.1%)能够有效缓解热应激。其他抗热应激添加剂还有氯化铵、补液盐、电解多维等。

三、秋季管理

1. 秋季气候特点

秋季日照逐渐变短,气温逐渐降低而且有时会突然降低,昼夜温差变大;秋季降雨较多、湿度大。

2. 秋季管理要点

由于自然光照时间逐渐缩短,需要及时调整鸡舍开灯和关灯时间,保证每天 16 小时的光照。

晚秋季节早晚温差大,要注意在保持舍内空气卫生的前提下,适当降低通风换气量,同时还要着手越冬的准备工作。

注意消灭蚊、蝇等有害昆虫,并清除掉它们越冬的栖息场所,做好住白细胞原虫病的监控与防治工作。做好呼吸系统传染病的预防工作。

四、冬季管理

1. 冬季气候特点

冬季外界气温较低,北风较多而且风力较大,室外温度常常降至 5℃ 以下,甚至达到 -10℃ 左右,受其影响鸡舍内温度也偏低。冬季自然光照时间短。

2. 冬季管理要点

冬季气温最低,无论是密闭式鸡舍还是开放式鸡舍都要做好防寒保暖工作。一般情况,低温对鸡的影响不如高温影响严重,但如果温度过低,就会使产蛋量和饲料转化率降低。舍温不低于 7℃ 时对生产的影响不大,-9℃ 以下时鸡就有冻伤的可能。有条件的鸡场在冬季大风降温天气,可采用直热式"热风炉",供暖效果良好。

冬季鸡群管理上要在做好保温的前提下,注意通风换气,特别要处理好通风换气与保温的矛盾。事实上冬季是一年四季中鸡群管理最难的季节,主要是呼吸系统传染病的发生率高,造成的损失大。很多场为了鸡舍的保温常常

蛋鸡标准化安全生产关键技术

关闭门窗、减小通风量,结果造成鸡舍内空气中有害气体和粉尘的浓度过高,对鸡的呼吸道产生不良刺激,使呼吸道黏膜对一些病毒和细菌的抵抗力下降,容易发生传染病。其次,在鸡舍通风设计不合理的情况下,如果饲养员感到鸡舍中有害气体含量高,尤其是在早晨开灯后打开门窗或风机,会造成舍内局部温度突然下降而造成鸡受凉、感冒,继而诱发其他传染病。

冬季鸡为了维持体温的恒定需要消耗较多的能量,因此要注意适当提高饲料的能量水平。

做好呼吸系统传染病的预防工作,主要包括新城疫、禽流感、传染性喉气管炎、慢性呼吸道病、大肠杆菌病、禽痘等的预防。有的鸡场在冬季会发生鸡虱,平时要注意观察,一旦发生要及时治疗。

第七节　蛋鸡的强制换羽技术

换羽是鸡的生理现象,对于成年鸡来说当产蛋满一年以后其换羽时间一般从夏末或秋初开始,从换羽开始到结束大群的持续时间为 10～13 周,个体约为 7 周。大群换羽期间产蛋率显著下降,而个体在换羽期间则停止产蛋。人工强制换羽是利用人工调控技术,给鸡以突然的强烈应激,造成新陈代谢紊乱,营养供应不足,促使鸡迅速换羽然后迅速恢复产蛋的措施。

一、强制换羽的意义

1. 延长产蛋鸡的利用年限

一般商品蛋鸡饲养至 72 周龄、父母代种鸡饲养至 66 周龄(种蛋利用 9～10 月后)淘汰更新。如果对鸡群进行强制换羽,鸡群还可以继续利用 5 个月左右。因此,强制换羽可以提高现有鸡群的利用率,降低青年鸡的培育成本。

2. 改善蛋品质量

采用强制换羽措施,让鸡的体重下降 25%～30%,将沉积在腹壁、肠黏膜和子宫腺中的脂肪耗尽,使其分泌蛋壳的功能得以恢复,第二个产蛋期内能够取得改善蛋壳质量、降低蛋的破损率、提高种蛋合格率的良好成效,还能提高种蛋受精率和孵化率。

3. 降低引种成本

蛋种鸡的成本较高,如父母代母雏的价格约为 12 元/只,而祖代母雏的价格高达 65 元/只左右。如果种鸡的利用期能够延长 6 个月则种鸡成本则会有明显下降。

4. 调节生产计划

可根据市场需要控制休产期和产蛋期,提高种蛋的利用率和商品蛋生产量。如果预测到鸡蛋(包括种蛋)价格在未来两个月将要上升,而培育新鸡又来不及的情况下,对原有的处于产蛋后期的鸡群进行强制换羽是非常可行的。

二、强制换羽鸡群的要求

用于强制换羽的鸡群一般处于 60~70 周龄期间,过早则鸡群尚处于高产阶段、过晚则鸡群体质较差。强制换羽的(种)鸡群健康状况要良好,产蛋性能较高,种鸡种用价值高。一般来讲,第一产蛋期产蛋性能好的鸡群,实行强制换羽后,第二个产蛋期母鸡生产性能也较高。

三、强制换羽的方法

强制换羽的方法有饥饿法、化学法(在饲料中添加高含量的锌)等,生产中常用的是饥饿法。饥饿法也称为断水绝食法、畜牧学法。它是通过对饲料、饮水和光照的控制,使鸡体重减轻,生殖器官相应萎缩,从而达到停产换羽的目的。

1. 制订强制换羽方案

在强制换羽工作开始前要制订实施方案,使该项工作能够按照方案中的程序和步骤有序展开。要制定抽样称重记录表。

2. 鸡群准备

换羽前要对鸡群进行挑选,将病弱残和停产鸡淘汰,已经开始换羽的鸡挑出集中放在一个或几个笼内便于单独处理。鸡群挑选后于强制换羽前 1 周接种新流二联苗。

随机挑选 20~30 只用于强制换羽的母鸡,每只鸡占一个小单笼并进行编号,单个称重并记录。

3. 断料限水程序

参考表 8-7。

表 8 - 7 蛋鸡强制换羽工作程序

时间	饲料	饮水	光照
1~3 天	停止供料,每只鸡每天提供 15 克贝壳粒或石灰石粒	停止供水	停止补光,自然光照
4~7 天	停止供料	恢复供水	自然光照
8 天以后	结合称重情况决定恢复喂料时间	正常供水	根据恢复喂料时间决定补充光照时间
恢复期	逐渐增加喂料量,第一天每只鸡每天 50 克一次喂给,以后每天递增 10 克直到每天 110 克以后保持稳定	正常供水	从恢复喂料当天开始将每天照明时间确定为 13 小时,以后每周递增 40 分至每天 16 小时

4. 体重监控

从实施的第 8 天开始每天对 20~30 只标记的母鸡进行称重,并与实施前的体重进行对比,什么时候体重下降至原有体重的 75%,就进入恢复期。

5. 恢复阶段

根据称重结果,当平均体重下降至原有体重的 75% 时开始恢复喂料,直接使用产蛋鸡饲料,喂料量按照第一天每只鸡 50 克一次喂给,以后每天递增 10 克至每天 110 克保持稳定。如果开始喂料量过大容易使鸡过量采食并对消化器官造成损害。

光照从恢复喂料当天开始将每天照明时间确定为 13 小时,以后每周递增 40 分至每天 16 小时。

一般从恢复喂料开始经过 3 周时间鸡群开始产蛋,6 周左右产蛋率达到 50%。

第八节 蛋品质量管理

蛋鸡生产的最终主产品是鸡蛋,蛋品质量关系到消费者的利益和健康,也关系到蛋鸡生产企业的效益和信誉,发生问题还可能受到法律法规的制裁。因此,任何一个蛋鸡生产企业都要重视蛋品的质量管理。

蛋品质量的评价包括物理(感官)性状、化学成分和生物学性状3方面。

1. 蛋品质量的物理(感官)性状

物理(感官)性状是指利用眼、鼻等感觉器官进行判断以及使用工具进行外观测量的指标。

(1)总体外观性状 包括蛋重大小、是否畸形、光洁度、是否污染、气室大小等。在不同地区对蛋的总体外观性状要求相似,通常重量偏小的鸡蛋其批发价格稍高于重量正常的蛋,主要是很多经销商把重量小的鸡蛋冒充柴鸡蛋销售;而畸形蛋、蛋壳表面有污染的蛋、气室偏大的蛋商品价值较低,常常价格偏低,前两者可能与鸡病或环境污染有关,后者与存放时间过久有关。

(2)蛋壳性状 包括蛋壳颜色、厚度、致密度、均匀度、完整性等。蛋壳颜色主要与蛋鸡品种的遗传特性有关,如有的产褐壳蛋,有的产白壳蛋或粉壳蛋、绿壳蛋,当产褐壳蛋、粉壳蛋和绿壳蛋的鸡群所产鸡蛋的蛋壳颜色深浅不一的时候常常与鸡群的健康、饲料质量、管理应激有关,也与育种水平有关;蛋壳的厚度一般为0.28~0.33毫米,厚度较大的蛋有利于运输和保存,蛋壳厚度和均匀度受饲料中有关营养素、是否感染疾病和品种等因素影响;蛋壳致密度受遗传、饲料、产蛋率等因素影响;蛋壳完整性是指是否发生破孔和裂纹,主要与蛋壳厚度、致密度和管理应激有关。要求蛋壳的颜色均匀、蛋壳致密度和均匀度高、厚度适中、没有破裂。

(3)蛋白性状 黏稠度、蛋白高度(哈夫单位)、蛋白颜色、气味、有无肉斑等。这些性状主要与品种、饲料、疾病、产蛋率和管理有关,要求蛋白黏稠、蛋白高度(哈夫单位)大、颜色和气味正常、无肉斑。

(4)蛋黄性状 颜色、气味、黏稠度、有无血斑等。蛋黄的性状主要受饲料中色素(包括天然的和合成的)、饲料原料类型、健康、产蛋率、遗传、管理应激等因素影响。要求蛋黄黏稠度高、颜色较深(罗氏比色扇分值不低于9)、气味正常、无血斑。

2. 蛋品质量的化学成分

蛋的化学成分是需要通过使用仪器设备进行分析所测得的成分。

(1)营养素成分 包括水分、粗蛋白质、粗脂肪、粗灰分、碳水化合物、各种氨基酸、维生素、矿物质、磷脂、胆固醇、脂肪酸等。这些成分都是人体所需要的营养素,受产蛋率、饲养方式、饲料和健康等因素的影响较大。通常产蛋率略低、采用放养方式的健康鸡群所产鸡蛋的水分含量较低,其他营养素的含量较高。

（2）有害成分　包括各种违禁的药物、添加剂、农药和重金属等。不同国家和地区对蛋品中有害成分检测的项目数量和限定含量有差别。我国无公害鸡蛋检测的理化指标是:汞、铅、砷、镉、铬、六六六、滴滴涕、金霉素、土霉素、磺胺类、呋喃唑酮。

3. 蛋品质量的生物学性状

指蛋壳表面和蛋内容物中的微生物、寄生虫及其代谢产物的存在情况。无公害鸡蛋检测的微生物指标是:菌落总数、大肠杆菌、致病菌(沙门菌、志贺菌、葡萄球菌、溶血性链球菌)。总体要求是不能被微生物污染。

二、蛋品质量方面的常见问题

正常的高产蛋鸡配套系所产的符合商品要求的鸡蛋应该是大小均匀、蛋重在 50～65 克、蛋壳颜色均匀,蛋壳表面干净、色泽光洁,无畸形和破裂。然而在日常生活中消费者购买鸡蛋时常见的问题主要有:蛋壳表面被鸡粪或灰尘污染、蛋壳表面有深褐色斑点、蛋壳表面粗糙或有突起的碳酸钙沉淀、蛋畸形、蛋壳破裂等。

三、蛋品质量的相关知识

1. 购买鸡蛋时如何挑选

消费者在购买鸡蛋的时候会关心鸡蛋的质量,然而有很多的化学性状、生物学性状无法用肉眼进行直接判断(如果要对主要项目进行测定需要较高的费用),只有通过经验性的知识进行推断。根据鸡蛋壳的性状可以推断鸡群是否健康,如果是健康鸡群所产鸡蛋则其质量相对较好,如果是患病鸡群所产鸡蛋则可能会有微生物污染和药物残留。蛋壳表面干净,没有粪便沾污。如果有粪便污染则常常说明该鸡群健康状况不好或因其他问题发生腹泻。蛋壳表面要光滑均匀。如果蛋的外形为畸形、蛋壳表面粗糙、蛋壳表面有深褐色斑点,多数是因为母鸡输卵管有炎症造成的。褐壳蛋的蛋壳颜色要均匀一致。如果深浅不一则多数与饲料质量和鸡群健康有关。新鲜的鸡蛋在蛋壳表面有粉色的一层膜,随存放时间延长这层膜会逐渐消失;用手晃动鸡蛋,新鲜的无声音,存放时间长的可能会随晃动而发声。

2. 放养鸡蛋与笼养鸡蛋的质量差别

目前市场销售的鸡蛋出现多元化需求,柴鸡蛋的价格通常为笼养鸡蛋的两倍。之所以柴鸡蛋的价格高是因为人们认为柴鸡蛋的口感和味道好、营养价值高、卫生质量好。我们可以从以下几方面进行分析。

(1)口感与味道 放养鸡群所产鸡蛋的口感和味道明显优于笼养鸡蛋,这是被众多消费者所认可的。

(2)耐贮存性 放养鸡群所产鸡蛋的蛋壳致密度高、韧性好、气孔直径小,蛋外微生物不容易进入蛋内,蛋内的水分也不容易挥发到蛋外,贮存期间蛋内成分的理化性状变化小,相对而言放养鸡群所产蛋在同样条件下能够比笼养鸡蛋的保质期更长。

(3)蛋内营养成分 有报道认为,放养鸡群所产鸡蛋中水分含量低,固体物质含量高,这也表现在其蛋白和蛋黄的黏稠度大,蛋白的哈夫单位大;蛋黄重量占全蛋重量的比例大,一般能够达到34%,而笼养鸡蛋其蛋黄比例约为30%,鸡蛋的营养绝大部分在蛋黄里,包括维生素、微量元素、脂肪等,这些在蛋白里微乎其微;蛋黄中脂肪的比例较高,这是放养鸡群所产鸡蛋口感和味道较好的主要原因。

(4)药物残留 目前有很多的蛋鸡场饲养密度大而鸡舍条件不好,鸡群发病的概率高,为了防治鸡病,生产者会经常给鸡群使用药物,这就容易造成蛋内药物的残留;放养鸡群生活空间大,空气质量好,运动量大,体质好,发病少,用药少,蛋内的药物残留也少。笼养鸡使用的饲料多数都是经过深加工的原料以及化学合成的添加剂,蛋内有些添加剂的残留量也较大;放养鸡主要喂饲天然饲料和野生饲料,很少使用非营养性添加剂。

3. 如何选购放养鸡蛋

柴鸡蛋由于其质量好而受到消费者的喜爱,然而由于其价格高而常常被假冒。消费者选购柴鸡蛋时需要从以下几个方面进行鉴别:

(1)蛋重 柴鸡由于没有经过系统选育,其体重大小差异较大,开产日龄也有较大差别,这就造成一群放养柴鸡所产蛋的大小有明显差异,不像笼养配套系蛋鸡的鸡蛋大小很均匀。目前,一些人用笼养蛋鸡所产的蛋重较小的鸡蛋冒充柴鸡蛋,其大小比较接近。

(2)蛋壳颜色 由于选育程度低,放养柴鸡群所产鸡蛋的蛋壳颜色差异较大,在一筐鸡蛋中有褐色、浅褐色、灰色、灰白色和绿色等,不像培育品种或配套系蛋鸡所产鸡蛋的蛋壳颜色比较均匀一致。

（3）蛋壳表面性状　放养柴鸡由于在地面活动,脚爪上经常沾有泥巴、杂草等,产蛋窝中也可能有泥土、粪便、草屑等,一部分产出的鸡蛋表面也可能沾有这些杂物;笼养鸡群所产蛋的蛋壳一般比较干净,个别会沾有粪便,有些蛋壳的表面有条状灰痕(笼底网铁丝表面的灰尘);放养鸡群所产蛋的蛋壳致密度高、气孔小,绝大多数蛋壳表面比较光滑,笼养鸡所产蛋蛋壳表面气孔大,有一部分蛋壳表面粗糙或有深褐色斑点。

（4）蛋白黏稠度　打开鸡蛋倒入盘子中会发现放养柴鸡的蛋白黏稠度高、蛋白隆起;笼养鸡所产蛋的蛋白较稀,向周围扩散面大。

（5）蛋黄性状　打开鸡蛋倒入盘子中会发现放养柴鸡的蛋黄黏稠度高、成突起状,颜色发黄;笼养鸡所产蛋的蛋黄隆起的较低,颜色多呈浅黄色,如果饲料中添加色素则蛋黄颜色深黄甚至发红。

（6）观察胚盘　绝大多数的放养柴鸡群中会有一些公鸡,这就会使大多数鸡蛋受精,受精的鸡蛋在打开后观察蛋黄表面会发现有一个颜色较浅的圆斑,直径约 0.5 厘米;而笼养商品蛋鸡所产蛋则没有受精,蛋黄表面也有一个颜色较浅的斑块,直径约 0.25 厘米。

第九章　蛋鸡标准化安全生产的卫生防疫管理

抓好卫生防疫工作是实现蛋鸡产业安全生产的基础。目前,在我国的蛋鸡生产中疫病问题仍然是困扰生产的最大问题,也是影响家禽肉蛋安全质量的最重要因素。因此,搞好卫生防疫工作是当前蛋鸡生产中最重要的生产环节。

我国的蛋鸡生产在经过 30 多年的快速发展后已经进入平稳发展时期,鸡蛋的产量已经满足了市场需求。蛋鸡产业正面临着从粗放经营向集约化经营方式的转变,从数量扩张型向质量效益型的转变。在这个转型的关键时期,蛋鸡场的卫生防疫将发挥重要的作用。

第一节　建立完善的卫生防疫制度

卫生防疫制度是蛋鸡场卫生防疫工作的指南,是保证鸡群健康的重要基础。科学的卫生防疫制度应该考虑到养鸡生产的全过程(所有环节),要有切实可行的实施措施和监管要求。

蛋鸡场卫生防疫制度示例一:

第一,严格控制外来人员参观鸡场和加工场,必要时须经场长许可。任何人员进入鸡场生产区必须更换生产区的工作服、工作鞋,经过紫外线消毒,个人衣物必须全部放在生产区以外,并遵守场内一切防疫制度。

第二,鸡场和加工场严禁饲养其他家禽和观赏鸟、犬、猫及其他动物。生产区内不准带入可能染疫禽及其产品或其他物品,凡进入生产区的物品必须严格消毒。场内兽医人员不准对外诊疗家禽和其他动物疫病。

第三,生产区外的车辆严禁进入生产区,运送饲料和物品的车辆必须固定专车,进入大门的时候要经过喷雾消毒,并只能停放在生产区外,司机不能养家禽和进入其他养禽场。

第四,场内饲养人员要坚守岗位,不得串舍,要随时观察鸡群情况,发现异常及时报告。

第五,鸡舍每天打扫 2 次和定期消毒,每幢鸡舍的设备和物品固定使用,舍内用具不准带到舍外或借给其他鸡舍使用,防止交叉污染。生产区内的道路每天清扫并消毒 1 次。

第六,病死鸡不准在生产区内解剖,应用不漏水的专用车运到隔离舍或诊断室;处理后的病死鸡必须经过严格消毒后深埋或焚烧。鸡及其产品出场,须经县以上防疫检疫机构或其委托单位出具检疫证明。

第七,对违反本制度的相关责任人要根据其造成危害大小进行罚款,后果十分严重的可直接开除。

蛋鸡场卫生防疫制度示例二:

为防止疫病的发生与蔓延,保证养鸡生产的正常进行和健康发展,充分提高经济效益,特制定兽医卫生防疫制度如下:

(一)总则

第一,养鸡场要经常性地对场内职工及其家属进行兽医防疫规程宣传教育。本场所有人员都要提高安全生产意识和卫生防疫责任意识,正确认识

"防重于治"的原则,认真遵守本制度的各项规定。

第二,鸡场成立兽医卫生防疫工作领导小组,负责兽医卫生防疫制度的制定、完善、领导、实施和监督检查工作。

第三,保持鸡场良好的环境卫生,搞好各自所辖区域的卫生工作,全场每月1号和15号各进行一次大扫除,2号和16号场部组织人员检查,对出现的问题及时进行处理。

第四,搞好除"四害"(鼠、蚊、蝇、鸟)活动,有效减少疾病的传播媒介。根据季节统一组织实施,随时进行全方位的灭害工作。

第五,鸡场食堂不准从场外购进鸡肉及其产品,特别是生制品。

(二)大门卫生防疫制度

第六,大门平时必须关闭,一切车辆、人员不准随意入内,办事者必须到传达室登记、检查,经领导同意后必须经过消毒池消毒后方可入内,自行车和行人从小门经过脚踏消毒池消毒后方准进入,消毒池内的消毒药水,每3天更换一次,保持有效。

第七,不准带任何畜禽及畜禽产品进入场内,特殊情况由门卫代为保管并报场部。

第八,进入场内的人员、车辆必须按门卫指示地点和路线停放和行走。

第九,做好大门内外卫生和传达室卫生,做到整洁、整齐,无杂物。

(三)生产区卫生防疫制度

第十,生产区谢绝参观,非生产人员未经场部领导同意不准进入生产区,自行车和其他非生产用车辆不准进入生产区,必须进入生产区的车辆和人员须经领导批准,人员应身着消毒过的工作衣、鞋、帽经过消毒池后方可进入,消毒池内的消毒液每3天更换一次,保持有效。

第十一,生产区内决不允许有闲杂人员的出现。

第十二,非生产需要,饲养人员不要随便出入生产区和串舍。

第十三,生产区内的工作人员必须管好自己所辖区域的卫生和消毒工作;外界环境,正常情况下,春夏每周用消毒液消毒一次,秋冬每半月消毒一次。

第十四,饲养员、技术人员工作时间都必须身着卫生清洁的工作衣、鞋、帽,每周洗涤一次或两次(夏季),并消毒一次,工作衣、鞋、帽不准穿出生产区。

第十五,生产区设有净道、污道,净道为送料、人行专道,每周消毒一次;污道为清粪专道,每周消毒两次。

（四）鸡舍卫生防疫制度

第十六，未经场部技术人员和领导同意，任何非生产人员不准进入鸡舍，必须进入鸡舍的人员经同意后应身着消毒过的工作衣、鞋、帽，经消毒后方可进入，一个人进入某一栋鸡舍后当天不能再进入第二栋鸡舍。

第十七，工作人员每项工作（如收捡鸡蛋、人工授精、接种疫苗、喂料等）结束后要用消毒药水洗手消毒。

第十八，饲养管理用具每周消毒最少两次，并要固定鸡舍使用，不得串用。

第十九，按照消毒制度安排定期对鸡群进行喷雾消毒。

第二十，饲养员要每天保持好舍内外卫生清洁，及时清理垃圾等杂物，每周对鸡舍外环境消毒一次，并保持好个人卫生。

第二十一，每天按照要求定时清粪以减少粪便在鸡舍内的积存，粪便清理后及时运送到贮粪场；清粪后要对粪锨、扫帚进行冲刷清洗。

第二十二，饲养员每天至少观察鸡群 2 次，发现异常情况（尤其是有疑似病鸡出现），及时汇报并采取相应措施。

第二十三，每个鸡群都应按制定的免疫程序和用药方案进行免疫和用药，每个月检测一次新城疫抗体，秋冬季每个月还需要检测一次禽流感抗体以及时了解鸡群的免疫力；加强鸡群的饲养管理，增强鸡群的抵抗力。

第二十四，兽医技术人员每天要对鸡群进行巡视，发现问题及时处理；对鸡舍内拣出的病死鸡要进行诊断分析并提出相应处理建议。

第二十五，饲养人员每天都要按该阶段鸡群日常工作程序规定要求开展工作。

第二十六，对新引进的鸡群应在隔离观察舍内饲养观察 1 个月以上方可转入正常饲养管理程序。

（五）鸡舍空栏后的兽医卫生防疫措施

第二十七，鸡群转出鸡舍或淘汰出售后，应马上对鸡舍进行彻底清扫、冲刷，不留死角。将舍内的粪便、蛛网、灰尘、剩余饲料等全部彻底清除干净。

第二十八，清扫和冲刷后用 3% 的氢氧化钠水对地面、墙壁等进行严格的消毒，1 天后再用其他消毒剂对地面、墙壁、屋顶、设备等进行喷洒消毒，然后空舍 4～5 周。

第二十九，进鸡前 1 周调试设备，清刷喂料、饮水系统，之后对鸡舍进行密闭熏蒸消毒。

第三十，进鸡前两天，把鸡舍整体卫生再整理一遍，再用百毒杀或威岛、过氧乙酸等消毒剂彻底消毒一次,准备接鸡。

(六)发生疫情后的紧急处理措施

第三十一,当鸡群发生疫情时,要立即报告场部领导及兽医卫生防疫领导小组,及早隔离或淘汰病鸡,对死淘的鸡用不漏水的专车或专用工具送往诊断室诊断或送往处理车间处理,不准在生产区内解剖和处理。

第三十二,立即成立疫情临时控制领导小组,负责对以上工作进行综合的实施控制和监督检查。

第三十三,及时确定疫情发生地点,并进行控制,尽量把病情及其污染程度局限在最小的范围之内,并严格控制人员的流动,饲养员及疫点内的工作人员不能随便走出疫点,并严格限制外界人员进入鸡场。

第三十四,对疫点及周围环境从外到内实行严格彻底的消毒,饲养设备和用具、工作衣、鞋、帽全部进行消毒。

第三十五,对疫病进行早诊断、早治疗;做出正确诊断后,对其他健康鸡群和假定健康鸡群先后及时地进行相应的紧急免疫接种。

第三十六,加强鸡群的饲养管理,喂给鸡群富含维生素的优质全价饲料,供给新鲜清洁的饮水,增强鸡群的抵抗力。

(七)供销环节的兽医卫生防疫要求

第三十七,本场对饲养鸡采取"全进全出"制;购买的鸡必须来自同一个种鸡场或孵化场所提供的同一批鸡。

第三十八,不准从疫区购买饲料及饲料原料,不准购进霉败变质饲料。

第三十九,不准从疫区和发病的种鸡场购买鸡。

第四十,从外地购进鸡苗时,应会同兽医技术人员一起了解当地及其周边地区的疫情及所购鸡群的免疫情况及用药情况等,并经当地兽医检疫机构检疫后签发检疫证明,才能购入。

第四十一,对所购鸡苗入场前要进行严格的消毒后放入育雏室隔离饲养。

第四十二,鸡群淘汰销售鸡时,应经兽医技术人员检查批准后备档方可销售。绝不调出或出售传染病患鸡和隔离封锁解除之前的健康鸡。

(八)人员消毒

第四十三,如果外出,返回场内后要在大门口淋浴更衣,场内隔离5天,之后进入生产区和鸡舍之前再次进行淋浴更衣。

第四十四,消毒双手的消毒液每天更换1次。

第四十五,所有人员工作服必须定期清洗消毒,所有衣服定区洗涤;防疫衣服及时消毒后洗涤。

第四十六，进鸡舍前要更换工作衣，脚踏消毒池。

第四十七，任何人员进入鸡舍前消毒双手。

第四十八，人员不准在净道和污道相串。

第四十九，参观人员所乘的车辆不准入内。

第五十，每日下班应消毒工作间、淋浴间和更衣室。

（九）兽医技术员的职责

第五十一，技术员负责病虫防治，监督员负责药品发放和疫情汇报。

第五十二，依各个季节、不同病害，根据本场实际情况采取主动积极的措施进行防护。

第五十三，技术员应根据病虫害发生情况开出当日处方用药，监督员根据当日处方用药与配药一起准备药品，监督员应准备好药品交付当日班长，并按当日处方使用方法和剂量全程监督施药。

第五十四，技术员应每日观察害虫发生及鸡的生长情况，对鸡病虫害应做到早预防、早发现、早治疗。对异常鸡和死鸡要进行镜检以确定病虫害，遇到无法确定的情况应当日汇报给公司，公司请权威部门予以确定，并把确定的情况及时告诉技术员。

第五十五，如发生重要疫病及重要事项时，应及时做好隔离措施。

第五十六，监督员应监督技术员的病虫害发现情况，同时应将重要疫病及重要事项报告公司及检验检疫局部门。

（十）监督员的职责

第五十七，遵守检验检疫有关法律和规定，诚实守信，忠实履行职责。

第五十八，负责养殖场生产、卫生防疫、药物、有机饲料等管理制度的建立和实施。

第五十九，负责对养殖用药品、有机饲料的采购的审核以及技术员开具的处方单进行审核，符合要求方可签字发药。

第六十，监管养殖场药物的使用，确保不使用禁用药，并严格遵守停药期。

第六十一，如实填写各项记录，保证各项记录符合公司和其他管理和检验检疫机构的要求。

第六十二，应积极配合检验检疫人员和公司实施日常监管和抽样。

第六十三，发现重要疫病和事项，及时报告公司和检验检疫部门。

第二节　实施综合性卫生防疫措施

　　鸡场内的各种饲养管理和卫生防疫措施组合起来就如同一个篱笆，能够保护篱笆内的鸡群不受外界的伤害。如果篱笆的任何一个部分出现缺损，就会给各种病害对鸡群的侵害打开通路。这些环节包括种源与种质量、饲料质量、卫生防疫措施与落实、养殖环境条件、饲养管理制度与规程等。不要期望只强调某一环节就能够解决鸡群的健康问题。但是，这种情况在实际生产中很多见，一些蛋鸡场非常重视给鸡群接种疫苗、投药，而在其他方面重视不够，结果并没有有效控制疾病的发生。

一、加强鸡场的隔离管理

　　鸡场要远离居民区、畜禽生产场所和相关设施、集贸市场、交通要道；鸡场的设施应合理利用地势、气候条件、风向及分隔空间。

　　合理划分功能单元。按照各个生产环节的需要，合理划分功能区。要便于对人、鸡、设备、运输，甚至空气走向进行严格的生物安全控制。

　　房舍建筑应注意相对密封性，便于环境控制。主要针对温度、湿度、通风、气流大小和方向、光照等气候因素。便于清洗和消毒，可给鸡群提供安全和舒适的生存环境。建筑物应能防鸟、防鼠、防虫。

二、加强引种的防疫管理

　　第一，不能从疫区或感染传染病的种鸡场引种，供种场要有种畜禽生产经营许可证和卫生防疫合格证，并对所引批次的鸡苗进行检疫，合格的才可外销。尽可能减少鸡群进入鸡舍前的病原携带，通过日常的饲养管理减少病原侵袭和增强鸡群抵抗力。

　　第二，引进病原控制清楚的鸡群。重点检测无垂直传播的，甚至无蛋壳传播的病原，主要针对白血病、鸡白痢等。

　　第三，避免不同品种、不同来源的鸡群混养，实行"全进全出"的饲养方式，尽量做到免疫状态相同。

　　第四，进行鸡群的日常观察及病情分析、鸡群的定期健康状况检查及免疫状态检测。

　　第五，防止运输环节中的感染。

三、为鸡群提供适宜的环境条件

环境条件不仅影响蛋鸡的生产性能,对鸡群的健康也会产生重要影响,很多传染病都属于条件性疾病。环境条件不适宜就可能诱发疾病或加重疾病的危害。

在蛋鸡生产中,每年 11 月以后到翌年 3 月,当外界气温偏低甚至寒冷的季节是传染病发生的主要时期,这个阶段因传染病死亡的鸡数量约占全年死亡鸡总数的 80% 以上。究其原因还是在中原及北方地区鸡舍的保温隔热设计存在缺陷,进入低温季节后鸡舍内的温度较低,为了保温常常降低通风量,这样导致鸡舍内空气几乎不流通,空气中有害气体、粉尘和微生物含量显著升高,鸡群感染的概率增高;此外,在这个季节进行通风的时候常常造成进风口附近温度突然下降,一些鸡容易受凉致使其抵抗力下降,给病原微生物的侵袭提供了机会。如果能够解决好低温季节鸡舍的通风问题则将会显著降低这个季节鸡群的死淘数量。

鸡舍潮湿、饲养密度大、通风不良也是大肠杆菌等细菌性疾病和一些寄生虫病发生的重要诱因。

四、保证良好的饲料质量

良好的饲料质量是蛋鸡高产的重要基础,也是良好蛋品质量的重要保障,同时也是鸡群健康的重要影响因素。

饲料营养水平低或营养不平衡、某些营养素缺乏或过多都会导致蛋鸡出现营养缺乏症或中毒,影响鸡正常的生理机能。

饲料受污染(如微生物、杀虫剂、重金属等)也是造成鸡健康问题的重要原因;饲料中毒素(如霉菌毒素、游离棉酚等)含量高也会对鸡产生毒性作用。

一些研究表明,适当提高饲料中维生素 A、维生素 E 的含量有助于提高鸡对人工感染大肠杆菌和球虫的抵抗力。

五、严格的消毒管理

合理地组织消毒能够有效杀灭环境中的病原体,是减少鸡群感染概率的主要措施。

1. 常用的消毒方法

(1)一般喷雾消毒　将配制好的消毒药水对准鸡舍墙壁、器具及其他设备进行喷雾,路面的消毒也可采用此法。另外,鸡群也可定期喷雾消毒。

(2)高压水枪喷洒消毒 适用于空棚后的彻底的棚舍消毒,使所有的灰尘随消毒水落于地面而不至随风飞扬。因为有些病原体(如新城疫病毒、传染性喉气管炎病毒、马立克病毒、沙门菌和霍乱弧菌等)易吸附于灰尘上,当用扫帚清扫时,灰尘可随风飘扬相当长的一段距离,使环境发生污染。

(3)清洗擦拭消毒 鸡舍内可移动的设备移至舍外用水冲洗,如有结痂块的地方,可经浸泡后用刀刮下,然后再用消毒水作擦拭消毒。

(4)熏蒸消毒 将消毒药经过处理后,使其产生杀菌性气体,用它来消灭一些死角的病原体。为了增加消毒的效果,可以密闭鸡舍的门、窗和风口。24小时后再开始通风换气。常用的消毒药为福尔马林＋高锰酸钾。

(5)浸泡消毒 鸡舍内的一些小用具,如蛋盘等物品可放在消毒水槽内浸泡2小时,然后用水冲洗干净。

(6)物理消毒 用火焰喷射器对准鸡舍的墙壁、地面和笼具等进行火焰消毒,利用高温将病原体杀死。阳光也是天然的消毒剂,一般病毒在直射的阳光下由几分钟到几小时可以杀死。

(7)生物消毒 用生物学方法来消灭病原体。如将鸡粪堆集发酵产生高温而杀灭病原体。

2. 不同对象的消毒要求

(1)人员及运载工具的消毒 由于人的活动,各种交通运输工具来往于不同养鸡场之间,有可能带来被污染的器具、饲料、种蛋、商品蛋、灰尘等,而将病原微生物带入鸡场,这是特别危险的因素,因此养鸡场应有很好的隔离条件。养鸡场要建有围墙,并且只有一个用于车辆和人员进出的控制入口。出入场区和生产车间、鸡舍的主要通道必须设置消毒池,消毒池的长度为进出车辆车轮2个周长以上,消毒池上方最好建顶棚,防止日晒雨淋,消毒液可用消毒时间长的复合酚消毒剂或3%～5%氢氧化钠溶液,每周更换2～3次。每栋鸡舍的门前要设置脚踏消毒池,消毒液每天更换1次。原则上不接待任何来访者,场内人员不得随意进出场区,对许可出入场区的一切人员、运载工具必须进行消毒并记录在案。

工作人员进入禽舍必须要淋浴,换上清洁消毒好的工作衣帽。工作服不准穿出生产区,饲养期间应定期更换清洗,清洗后的工作服要用太阳光照射消毒或熏蒸消毒。工作人员的手用肥皂洗净后,浸于消毒液如洗必泰或新洁尔灭等溶液内3～5分,清水冲洗后擦干。然后穿上生产区的水鞋或其他专用鞋,通过脚踏消毒池进入生产区。蛋箱、料车等运载工具频繁出入禽舍,必须事先洗刷干燥后,再进行熏蒸消毒备用。舍内工具固定,不得互相串用。其他非生产性用品,一律不能带入生产区内。

(2)养鸡场环境卫生消毒　在生产过程中保持内外环境的清洁非常重要,清洁是发挥良好消毒作用的基础。生产场区要求无杂草、垃圾。场区净、污道分开,运雏车和饲料车等走净道,病死鸡及粪便等走污道并在远离鸡舍的区域进行无害化处理。道路硬化,两旁有排水沟;沟底硬化,不积水,排水方向从清洁区流向污染区。平时应做好场区环境卫生工作,经常使用高压水清洗,每月对场区道路、水泥地面、排水沟等区域用3%~5%氢氧化钠溶液等消毒液进行4~5次的喷洒消毒,育雏舍内及其周围在育雏期间最好每天消毒1次。保持鸡舍四周清洁无杂物,定期喷洒杀虫剂消灭昆虫。在老鼠洞和其出没的地方投放毒鼠药消灭老鼠。

(3)空鸡舍的消毒　每栋鸡舍全群移出后,在下一批鸡进鸡舍之前,必须对鸡舍及用具进行全面彻底的严格消毒。鸡舍的全面消毒包括鸡舍排空、机械性清扫、用水冲净、消毒药消毒、干燥、再消毒、再干燥。

在空舍后,要先用3%~5%氢氧化钠溶液或常规消毒液进行1次喷洒消毒,如果有寄生虫还要加用杀虫剂,主要目的是防止粪便、飞羽和粉尘等污染舍区环境。移出饲养设备(料槽、饮水器、底网等),在一个专门的清洁区对它们进行清洗消毒。对排风扇、通风口、天花板、鸡笼、墙壁等部位的积垢进行清扫,经过清扫后,用高压水枪由上到下、由内向外冲洗干净。对较脏的地方,可先进行人工刮除,要注意对角落、缝隙、设施背面的冲洗,做到不留死角,真正达到清洁。

鸡舍经彻底洗净干燥,再经过必要的检修维护后,即可进行消毒。首先用2%氢氧化钠溶液或5%甲醛溶液喷洒消毒。24小时后用高压水枪冲洗,干燥后再喷雾消毒1次。为了提高消毒效果,一般要求使用2种以上不同类型的消毒药进行至少3次的消毒(建议消毒顺序:甲醛→氯制剂→复合碘制剂→熏蒸),喷雾消毒要使消毒对象表面至湿润挂水珠,最后一次最好把所有用具放入禽舍再进行密闭熏蒸消毒。熏蒸消毒一般每立方米的禽舍空间,使用福尔马林42毫升、高锰酸钾21克、水21毫升,先将水倒入耐腐蚀的容器内,加入高锰酸钾搅拌均匀,再加入福尔马林,消毒人员操作时要戴防毒面具,操作完毕迅速离开。门窗密闭24小时后,打开门窗通风换气2天以上,散尽余气后方可使用。

（4）鸡舍的带鸡消毒　带鸡消毒就是对鸡舍内的一切物品及鸡体、空间用一定浓度的消毒液进行喷洒或熏蒸消毒,以清除鸡舍内的多种病原微生物,阻止其在舍内积累。并能有效降低禽舍空气中浮游的尘埃,避免呼吸道疾病的发生,确保鸡群健康。它是当代集约化养鸡综合防疫的重要组成部分,是控制鸡舍内环境污染和疫病传播的有效手段之一。实践证明,坚持每日或隔日对鸡群进行喷雾消毒可以大大减轻疫病的发生,在夏季还有降温的作用。

带鸡消毒须慎重选择消毒药,要对人和鸡的吸入毒性、刺激性、皮肤吸收性小,不会侵入并残留在肉和蛋中,对金属、塑料制品的腐蚀性小或无腐蚀性。养鸡场常选用 0.3% 过氧乙酸、0.1% 次氯酸钠等。消毒剂稀释后稳定性变差,不宜久存,应现用现配,一次用完。配制消毒药液应选择杂质较少的深井水或自来水,寒冷季节水温要高一些,以防水分蒸发引起家禽受凉而患病;炎热季节水温要低一些并选在气温最高时,以便消毒,同时起到防暑降温的作用。喷雾用药物的浓度要均匀,必须由专职人员按说明规定配制,对不易溶于水的药应充分搅拌使其溶解。

带鸡消毒的着眼点不应限于鸡的体表,而应包括整个鸡群所在的空间和环境,否则就不能对部分疫病取得较好的控制。先对鸡舍环境进行彻底的清洁,以提高消毒效果和节约药物的用量。消毒器械一般选用高压喷雾器或背负式手摇喷雾器,将喷头高举空中,喷嘴向上以画圆圈方式先内后外逐步喷洒,使药液如雾一样缓慢下落。要喷到墙壁、屋顶、地面,以均匀湿润和鸡体表稍湿为宜,不得直喷鸡体。喷出的雾粒直径应控制在 80~120 微米,不要小于 50 微米。雾粒过大易造成喷雾不均匀和禽舍太潮湿,且在空中下降速度太快,与空气中的病原微生物、尘埃接触不充分,起不到消毒空气的作用;雾粒太小则易被家禽吸入肺泡,诱发呼吸道疾病。

（5）饮水消毒　水质的好坏直接影响畜禽的饮水量、饲料消耗、健康和生产水平,作为动物机体一种重要的营养成分,畜禽对水的摄入量远远大于其他营养元素。为保证鸡群健康无病,平时要定期对鸡进行饮水消毒。饮用水消毒剂应具有如下特点:无毒、无刺激性,能迅速溶解于水并能快速释放出杀菌的有效成分,对各种天然水中所含的各种类型的致病微生物有强烈的杀灭作用,不与水中的无机物和有机物起反应或产生有毒的化合物,作用时操作简单方便。目前较多使用的饮水消毒剂有漂白粉、次氯酸钠、1210 消毒剂等。

（6）污水和粪便消毒　被病原体污染的水、含有病原微生物和寄生虫卵的粪便,尤其是患有传染病的畜禽粪便中含的病原微生物数量更多,如果不进

蛋鸡标准化安全生产关键技术

行消毒处理,容易造成污染和传播疾病。因此,污水和畜禽粪便应该进行严格的消毒处理。对污水处理可采用沉淀法、过滤法、化学药品处理法等进行消毒,消毒药的用量视污水量而定;对粪便的处理可采用焚烧法、化学药品消毒法、掩埋法、生物热消毒法。目前主要采用生物热消毒法处理粪便,应用这种方法能使病原微生物污染的粪便变为无害,且不丧失肥料的应用价值。

(7)车辆消毒　拉雏车、拉料车、毛鸡车是传染病的主要传播媒介,因此要对接近鸡舍的这些车辆用3%～5%的过氧乙酸消毒,重点是轮胎的消毒,车辆离开后,立即用3%氢氧化钠液喷洒轮胎所接触的地面。用量为1～2升/米^2。

3. 鸡场常用消毒药

(1)醛类　戊二醛、环氧乙烷、甲醛等属高效消毒剂,其气体或液体均有强大杀灭微生物的作用。但对皮肤、黏膜有较强刺激作用。

(2)复合酚类　菌毒敌、农家福、菌毒灭、来苏儿等,对病原微生物有较好的杀灭作用,使用方便。但对皮肤、黏膜有一定腐蚀性。

(3)含碘化合物　碘附等,生产成本高,且碘有升华特性,放置时间较长时有效碘含量会降低,直接影响消毒效果。

(4)含氯制剂　84消毒液、菌毒净、优氯净等。可杀灭所有类型微生物,可用于饮水消毒。缺点是易受有机物及酸碱度影响,能漂白、腐蚀物品。

(5)季铵盐类　消毒－99、百毒杀等,对细菌繁殖体和亲脂性病毒有较好杀灭作用,但对细菌芽孢和亲水性病毒不能杀灭。

(6)碱类消毒剂　常用的有氢氧化钠、氧化钙等,此类消毒剂的抗菌强度取决于碱液中氢氧根离子的解离度,解离度越高,氢氧根离子浓度越高,抗菌活性越强。氢氧化钠对细菌、病毒、寄生虫卵杀灭作用强,常用1%～2%热溶液,消毒鸡舍、地面、环境及物品;消毒效果好,但有较强腐蚀性,消毒饲具后,须用清水洗净。生石灰(氧化钙)对细菌、病毒有杀灭作用。一般配成20%石灰乳(1千克生石灰加5升水),要现用现配,防止失效,常用于墙壁、地面粪池、污水沟等处消毒。

(7)过氧化物类消毒剂　是指能够产生具有杀菌能力的活性氧的一类消毒剂,如过氧乙酸、过氧化氢、过氧戊二酸、臭氧、二氧化氯等。过氧乙酸、过氧化氢、过氧戊二酸不稳定,刺激性强,长期使用对人和动物眼睛、呼吸道黏膜、环境有强力的破坏性。高锰酸钾为强氧化剂消毒剂,消毒时一般采用0.1%水溶液清洗皮肤、黏膜的创伤、溃疡、化脓等;也可与福尔马林混合进行空气熏蒸消毒;高锰酸钾还原后生成的二氧化锰可与蛋白质结合形成蛋白盐类复合物,有收敛和止泻的作用。

(8)醇类消毒剂 此类消毒剂应用最多的是乙醇,又名酒精,70%~75%的乙醇可杀灭一般繁殖型细菌,但对芽孢无效,其杀菌机制是使菌体蛋白迅速凝固、脱水、变性。但当乙醇浓度高于75%时,会使细菌表层蛋白质很快凝固,妨碍乙醇向细菌体内渗入,影响杀菌效果,一般用于皮肤、小型器械及注射过程的消毒。

(9)表面活性剂类 常用的有新洁尔灭、洗必泰、杜米芬等。这类消毒药又称除污剂或清洁剂,可降低菌体的表面张力,有利于油的乳化而除去油污,产生一定的清洁作用。另外,表面活性剂还能吸附于细菌表面,改变菌体细胞膜的通透性,使菌体内的酶、辅酶和中间代谢产物选出,阻碍了细菌的呼吸和糖酵解的过程,使菌体蛋白变性,而出现杀菌作用。

4. 消毒注意事项

第一,根据所要消毒的微生物选择消毒剂,如要杀灭细菌芽孢或无囊膜病毒,必须选用高效消毒剂。根据不同消毒药物的消毒作用、特性、成分、原理、使用方法及消毒对象、目的、疫病种类,选用两种或两种以上的消毒剂按一定的时间交替使用,使各种消毒剂的作用优势互补,确保消毒效果。

第二,消毒药不能随意混合使用,酚类、醛类、氯制剂等不宜与碱性消毒剂混合,阳离子表面活性剂(新洁尔灭等)不宜与阴离子表面活性剂(肥皂等)混合。

第三,要有足够的消毒剂量,消毒剂量是杀灭微生物的基本条件,它包括消毒强度和消毒时间两个方面,化学消毒剂的消毒强度指消毒剂浓度,增加浓度相应提高消毒速度,消毒作用加强,但浓度也不宜过高,过高的浓度往往对消毒对象不利,有的还有腐蚀性、刺激性,同时盲目增加浓度反而造成不必要的浪费。另外减少消毒时间会降低消毒效果,但浓度降低至一定程度,即使再延长消毒时间也达不到消毒目的。如果污染的微生物数量较多,如严重污染的物品、场地,应先进行卫生清洁工作,并适当加大消毒剂的用量和延长消毒时间。

第四,注意消毒的环境条件、温度和湿度。通常温度升高消毒速度会加快,增加药物渗透力,显著提高消毒效果。许多消毒剂在温度低时反应速度缓慢,甚至不能发挥消毒作用,如福尔马林在室温20℃以上消毒效果非常好,在室温15℃以下消毒效果不好。湿度对熏蒸消毒的影响较大,熏蒸消毒鸡舍时,舍内温度保持在18~28℃,空气中的相对湿度达到70%以上才能很好地起到消毒作用。另外,大部分消毒剂在干燥后就失去消毒作用,溶液型消毒剂在溶液中才能有效地发挥作用。

酸碱度:病原微生物适宜生长pH值在6~8,过高或过低的pH值有利于杀灭病原微生物,另外pH值影响很多消毒剂的消毒效果,如酚类、氯制剂、碘制剂等在酸性条件下杀菌力强,新洁尔灭等在碱性条件下杀菌力强。

第五,在活疫苗免疫接种前后2天内,或饮水中加入其他有配伍禁忌的药物时,应暂停带鸡消毒,以防影响免疫或治疗效果。带鸡消毒时间最好固定,且应在暗光下进行,以防应激。

第六,有机物质的存在,在消毒环境中常有畜禽分泌物、粪便、脓液、饲料残渣等各种有机物,会严重消耗消毒剂,降低消毒效果。原因主要是:有机物覆盖在病菌表面,妨碍消毒剂与病菌直接接触而延迟消毒反应;部分有机物可与消毒剂发生反应生成溶解度更低或杀菌能力更弱的物质,甚至产生的不溶性物质反过来与其他组分一起对病原微生物起到机械保护作用;消毒剂被有机物所消耗降低了对病原微生物的作用浓度。氯制剂、单纯季铵盐类、过氧化物类等消毒作用明显受有机物影响,碘附类消毒剂则受有机物影响就比较小些。

第七,不可忽视周围外环境消毒,尤其是鸡场通道、饲养员服装、鞋、帽、靴、车等传播途径的消毒,切断传播源,保证消毒效果。

第八,消毒操作人员要佩戴防护用品,以免消毒药物刺激眼、手、皮肤及黏膜等。同时也应注意避免消毒药物伤害禽群及物品,严禁把氢氧化钠溶液作带禽喷雾消毒使用。

六、做好疫苗接种工作

目前,通过接种疫苗是预防鸡的病毒性传染病和部分细菌性传染病的主要措施。

1. 常用的疫苗

(1)单价活苗 常用的有新城疫Ⅱ系、Ⅳ系,传染性法氏囊炎疫苗、传染性支气管炎疫苗、鸡痘疫苗等。

(2)活苗联苗 新城疫-传染性支气管炎二联苗、传染性喉气管炎-禽痘二联苗等。

(3)单价灭活苗 新城疫油苗、禽流感油苗、败血支原体灭活苗等。

（4）灭活苗联苗　新城疫－禽流感二联苗、新城疫－传染性支气管炎二联苗、新城疫－传染性支气管炎－产蛋下降综合征三联苗、新城疫－传染性支气管炎－禽流感三联苗等。

2. 疫苗的接种方法

疫苗接种途径有很多，可分注射、饮水、滴鼻滴眼、气雾、穿刺法、涂肛等，生产中要根据疫苗的种类、鸡的日龄、健康状况等选择最适当的方法。

（1）注射法　这是当前蛋鸡生产中最常使用的方法，此法需要对每只鸡进行保定，使用连续注射器可按照疫苗规定数量进行肌内或皮下注射，此法虽然有免疫效果准确的一面，但也有捉鸡费力和产生应激等缺点。注射时，除应注意正确的注射量外，还应注意质量，如注射时应经常摇动疫苗并使其均匀。常用的有皮下注射和肌内注射两种方法。

1）皮下注射　一般在鸡颈背侧中部两翅膀尖端交叉点注射，用拇指和食指捏住颈中线的皮肤并向上提起，使其形成个囊，注意一定捏住皮肤，而不能只捏住羽毛，确保针头插入皮下，以防疫苗注到体外。注射部位不要靠近头部，否则易引起肿头。

2）肌内注射　以胸部前侧面肌肉为好，该部位肌肉较厚，注射时应斜向前入针，以防插入肝脏或胸腔引起鸡死亡；也可选择腿部肌肉注射，以鸡大腿内侧无外显血管处为佳。

（2）饮水法　本法为活毒疫苗的常用方法之一，适用于各阶段的鸡群，尤其是用于产蛋期间的鸡群。既能减小应激又节省人力，但疫苗损失较多，也可能造成饮水不均、免疫程度不齐，所以需要有足够的饮水器，使鸡都能充分地得到饮水。使用此法应注意：饮用水避免酸、碱以及化学物质（如氯离子）的影响，免疫前后 24 小时不得饮用消毒水，所以最好用凉开水免疫，同时在水中加入脱脂奶粉 0.25% ~ 0.5%；饮水免疫前，要给鸡断水 2 ~ 4 小时，根据季节、气候掌握，而后要在 1 ~ 2 小时内将稀释的疫苗全部喝完，同时应避免强烈阳光照射疫苗溶液；饮水器用清水冲洗，擦洗干净，数量足够。

（3）滴鼻滴眼　雏鸡早期的活毒疫苗接种常用此法。用滴瓶向眼内或鼻腔滴入 1 滴（0.03 毫升）活毒疫苗。滴鼻时，为了使疫苗很好地吸入，可用手将对侧的鼻孔堵住，让其吸进去。滴眼时，握住鸡的头部，面朝上，将一滴疫苗滴入面朝上一侧的眼皮内，不能让其流掉。速度要慢，一只一只免疫，待流入鼻眼后松开鸡，防止漏免。

在这种方法的基础上，目前还演化出了滴口法和浸喙法。滴口法是用左手握住雏鸡并用大拇指和食指将雏鸡的上下喙错开,右手用滴管或滴瓶将稀释后的疫苗滴入雏鸡口中;浸喙法则是将稀释后的疫苗放在小碗中,将雏鸡的喙部浸入疫苗中并淹没鼻孔,待雏鸡鼻孔冒出气泡后取出即可。

(4)气雾法 将活毒疫苗按喷雾规定稀释,用适当粒度(30~50 微米)的喷雾器在鸡群上方离鸡 0.5 米处喷雾。在短时间内,可使大群鸡吸入疫苗获得免疫。在做喷雾前,要关掉风机、门窗,免疫后大约 15 分,重新打开。本法由于刺激呼吸道黏膜,所以避免在初次免疫时使用,尤其是可能有支原体的鸡群,容易引起慢性呼吸道病症状。

(5)刺种法 此法为鸡痘疫苗接种时使用,展开鸡的翅膀,用接种针在鸡的翼膜无血管处穿刺,病毒在穿刺部位的皮肤处增殖产生免疫。

3. 蛋鸡的免疫程序

免疫程序就是根据蛋鸡生产特点和传染病的发病特点,结合疫苗的生物学特点,为一个鸡群制定在什么日龄接种哪种疫苗的技术方案。

(1)制定蛋鸡免疫程序的技术 很多蛋鸡养殖场、养殖户所采用的免疫程序大都是参照科技书刊编制或由供应商直接提供的,但是,由于每个地方疫病的流行情况不同,免疫程序也不尽相似,在一个养鸡场或蛋鸡养殖合作社制定免疫程序的时候必须根据当地的实际情况和需要,应该考虑的问题主要有:

1)本场及周围的疫病流行情况 当地鸡病的流行情况、危害程度、本鸡场疫病的流行病史、发病特点、多发日龄、流行季节、鸡场间的安全距离等都是制定和设计免疫程序时首先综合考虑的因素。

2)所用疫苗的毒力和类型 疫苗有多种分类方法,就同一种疫病的疫苗来说,可有中毒、弱毒、灭活苗之分,同时又有单价和多价之别。每类疫苗免疫以后产生免疫保护所需的时间、免疫保护期、对机体的毒副作用是不同的。一般而言,毒力强毒副作用大,免疫后产生免疫保护需要的时间短而免疫保护期长;毒力弱则相反。灭活苗免疫后产生免疫保护需要的时间最长,但免疫后能获得较整齐的抗体滴度水平。

3)免疫后产生保护所需时间及保护期 疫苗免疫后因疫苗种类、类型、接种途径、毒力、免疫次数、鸡群的应激状态等不同而产生免疫保护所需时间及免疫保护期差异很大,新城疫灭活苗注射后需 15 天具有保护力,免疫期为 6 个月。所以虽然抗体的衰减速度因管理水平、环境的污染差异而不同,但盲目过频的免疫或仅免疫一次以及超过免疫保护期长时间不补免都是很危险的。

4)兼顾免疫干扰和免疫抑制因素　多种疫苗同时免疫,或一种疫苗免疫后由于对免疫器官的损伤从而影响其他疫苗的免疫效果。据资料介绍,新城疫单苗和传染性支气管炎单苗同时使用会相互干扰而影响免疫效果;中等毒力法氏囊疫苗免疫后,由于对法氏囊的损伤从而影响其他疫苗的免疫效果。因此,在没有弄清是否有干扰存在的情况下,两种疫苗的免疫时间最好间隔5~7天。

5)母源抗体的水平及干扰　母源抗体在保护机体免受侵害的同时也影响免疫抗体的产生,从而影响免疫效果。在母源抗体有保证的情况下,鸡新城疫的首免一般选在9~10日龄,法氏囊首免宜在14~16日龄。

6)鸡群健康和用药情况　在饲养过程中,预先制定好的免疫程序也不是一成不变的,而是要根据抗体监测结果和鸡群健康状况及用药情况随时进行调整;抗体监测可以查明鸡群的免疫状况,指导免疫程序的设计和调整。对发病鸡群,不应进行免疫,以免加剧免疫接种后的反应,但发病时的紧急免疫接种则另当别论;有些药物能抑制机体的免疫,所以在免疫前后尽量不要使用抗生素。

7)免疫方法　设计免疫程序时应考虑合适的免疫途径,正规疫苗生产厂家提供的产品均附有说明书,一般活苗采用饮水、喷雾、滴鼻、点眼、刺种及注射免疫,灭活苗则须肌内或皮下注射。合适的免疫途径可以刺激机体尽快产生免疫力,不合适的免疫途径则可能导致免疫失败,如油乳剂灭活苗不能饮水、喷雾;同一种疫苗用不同的免疫途径所获得的免疫效果也不一样,如新城疫疫苗,滴鼻点眼的免疫效果比饮水要好一些。

(2)蛋鸡免疫程序示例　这里介绍的免疫程序是一些蛋鸡场曾经使用过的,但是作为一个特定的蛋鸡场,这些程序仅能作为参考,必须通过技术人员进行适当调整。

蛋鸡推荐免疫程序一:

1日龄:马立克疫苗,肌内注射。

7日龄:传染性支气管炎疫苗(H120),饮水或滴鼻。

10日龄:新城疫Ⅳ苗,滴鼻、点眼或饮水。

14日龄:法氏囊炎疫苗,滴鼻、点眼或饮水。

20日龄:新-支-法(小三联)冻干苗,饮水;小三联油苗,肌内注射(0.3毫升/羽)。

30日龄:鸡痘苗,刺种(需两针约0.01毫升/羽)。

40 日龄:禽流感(H5)油苗,肌内注射(0.5 毫升/羽)。

50 日龄:慢性呼吸道病(鸡毒支原体)疫苗,点眼。

70 日龄:新城疫Ⅰ系活苗、新城疫油苗,同时肌内注射(0.5 毫升/羽)。

100 日龄:新 - 支 - 减(大三联)苗(0.8 毫升/羽),肌内注射。

110 日龄:传染性鼻炎苗(0.5 毫升/羽),肌内注射。

120 日龄:禽流感(H5、H9)油苗,肌内注射(1 毫升/羽)。

250 日龄:大三联油苗,胸肌注射(0.8 毫升/羽)。

蛋鸡推荐免疫程序二:

1 日龄:马立克疫苗,肌内注射。

7 日龄:新 - 支(H120)二联苗,滴鼻、点眼或饮水。

14 日龄:法氏囊苗,饮水、点眼或滴鼻。

24 日龄:新 - 支 - 法(小三联)苗,饮水;小三联油苗,胸肌注射(0.3 毫升/羽)。

35 日龄:鸡痘苗,刺种(需两针约 0.01 毫升/羽)。

50 日龄:慢性呼吸道病(鸡毒支原体)疫苗,点眼。

60 日龄:新 - 支 - 流油苗,肌内注射。

95 日龄:禽流感(H5、H9)油苗,肌内注射(1 毫升/羽)。

110 日龄:新 - 支 - 减(大三联)苗(0.8 毫升/羽),肌内注射。

120 日龄:传染性鼻炎苗(0.5 毫升/羽),肌内注射。

250 日龄:大三联油苗,胸肌注射(0.8 毫升/羽)。

蛋鸡推荐免疫程序三:

1 日龄:马立克疫苗,肌内注射。

3 ~ 5 日龄:新 - 支多价(进口)疫苗,点眼。

8 ~ 10 日龄:法氏囊炎疫苗,滴口。

13 ~ 15 日龄:新 - 支多价,点眼;新城疫油苗,注射;0.3 毫升鸡痘苗,刺种。

20 日龄:法氏囊炎疫苗,滴口或饮水。

25 日龄:禽流感(H5)灭活苗,注射(0.3 毫升/羽)。

30 日龄:新城疫(C30)疫苗,饮水(2.5 倍量)。

40 日龄:传染性喉气管炎疫苗,点眼(选用)。

45 日龄:禽流感(H9)油苗,注射(0.5 毫升/羽)。

55 ~ 60 日龄:新城疫Ⅰ系苗(油苗选用),注射(2 倍量)。

75 日龄:禽流感(H5)流感油苗,注射。

85 日龄:传染性鼻炎油苗,注射(选用)(0.5 毫升/羽)。

90 日龄:新－支(Ⅳ系－H52)二联苗,饮水 2 倍量。

100 日龄:传染性喉气管炎疫苗(选择反应小的使用),点眼(选用)。

115 日龄:新城疫(Ⅰ系)3 倍量、新－支－减三联油苗,注射(0.5 毫升/羽)。

125 日龄:禽流感(H5、H9)油苗,注射(各 0.5 毫升/羽)。

蛋鸡推荐免疫程序四:

1 日龄:马立克疫苗,皮下或肌内注射。

7～10 日龄:新城疫＋传染性支气管炎弱毒苗(H120),滴鼻或点眼;复合新城疫灭活苗＋多价传染性支气管炎灭活苗,皮下或肌内注射。

14～16 日龄:传染性法氏囊病弱毒苗,饮水。

20～25 日龄:新城疫(Ⅳ系)－传染性支气管炎(H52)二联苗,气雾或滴鼻或点眼;禽流感油苗,皮下注射 0.3 毫升/只。

30～35 日龄:传染性法氏囊病弱毒苗,饮水;鸡痘疫苗,翅内侧刺种或翅内侧皮下注射。

40 日龄:传染性喉气管炎弱毒苗,点眼。

60 日龄:新城疫Ⅰ系,肌内注射。

90 日龄:传染性喉气管炎弱毒苗,点眼。

110～120 日龄:新城疫＋传染性支气管炎＋减蛋综合征油苗,肌内注射;禽流感油苗,皮下注射 0.5 毫升/只;鸡痘弱毒苗,刺种或翅膀内侧皮下注射。

320～350 日龄:禽流感油苗皮下注射 0.5 毫升;新城疫Ⅰ系 2～3 倍量肌内注射。

4. 免疫接种注意事项

为保证鸡体在接种疫苗后,产生预期的免疫效果,在使用疫苗接种时,要充分了解疫苗的特性和使用方法。每一种疫苗,有其特定的免疫程序和免疫效力,是长期研究的成果,厂家通常都提供有使用方法及注意事项,应严格遵守。为保证预防接种的免疫效果,应注意以下几个问题:

(1)要按照免疫程序或抗体检测结果及时接种疫苗　适当的免疫程序对蛋鸡疫病的影响很大,没有正确的免疫程序就不能达到最佳的免疫效果,因为一个免疫程序的制定要考虑到该地区的疫情情况、蛋鸡的健康状况、母源抗体存在的因素、疫苗之间的拮抗作用等。有人错误地认为免疫次数一定要多,疫苗用量越大越好,这样不仅使机体免疫应答受到扰乱,免疫麻痹或免疫力下降,动物群体得不到有效保护,还会带来生产效益的下降。

规模化蛋鸡场或蛋鸡养殖合作社应该定期对每个鸡群进行抗体监测,把监测结果作为了解上次免疫效果和确定下次免疫时间的科学依据。

(2)要考虑疫苗间的相互干扰　几种疫苗同时使用(联苗除外)或接种时间相近时,有时会产生干扰作用。如传染性气管炎疫苗、球虫疫苗和鸡痘疫苗会干扰新城疫的免疫,接种新城疫弱毒苗后1周内不得接种传染性气管炎弱毒苗,鸡痘疫苗的干扰因素会影响10天左右,不同疫苗间免疫至少间隔6～7天。

(3)疫苗要科学管理　各类疫苗要有专人采购和专人保管,以确保疫苗的质量。各类疫苗在运输、保存过程要注意不要受热,活疫苗必须低温冷冻保存,灭活疫苗要求在4～8℃条件下保存。

(4)接种时鸡群应是健康的　疫苗接种前,应检查鸡群的健康情况,健康状况不佳的鸡群应暂缓接种,以免因为接种而诱发疾病的发生或加重疾病的危害。但是,如果是已经感染的鸡群进行紧急接种则除外。

(5)用品用具要消毒　接种疫苗用的器械(如注射器、针头、镊子、滴管等)都要事先消毒好,用过后再次消毒。参与免疫接种的人员及所穿戴衣帽也应经过消毒。活疫苗在接种后的空疫苗瓶子要在消毒药水中浸泡1个小时再深埋或做其他处理。

(6)使用前的检查与记录　疫苗使用前要逐瓶检查,观察疫苗瓶有否破损,封口是否严密,瓶签是否完整,是否在有效期内,剂量记载是否清楚,稀释液是否清晰,油乳剂疫苗有无分层现象等,并在免疫接种记录表中记下疫苗生产厂家、名称、批号等,以便备案。

(7)要慎用某些药物　在免疫前后2天最好慎用消毒药、抗生素或抗病毒药,否则易灭活疫苗,破坏疫苗的抗原性。另外,某些抗菌药如磺胺类、呋喃类药物会影响抗体淋巴细胞的免疫功能,抑制抗体的产生。

(8)保证免疫接种的可靠性　参与接种疫苗的人员必须提前进行培训,由技术人员进行示范演示并提出注意事项,在接种过程中要及时抽查。

(9)免疫接种过程中的注意事项　疫苗不要放置日光下暴晒,应置于阴凉处;接种疫苗时,不能同时使用抗血清;免疫接种过程,必须注意消毒剂不要与疫苗接触。疫苗一旦启封使用,必须在规定时间内用完。

(10)要加强营养,减轻免疫应激　免疫前后各2天可用电解多维给鸡群饮水;接种过程中要减少对鸡群的惊扰,以免加重鸡群的应激反应,严重的甚至造成死亡。要科学合理地选择接种时间。滴鼻、点眼和注射免疫时,最好在晚上进行,这时不仅抓鸡容易,而且应激较轻。

七、合理使用抗菌和抗寄生虫药物

由细菌、支原体和寄生虫引起的疾病都可以使用药物进行防治。这类疾病也是当前蛋鸡场内较多发生的,很多鸡场负责人不得不经常用药进行预防或治疗。如果能够合理使用药物对于防控这类疾病是很有效的,但是,用药不合理则可能造成鸡蛋、鸡肉中药物的残留、细菌耐药性的形成等问题。

1. 药物的使用方法

不同的给药方法,不仅会影响药物的吸收速度和程度、药效出现的时间和维持时间,甚至还使药物作用的性质发生改变。因此,为了保证药物预防和治疗效果,除了要选用最有效的药物之外,还要注意药物剂量及剂型,根据鸡的生理特点、病理状况,结合药物的性质,选择正确的投药方法。鸡场常用的给药方法有以下几种。

(1)群体给药法 这是给大群鸡用药的时候使用的给药方法。

1)混饲给药 也称拌料给药,它是将药物均匀地拌入饲料中,让鸡群在采食饲料的同时摄入药物。该法适用于群体给药和预防性用药,尤其适用于长期性投药;对于不溶于水或适口性差的药物采用混饲给药更为恰当。当鸡群食欲差或不食时不能采用此法。

应用混饲给药应注意以下几个问题:一是要严格掌握混饲给药的浓度,要先精确估计鸡的平均体重,确定每只鸡所需的用药量,然后估计每只鸡每天平均的摄入饲料量,再按此比例混入药物,使每只鸡每天都能吃到应有的药量;二是要保证药物和饲料混合均匀,否则可能会导致一部分鸡摄入药物过多而出现药物中毒,而另一部分鸡吃不到足够量的药物,达不到防治目的;三是注意药物的配伍禁忌,如莫能菌素、盐霉素禁止与泰妙菌素、泰乐菌素合用,否则会造成鸡生长受阻,甚至中毒死亡。

2)混饮给药 将药物溶解于饮水中让鸡群自由饮用。适于短期投药或群体性紧急治疗,特别适用于鸡群因病食欲下降甚至不能吃料,但还能饮水的情况。

除了注意混料给药的一些事项外,混饮给药还应注意以下几点:通过混饮给药的主要是易溶于水的药品;那些较难溶于水的药物,通过加热、搅拌或加

蛋鸡标准化安全生产关键技术

助溶剂等方法能够使其溶解的也可以通过饮水给药。掌握饮水给药时间的长短,饮水时间过长,药物失效;时间过短,有部分鸡摄入剂量不足。对于在水中一定时间内易破坏的药物,如盐酸多西环素、氨苄西林等,药液量不宜太多,应让鸡群在短时间(1~2小时)内饮完。注意药物的浓度,药物在饮水中的浓度最好以用药鸡群的总体重、饮水量为依据。准确控制加药的饮水量,根据鸡群的可能饮水量来计算药液量,药液宜现配现用,以一次用量为好,以免药物长期在环境中放置而降低疗效。水量太少,易引起少数饮水过多的鸡中毒;水量太多,一时饮不完则药物容易失效,达不到防治疾病的目的。注意水质对药物的影响,混饮给药一般用去离子水为佳,也可选用深井水、冷开水。为使鸡群在规定时间内能顺利将药液喝完,在用药前必须对其先行断水使其感到口渴,断水时间视舍温情况而定,舍温在28℃以上,控制在1.5~2小时;舍温在28℃以下,控制在2.5~3小时。注意药物之间的配伍禁忌,若同时使用两种以上药物饮水给药时,必须注意它们之间是否存在配伍禁忌。有些药物同时使用会发生中和、沉淀、分解等,使药物无效。如液体型磺胺药与酸性药物(维生素B、维生素C、盐酸四环素等)合用会析出沉淀。

3)气雾给药　使用气雾发生器将药液分散成为雾粒,让鸡通过呼吸道吸入并作用于呼吸道黏膜和肺部甚至气囊的一种给药法。由于禽类肺泡面积很大,并有丰富的毛细血管,还具有发达的气囊,所以应用气雾给药时,药物吸收快,作用出现迅速,不仅能起到局部作用,也能经肺部吸收后出现全身作用。

使用气雾给药时,应注意以下几点:一是合理选择药物,要求选择对动物呼吸道无刺激性,且能溶解于呼吸道分泌物中的药物,否则不宜使用。二是准确掌握用药剂量,同一种药物,其气雾剂的剂量与其他剂型的剂量未必相同,不能随意套用。三是严格控制雾粒的大小,颗粒越小,越容易进入肺泡,但却与肺泡表面的黏着力小,容易随肺脏呼气排出体外;颗粒越大,则大部分散落在地面和墙壁或停留在呼吸道黏膜表面,不易进入肺脏深部,造成药物吸收不好。临床用药时,应根据用药目的,适当调节气雾颗粒的大小。如果要治疗深部呼吸道或全身感染,气雾颗粒的大小应控制在0.5~5微米,如果要治疗上呼吸道炎症或使药物主要作用于上呼吸道则要加大雾化颗粒。四是掌握药物的吸湿性,若要使微粒到达肺的深部,应选择吸湿性弱的药物;若治疗上呼吸道疾病时,应选择吸湿性强的药物。

(2)个体给药法　这是针对个体使用的给药方法,尤其是在鸡群中出现少量需要单独给药治疗的个体的情况下适用本方法。

1）口服给药　将药物的水剂、片剂、丸剂、胶囊剂及粉剂等，经口投服即为口服法。常用的口服法有如下3种：一是用左手食指伸入鸡的舌基部，将舌尽量拉出，并与拇指配合固定在下腭，右手即将药物投入，此法适用于给成鸡口服丸剂、片剂及粉剂等；二是用左手拇指和食指抓住冠或头部皮肤，向后倒，当喙张开时右手将药物滴入，让其咽下，反复进行，直至服完，此法适用于易溶于水且剂量较小的药物；三是用带有软塑料管的注射器，将禽喙拨开后，把注射器中药物液通过软塑料管送入食道。

本方法的优点是给药剂量准确，并能让每只鸡都服入药物；缺点是花费人工较多，而且较注射给药吸收慢，尤其是吸收过程由于受到消化道内各种酶和酸碱度的影响，所以药效出现迟缓。

2）注射给药　当鸡群病情危急或不能口服药物时，可采用注射给药。主要有皮下注射、肌内注射和嗉囊注射等。其中以皮下注射和肌内注射最常用。注射给药时，应注意注射器的消毒和勤换针头。皮下注射时可采用颈部皮下、胸部皮下和腿部皮下等部位；肌内注射时可在大腿外侧肌肉、胸部肌肉和翼根内侧等肌肉丰满的部位注射；嗉囊注射则常用于注射对口咽有刺激性的药物或禽有短暂性吞咽障碍、张喙困难而又急需服药时，当误食毒物时也可采用嗉囊注射解毒药物。

2. 正确选择用药

根据技术人员的建议到质量有保证、信誉好的兽药经营单位购买药品，并注意每种药品包装上的生产批号、生产厂址、生产日期或保质期以及使用说明书，严禁购买"三无"或过期变质的药品。片剂外观应完整光洁，色泽均匀，硬度适中，无黑点、花斑，无破碎、发黏、变色，无异臭味。粉针剂应无黏瓶、变色、结块、变质等。水针剂药液必须澄清，无混浊、变色、结晶、长菌等现象。中药材要无吸潮霉变，无虫蛀、鼠咬等。

蛋鸡养殖过程中常用的几类药物及其特点：

（1）磺胺类药物　磺胺类药物是人工合成的抗微生物药物，对畜禽细菌性感染的疾病和一些原虫病有着很好的防治作用。常见的有磺胺嘧啶、磺胺噻唑、磺胺氯吡嗪、增效磺胺嘧啶等药物，养鸡生产中常用于防治白痢、球虫病、盲肠炎、肝炎和其他细菌性疾病，但不能滥用。这类药主要用于雏鸡和青年鸡，对产蛋鸡应禁用，产蛋鸡如果使用了上述药物，会使鸡产软壳蛋和薄壳蛋。此外，含有磺胺类成分的药物都会抑制鸡产蛋。

（2）四环素类抗生素　属于广谱抗生素，常见的主要是金霉素，主要呈现抑菌作用,高浓度有杀菌作用,除对革兰阳性和阴性菌有抑制作用外,还对支原体、霉形体、各种立克次体、钩端螺旋体和某些原虫也有抑制作用。该类药对鸡白痢、鸡伤寒、鸡霍乱和滑膜炎霉形体有良效,但副作用也较大,不仅对消化道有刺激作用,损坏肝脏,而且会与鸡消化道中的钙离子、镁离子等金属离子结合形成络合物而妨碍钙的吸收,同时金霉素还能与血浆中的钙离子结合,形成难溶的钙盐排出体外,从而使鸡体缺钙,导致鸡产软壳蛋,蛋的品质差,也使鸡的产蛋率下降。

（3）氨基糖苷类抗生素 主要有链霉素和新霉素,对革兰阴性杆菌的作用远比革兰阳性菌强,应用比较普遍。但是产蛋鸡在使用这些药物后,从产蛋率上看有明显下降,尤其是链霉素在停药后,产蛋率回升较慢,对产蛋性能有影响。

（4）抗球虫类药物 如氯苯胍、莫能霉素、球虫净、氯羟基吡啶（克球粉）、尼卡巴嗪、硝基氯苯酰胺等,这些药物一方面有抑制产蛋的作用,另一方面能在肉、蛋中残留。莫能霉素会影响鸡的免疫力,用量不能超过饲料量的0.01%,若超0.02%会降低鸡的采食量,影响产蛋量和蛋重,故产蛋鸡应限制使用;给蛋鸡超剂量或长期服用氯苯胍,会使其所产的蛋有特殊臭味,故该药不宜用于产蛋鸡;克球粉可抑制鸡对球虫的免疫力,用量超过0.04%会影响鸡的生长及产蛋;尼卡巴嗪用量在0.012 5%以上能轻度抑制鸡免疫力,用量超过0.08%时会使鸡出现贫血,产蛋率、受精率下降和蛋壳色泽变浅,故产蛋鸡应禁用。此外,产蛋鸡还应禁用氨丙啉、二甲硫胺、禽宁、盐霉素、马杜霉素、拉沙洛菌素等。

3. 制订合理的给药方案

根据蛋鸡的生产特点,一般要遵从的药物使用原则为:用药主要在育雏期和育成期,分为治疗用药和预防用药。治疗用药须凭兽医处方购买,在兽医指导下正确使用。蛋鸡饲养以群养为主,预防重于治疗,因此用药剂型中大量选用预混剂混饲,或可溶性粉混饮方式,基本不用片剂剂型或注射液剂型,以方便饲养者使用。蛋鸡进入产蛋期后,大多数采用笼养方式饲养。因此,蛋鸡感染寄生虫的机会大大减少,只要管理得好,产蛋期母鸡需要药物治疗的情况较少,在蛋鸡饲料中禁止加入任何药物添加剂,以防止供人食用的鸡蛋中药物残留超标。

（1）用药前一定要先弄清病情,做到对症下药 如果一味凭主观用药,凭经验想当然,凭原来如何如何,往往会延误病情,甚至适得其反。因为随着养殖业的不断发展,鸡群的疾病变得越来越复杂化、多样化。

(2)合理选择药物　产蛋期用药容易导致鸡蛋的药物残留超标,绝大多数药物都禁止在产蛋期使用。由于蛋鸡在产蛋期可用药物较少,如遇个别或少量严重生病蛋鸡,若治疗成本超过其本身价值,则应放弃治疗,将病鸡淘汰。产蛋期只允许使用国家规定的产蛋期允许使用的治疗药物,且要严格遵守休药规定。

控制合适的剂量:根据用药的目的、病情的缓急轻重及病原体对药物的敏感性确定适宜的给药剂量。首次用药可适当增加剂量,随后几天用维持量,用量不能过多或过少。剂量太小不仅达不到治疗疾病的目的,还无端造成药物浪费,贻误治疗,且易产生耐药菌株;剂量太大易产生毒性反应和药物残留。

(3)要有足够的疗程　药物在体内不断代谢,足够的疗程才能保证有效血药浓度的时间,达到彻底消除病因的效果。疗程的长短应根据病情的长短而定。一般传染病和感染症应连续用药 3 ~ 5 天,直到症状消失后再用 1 ~ 2 天,切忌停药过早导致疾病复发。对于某些慢性病,应根据病情需要而延长疗程。

(4)选择合适的给药途径　合适的给药途径是药物取得疗效的保证。采用何种给药途径取决于药物本身的理化性质和鸡群的病情、食欲、饮欲状况以及鸡群大小等因素。不溶于水的药物要混料饲喂,且混合要均匀;易溶于水的药物多采用饮水给药,但须注意药物溶于水后要在规定的时间内饮完。在治疗严重的消化道感染并发败血症、菌血症时,除了内服给药外,往往还要配合注射给药。

4. 禁止使用违禁药品

在养鸡生产中要注意不能使用违禁药品。农业部规定的禁用兽药目录:

(1)食品动物禁用的兽药

1)禁用于所有食品动物的兽药(2 类)　兴奋剂类:克仑特罗、沙丁胺醇、西马特罗及其盐、酯及制剂。性激素类:己烯雌酚及其盐、酯及制剂。具有雌激素样作用的物质:玉米赤霉醇、去甲雄三烯醇酮、醋酸甲孕酮及制剂。氯霉素及其盐、酯(包括琥珀氯霉素)及制剂。氨苯砜及制剂。硝基呋喃类:呋喃西林和呋喃妥因及其盐、酯及制剂;呋喃唑酮、呋喃它酮、呋喃苯烯酸钠及制剂。硝基化合物:硝基酚钠、硝呋烯腙及制剂。催眠、镇静类:安眠酮及制剂。硝基咪唑类:替硝唑及其盐、酯及制剂。喹噁啉类:卡巴氧及其盐、酯及制剂。抗生素类:万古霉素及其盐、酯及制剂。

2）禁用于所有食品动物、用作杀虫剂、清塘剂、抗菌或杀螺剂的兽药(9类)　林丹(丙体六六六)、毒杀芬(氯化烯)、呋喃丹(克百威)、杀虫脒(克死螨)、酒石酸锑钾、锥虫肿胺、孔雀石绿、五氯酚酸钠,各种汞制剂包括:氯化亚汞(甘汞)、硝酸亚汞、醋酸汞、吡啶基醋酸汞。

3）禁用于所有食品动物用作促生长的兽药(3类)　性激素类:甲基睾丸酮、丙酸睾酮、苯丙酸诺龙、苯甲酸雌二醇及其盐、酯及制剂。催眠、镇静类:氯丙嗪、地西泮(安定)及其盐、酯及其制剂。硝基咪唑类:甲硝唑、地美硝唑及其盐、酯及制剂。

4）禁用于水生食品动物用作杀虫剂的兽药(1类)　双甲脒。

（2）其他违禁药物和非法添加物　肾上腺素受体激动剂:盐酸克仑特罗、沙丁胺醇、硫酸沙丁胺醇、莱克多巴胺、盐酸多巴胺、西巴特罗、硫酸特布他林。性激素:己烯雌酚、雌二醇、戊酸雌二醇、苯甲酸雌二醇、氯烯雌醚、炔诺醇、炔诺醚、醋酸氯地孕酮、左炔诺孕酮、炔诺酮、绒毛膜促性腺激素(绒促性素)、促卵泡生长激素(尿促性素,主要含卵泡刺激 FSHT 和黄体生成素 LH)。蛋白同化激素:碘化酪蛋白、苯丙酸诺龙及苯丙酸诺龙注射液。精神药品:(盐酸)氯丙嗪、盐酸异丙嗪、安定(地西泮)、苯巴比妥、苯巴比妥钠、巴比妥、异戊巴比妥、异戊巴比妥钠、利血平、艾司唑仑、甲丙氨酯、咪达唑仑、硝西泮、奥沙西泮、匹莫林、三唑仑、唑吡旦、其他国家管制的精神药品。各种抗生素滤渣:该类物质是抗生素类产品生产过程中产生的工业"三废",因含有微量抗生素成分,在饲料和饲养过程中使用后对动物有一定的促生长作用。但对养殖业的危害很大,一是容易引起耐药性,二是由于未做安全性试验,存在各种安全隐患。

5. 防止病原体耐药性的产生

耐药性又称抗药性,系指微生物、寄生虫对于化学药物作用的耐受性,耐药性一旦产生,药物的化疗作用就明显下降。病原体对某种药物耐药后,对于结构近似或作用性质相同的药物也可显示耐药性,称为交叉耐药。抗药性的产生使正常剂量的药物不再发挥应有的杀菌效果,甚至使药物完全无效,从而给疾病的治疗造成困难,并容易使疾病蔓延。

防止病原体产生耐药性应严格按照抗生素的抗菌谱选用药物,必要时应先进行药物敏感试验,按时按量服用抗生素,使体内药物始终维持在合理的浓度,以求彻底杀灭病原菌而又尽量减少对鸡体的毒副作用,必要时进行治疗药物监测检查;不滥用抗生素,尤其是广谱抗生素等。

6. 药物敏感性试验

抗菌药物敏感性试验通常用于检测被分离的各种病原菌对所选定抗菌药物的敏感或耐药的程度,为合理选用抗生素、提高治疗效果提供科学依据。在大型养鸡企业中一般都要求其实验室能够开展这项工作。常用的药敏试验方法有琼脂扩散试验(K–B法)和稀释试验定量测定最低抑菌浓度(MIC)。

(1)纸片琼脂扩散法(K–B法) 选用水解酪蛋白琼脂(M–H琼脂)培养基,适合快速生长的致病菌,对于苛养菌则需使用嗜血杆菌专用琼脂平皿(HTMA/GCA)。发酵菌K–B法药敏试验只适用铜绿假单胞菌和不动杆菌属的判断标准,其他非发酵菌,如嗜麦芽窄食单胞菌等建议用最低抑菌浓度(MIC)法检测耐药性,以避免误导临床错用抗生素。

(2)液体稀释法 用于测定MIC、MBC(最小杀菌浓度)、MIC(能抑制50%试验菌的MIC)和MIC(能抑制90%试验菌的MIC)。液体稀释法比较烦琐,一般不作为常规试验。通常用于调查罕见耐药,调查药敏定性试验结果敏感,但临床疗效不佳的原因。MIC药敏测定必须关注的是在培养基制备和测定过程中药物的失活,在不同培养基中,因为成分和制备过程中药物变化程度不同出现不同的MIC。

(3)浓度梯度法(E–test) 是一种检测细菌或真菌对抗菌药物敏感性的新方法,主要包括一个含有连续抗菌剂梯度的试条。该法与微量稀释法具有良好的一致性,只是浓度梯度法所测MIC值普遍略高于微量稀释法。E–test法药敏试验用于探讨耐药机制,准确鉴定耐药性。

(4)联合药敏试验 对临床上病原菌不明的感染、单一药物不能控制的混合感染、全身性铜绿假单胞菌感染、长期用药可能产生耐药的感染(结核、慢性骨髓炎)和病原菌为多重耐药菌株等,宜作联合药敏试验。

药敏报告规则通常分敏感、耐药、中度敏感3个档次。中度敏感或中介度,这一范围只是抑菌环直径介于敏感和耐药之间的缓冲域,以防止由于微小的技术因素失控所导致的较大的结果解释错误,抑菌环落入中介度范围,意义不明确,如果没有其他可以替代的药物,应重复或以稀释法测定MIC。一般认为药敏结果与临床有80%~90%的符合率。

八、做好污染物的无害化处理

1. 蛋鸡场的污染物

蛋鸡场的污染物主要有病死鸡、粪便、污水、孵化废弃物等。

（1）病死鸡 这是蛋鸡场内重要的传染源，是危害鸡群生产安全的最大隐患。病死鸡体内有大量的病原体（细菌、病毒、真菌、寄生虫等），如果没有经过无害化处理，就会不断向周围环境中扩散病原体。目前，在蛋鸡生产中病死鸡的产生量还是比较大的，以产蛋鸡群为例，当每个月的死淘率达到1%的情况下，一个存栏5万只的蛋鸡场每个月产生的病死鸡和无养殖价值的鸡就有500只。

（2）粪便 这是蛋鸡场环境污染的主要源头，鸡粪中含有大量微生物和未被鸡吸收的各种营养素（包括有害物质）以及代谢产物。一只蛋鸡每天排出鲜粪的量为100克左右，经过风干（含水率下降到50%）后的重量约为70克，一个饲养5万只鸡的蛋鸡场，每天产鲜鸡粪可达5吨，年产量可达1 800吨左右。

（3）污水 包括从饮水设备中排出的水、冲洗鸡舍、洗刷用具、场地消毒后的污水、粪便中渗出的水、生活污水等。污水中同样含有大量微生物和营养素及有害物质，而且也是蚊蝇滋生的重要条件。

（4）孵化废弃物 包括碎蛋壳、死雏、残弱雏、毛蛋等，也是病原体的重要携带者。

2. 污染物的危害

（1）臭气问题 鸡场臭气的产生，主要是两类物质，即粪便中残留的碳水化合物和含氮有机物，这两类物质在厌氧的环境条件下，可分解释放出带酸味、臭蛋味、鱼腥味、烂白菜味等带刺激性的特殊气味。若臭气浓度不大、量少，可由大气释稀扩散到上空，不引起公害问题；若是在相对狭小的空间内（如鸡舍中）量大且长期高浓度存在，会影响人体和鸡群的健康。

（2）水体的富营养化 鸡场粪尿、污水不经处理排入水流缓慢的水体，如水池、沟渠、水库、水田等水域，水中的水生生物，特别是藻类，获得氮、磷、钾等丰富的营养后立即大量繁殖，消耗水中氧，在池塘威胁其他生物的生存。会引起植物根系腐烂，鱼虾死亡，在水底层进行厌氧分解，产生硫化氢、硫醇等恶臭物质，使水呈黑色。地下水受污染也会使其中的矿物质（包括重金属、有害元素等）、有机物、微生物含量升高，如果作为人和鸡群的饮用水则容易引起健康问题，同时也会引起供水系统的锈蚀。

（3）传播"人畜共患"病 据世界卫生组织和联合国粮农组织的资料（1958），由动物传染给人的人畜共患的传染病至少有90余种，其中由禽类传染的有24种（主要的如禽流感、沙门菌、大肠杆菌等），这些人畜共患疾病的载体主要是家禽粪便及排泄物。

（4）粉尘污染　鸡群生活过程中有很多环节会产生粉尘,如添加饲料、采食过程产生的饲料粉尘,羽毛和皮肤的代谢过程产生的皮屑和毛屑,干燥粪便产生的灰尘等,鸡舍内的粉尘产生量还是比较大的,如果一个干净的鸡舍养鸡10周以后就会发现顶棚表面有粉尘集聚、梁下蜘蛛网上和墙壁表面及设备表面有大量粉尘。粉尘是微生物在空气中传播的重要载体,也是引起呼吸道炎症的重要诱因。

（5）土壤污染　由于畜禽废弃物中的大量病原微生物、寄生虫卵等随污水进入土壤中,直接污染土壤和地下水。而且粪便作为有机肥料播撒到农田中去,也将导致磷、铜、锌及其他微量元素在环境中的富集,从而对农作物产生毒害作用,严重影响作物的生长发育,使作物减产。而这些受污染的农作物作为饲料原料也会影响鸡产品的质量安全。

（6）鸡产品的污染　环境、饲料和饮水的微生物污染既可引起鸡发病又会污染鸡蛋和鸡肉,每年由于鸡蛋被沙门菌污染而引起人的肠道感染病例多达近百万。当鸡群被微生物感染后会发生传染病,生产者为了防治鸡病而会出现抗生素饲料添加剂被广泛应用,如果不控制用量以及畜禽在屠宰前或其产品(蛋)上市前未能按规定停用,可使抗生素在禽产品中残留,从而通过食物链使人体产生一定的毒性反应和过敏反应。此外,经检测,动物食用黄曲霉毒素污染的饲料后,在肝、肾、肌肉、血、奶及蛋,可测出极微量的黄曲霉毒素 B_1 或其代谢产物,对人致癌的危险性很大。

3. 污染物的无害化处理

鸡场污染物的无害化处理是指及时将各种污染物进行高温处理,杀灭其中的病原体,灭活其中有害残留的毒素、抗生素,分解其中的某些代谢产物(如尿酸盐等),使其中的有害成分及时被消除而成为能够被利用的资源。

（1）固体污染物的无害化处理　包括粪便、病死鸡和孵化废弃物的处理。

1）粪便的无害化处理　目前,鸡粪的无害化处理主要是暴晒、发酵、烘干3种处理方式,有时会将3种方式或其中2种方式结合应用。

暴晒是将鸡舍内清理出来的鸡粪摊在水泥地面或土地的表面,利用太阳辐射使鸡粪升温而使粪便中的水分蒸发,这样既可以使粪便干燥以便于存放和运输、施用,也能够在一定程度上抑制微生物的繁殖或杀灭大部分微生物。这种方法需要有较大的晾晒地方,而且在阴雨天气不容易处理。

发酵是将鸡粪从鸡舍内清理出来后利用微生物进行处理。鸡粪发酵作肥料的传统办法是让其自然堆积发酵 5~6 个月,这样臭味散发,既污染环境又造成养分大量流失。而用微生物发酵法处理鸡粪,不仅能加快发酵过程,缩短发酵时间,防止浪费,提高鸡粪的营养价值,而且能通过发酵产生温度烘干鸡粪,节省能耗。利用菌种发酵鲜鸡粪,发酵时需要添加一些辅料来进行吸收鲜鸡粪中的水分,太多水分容易导致不透气,微生物不能产生发酵作用,辅料选择多种多样,目的就是能吸收部分鲜鸡粪中的水分。辅料一般选择:锯末、秸秆、草灰炭等。添加的比例约:70% 的鸡粪,30% 的辅料,同时添加菌种等。混合均匀,堆成高约 1 米、宽 1.5~2 米,长度不限的堆。水分控制在 40% 左右(注意:视发酵原料干湿程度增减稀释用水水量,稀释的菌种用水应是发酵原料的 35%~40%,拌成以手握成团,指缝见水但不滴水珠,松手即散为好。注意:水多了易酸,少了发酵不透。如发酵原料较湿,应减少稀释的用水量),并在堆顶打孔通气,最后用长方形塑料布将肥堆覆盖,塑料布与地面相接,隔 1 米压一重物,使膜内既通风又避免被大风鼓起。冬季一般 1 个月以上,夏季 14~21 天。

烘干处理是利用鸡粪烘干设备对鸡粪进行高温和脱水处理。鸡粪干燥机主要由供热源、上料机、进料机、回转滚筒、物料破碎装置、出料机、引风机、卸料器和配电柜构成;脱水后的湿物料加入干燥机后,在滚筒内均布的抄板器翻动下,物料在干燥机内均匀分散与热空气充分接触,加快了干燥传热、传质。在干燥过程中,物料在带有倾斜度的抄板和热气质的作用下,至干燥机另一段星形卸料阀排出成品。通过鸡粪烘干机干燥处理,可以将鸡粪的含水量降到15% 以下。这样干鸡粪中的病原体被杀灭了、没有臭味,质量减轻了,体积减小了,便于储藏和运输。通常每吨鸡粪的处理成本约为 180 元。一般在生产中常常将鸡粪进行暴晒或堆积发酵后,使其中的水分含量降低至 45% 左右再进行烘干处理。如果鸡粪含水率太高不仅烘干成本会增加,实际处理过程也非常麻烦。

2)病死鸡的无害化处理 病死鸡的无害化处理方式主要有焚烧、深埋、化尸罐处理、发酵、高温化制等。

焚烧处理:集中焚化,是目前常用的病死鸡处理方法,使用专门的焚化炉将病死鸡进行焚烧处理。通常在一个大型蛋鸡场内专门安装焚尸炉或在一个养鸡业集中的地区可联合兴建病死鸡焚化处理厂,统一由密闭的运输车辆负责将各场的病死鸡运送到焚化厂,集中处理。这种处理方法的优点是处理死鸡安全彻底,不会对周围环境、兽疫安全造成危害,但大群焚烧时就有对空气的污染问题,而且设备一次性投资大,运行成本较高。

深埋处理:在鸡场的下风向距生产区较远处,挖一深坑,一般5万只鸡的鸡场挖10米³的深坑即够用,坑上加盖封好,留40厘米²的小口,以备投入死鸡用,死鸡扔进坑内后把盖子盖上,坑周围定期用消毒剂进行消毒。

化尸罐处理:使用直径约2米、深度约3米的玻璃钢罐,埋入地下约2.5米,上部露出地面约0.5米以防止地表水进入罐内。每天将死鸡投入罐内之后将盖子关严。一个场可以设置3个化尸罐,轮换使用。当一个罐内死鸡填入数量接近一半容量的时候将罐盖密封并用土覆盖,一个月后罐内的死鸡尸体被消化,可以将羽毛、骨头等取出后消毒深埋即可。

发酵处理:是在地下或地上建发酵池,深度2米、宽度2米、长度5米左右。每天将病死鸡与碎秸秆、发酵剂混合堆积在发酵池内,由里向外依序堆放,上面盖碎秸秆20厘米厚之后用土覆盖。当一个发酵池堆满后进行全面发酵,一个月后即可完成发酵过程。

高温化制:使用高温化制设备,每天将病死鸡放入能够密闭的化制容器内,开启锅炉加热,使容器内的死鸡在高温高压状态下脱水并使脂肪溶解,溶解后的脂肪收集在容器中可以作为饲料原料或工业原料使用,干燥的鸡尸体经过粉碎处理后可以作为饲料原料或有机肥使用。

3)孵化废弃物的无害化处理　主要有消毒后深埋、高温干燥处理等处理方法。

(2)污水的无害化处理　蛋鸡场日常产生的污水很少,一般要求污水要通过专门的管道集中收集到污水池内集中处理。常用的处理方法包括沉淀处理、曝气处理、水生植物净化处理和沼气化处理等。也可以经过稀释后用于灌溉农田。

第三节　常见疾病的防治

除加强日常的饲养管理、环境管理和卫生防疫管理之外,对于常见疾病要了解其发病特点,掌握其防治措施,坚持预防为主,减少或避免疾病的发生。病毒性传染病的防治措施主要有:使用特异性的疫苗来预防相应的病毒性疾病;使用康复血清或高免卵黄抗体治疗;使用抗菌药物防止继发感染,同时进行对症治疗;使用免疫增强剂能提高机体免疫力,增强其康复能力。

一、病毒性传染病的防治

1. 新城疫的防治

(1)发病特点　本病不分品种、年龄和性别均可发生。幼雏和中雏易感性最高，两年以上的老鸡易感性较低。一年四季都能发病，但以春秋季节发病较多。病鸡是本病的主要传染源。由于各个鸡场都对鸡群接种了新城疫疫苗，基本控制了新城疫的大面积流行，使急性、暴发性新城疫造成毁灭性死亡的鸡群很少见。目前最常见的多数是非典型的发病，不表现典型的临床症状和病理变化。但是非典型新城疫能引起蛋鸡死淘率升高，产蛋下降，继发其他疾病，给家禽业造成巨大的经济损失。

(2)防治措施　免疫接种是预防本病的关键措施，蛋鸡的参考免疫程序：7日龄前后进行首免，用克隆-30(或Ⅳ系)滴鼻、点眼；在22～25日龄时进行二免，用Ⅳ系(或克隆-30)疫苗每1只鸡注射1头份；鸡群开产前(120日龄左右)进行三免，每只鸡注射1头份新城疫油乳剂灭活苗，有条件的还应进行一次弱毒苗(Ⅳ系苗或克隆-30)的气雾免疫。为了确切地了解鸡群的免疫状态，有条件的鸡场在新城疫油乳剂灭活苗免疫后15天，测定鸡群的抗体水平，如果抗体水平偏低或参差不齐，应立即进行免疫，使鸡群始终保持高度、一致的免疫力。

使用新城疫高免卵黄抗体能够起到一定的治疗作用。

2. 禽流感的防治

(1)发病特点　蛋鸡禽流感是由A型流感病毒引起的禽类传染病。各种家禽和野禽均可发生，常造成严重的经济损失。由于病毒的毒力不同，其临床症状十分复杂，可表现为高度致死性感染、程度不同的低致死性和各种临诊症状，也可能表现为无任何症状的亚临诊(隐性)感染。刚开产或高峰期的蛋鸡易感；低温季节发病较多(尤其是冬季和早春)；防疫不确实或毒株有变异的鸡群发病猛，传播速度快，往往3～5天从局部蔓延至全群；一般发病3日后出现典型症状及死亡高峰；大多数鸡群康复后产蛋率提升难度大，有的无治疗价值。

(2)防治措施　对禽流感预防采取综合性预防措施。预防疫苗有：H5N2灭活疫苗，每只鸡肌内或皮下注射0.5毫升。养殖场应远离居民区、集贸市场、交通要道，不从疫区引进种蛋和种鸡。一旦发生高致病性禽流感，必须对3千米以内的全部禽类扑杀、深埋，其污染物无害化处理，对疫区周围5千米范围内的所有易感禽类实施疫苗紧急接种,在疫区周围应建立免疫隔离带。疫苗接种只用于尚未感染禽流感的健康鸡群,种鸡和商品鸡群一般应进行2次以上免疫接种。

3. 马立克病的防治

(1)发病特点 鸡马立克病是由疱疹病毒引起的一种淋巴细胞增生性、高度接触性传染病。特点是病鸡的外周神经、性腺、虹膜、各种脏器、肌肉和皮肤等发生淋巴细胞浸润,肿大,形成肿瘤。年龄越小越易感,通常多出现在2～5月龄的鸡群,雌鸡比雄鸡易感。不同品种的鸡对本病的抵抗力及感染后发病率有一定差异。一些应激因素、饲养管理不良、维生素 A 缺乏、鸡球虫的存在等均可增加发病。

(2)防治措施 目前,本病只有通过接种疫苗进行预防。要严格按疫苗说明书进行操作,注意疫苗的保存、稀释和注射过程中应注意的问题;疫苗接种越早越好,一般 1 日龄进行;疫苗现配现用,稀释后 1 小时内用完,避免阳光照射;疫苗接种后进行隔离饲养,鸡舍要严格净化消毒,排除野毒和超强毒的存在;变异病毒株可使用火鸡疱疹病毒 FC126 株和鸡的不致病疱疹病毒 SB - 1 株联合疫苗或鸡的强毒减弱 Rispens 病毒株(CV1988)疫苗;为防止母源抗体的影响,不同代次鸡群应交替使用Ⅲ和Ⅱ型或Ⅰ型致弱疫苗(如亲代用Ⅱ型,子代用Ⅲ型),也可使用联苗Ⅰ型＋Ⅲ型或Ⅰ型＋Ⅱ型＋Ⅲ型;鸡场卫生环境不理想或受疫情感染时,可加倍量注射,或 2 周内进行重复注射。

接种疫苗的注意事项:使用火鸡疱疹病毒(HVT)苗时按瓶签说明羽份,加稀释液后,每只鸡皮下或肌内注射 0.2 毫升。注苗后 10～14 天产生免疫力,免疫持续期一年半,疫苗现用现配,稀释好的疫苗应放入盛有冰块的容器中,必须在 1 小时内用完。使用自然低毒力弱毒(814 株)疫苗,该疫苗必须在液氮中保存及运输,使用时从液氮中取出疫苗迅速放入 38℃ 左右的温水中,融化后用专用稀释液稀释,1 小时内必须用完。每只鸡肌内或皮下注射 0.2 毫升,注苗后 3 天可产生免疫力,免疫持续期为一年半。

4. 传染性法氏囊炎的防治

(1)发病特点 传染性法氏囊炎是一种高度接触性传染性疾病,血清Ⅰ型是引起鸡生病的主要类型。主要通过被病毒污染的饮水、饲料、垫料、运输工具、人员、接触鸡的设备或器材等传播,亦可由垫料灰尘引起气源传播,可经口腔、呼吸道、眼睛途径感染,自然感染后经过 5～7 天潜伏期即可引起临床发病。幼龄鸡群易感性最强,易感日龄与雏鸡体内母源抗体水平有关。据报道,

3～6周龄鸡群对超强毒法氏囊炎病毒更易感,有报道称15～20周龄蛋鸡群感染后会出现症状,雏鸡母源抗体低,而在2周龄之前感染,则可引起显著的免疫抑制,导致鸡群后续免疫效果差或容易继发细菌感染,饲料转化率低。

(2)防治措施 弱毒毒株疫苗常与灭活苗用于种鸡,中等毒力和中等偏强毒力疫苗能突破一定水平的母源抗体,更适合用于商品蛋鸡群的早期防疫。经采用琼脂扩散试验监测鸡群母源抗体水平,其阳性率低于80%时,应在10日、14日或17日龄进行首次免疫(首免);阳性率在80%～100%的,则应在7日或10日龄再次采血测定,此次阳性率低于50%时,在14日、17日或21日龄免疫。如阳性率在50%以上时,在17日、21日或24日龄时首免。用活苗首免的鸡经10天后进行第二次免疫(二免)。

如无监测母源抗体的条件,可根据实践的免疫经验确定免疫程序。雏鸡的首免时间一般为10～14日龄,二免以28～32日龄为好。为了使种母鸡在整个产蛋期内的种蛋中保持均匀一致的母源抗体和由此种种蛋孵出的种雏具有整齐的母源抗体水平,使3周龄内的雏鸡不发生本病,应在18～20周龄和40～42周龄时,用灭活苗各免疫1次。

早期病鸡可用鸡传染性法氏囊病高免卵黄抗体或高免血清治疗,有效率可达90%以上,每只鸡肌内或皮下注射0.5～0.8毫升,1～2次可获得较好效果。给鸡注射卵黄抗体后,经8～12小时血液中即可测到琼脂扩散抗体,一般经5～7天即可消失。因此,1周后应立即注射疫苗,以保证免疫效果。

5. 传染性支气管炎的防治

(1)发病特点 鸡传染性支气管炎是鸡的一种急性、高度接触性呼吸道传染病。通常分为呼吸道型和肾病变型。呼吸道型的特征是气管、支气管炎,呼吸困难。发出啰音、咳嗽、喷嚏。产蛋母鸡产蛋量下降。肾病变型以肾肿大、尿酸盐沉积为特征。各种年龄的鸡都易感,尤以6周龄以下雏鸡更易感。一年四季都可发病,尤以冬春季节多发,饲养管理条件差、突然更换饲料、鸡转群等都可成为本病的诱因。

(2)防治措施 鸡传染性支气管炎弱毒疫苗,分别由两种毒株制成:H52疫苗用于初生雏鸡,不同品种鸡均可用,免疫后至1～2月龄时,须用H120疫苗加强免疫。H120疫苗专供1月龄以上鸡应用,初生雏鸡不能用。使用时,用生理盐水、蒸馏水或凉开水稀释10倍,每只鸡滴鼻1滴,或采用饮水免疫法。H120苗的免疫期约为2个月,H52苗约为6个月。为使种鸡能将母源抗体传递给雏鸡,需要对种鸡重复免疫,在产蛋期每10～12周1次,以使后代雏鸡获得一致的母源抗体。鸡传染性支气管炎与新城疫二联苗的免疫程序为：雏鸡在1日龄时用传染性支气管炎病毒H52－新城疫病毒B（或Lasota苗）二联苗进行第一次滴鼻免疫，间隔20～30天，用传染性支气管炎病毒H52－新城疫病毒B（或Lasota苗）进行第二次免疫（饮水），间隔50～60天（即70～80日龄），用传染性支气管炎病毒H52－新城疫病毒B（或Lasota苗）二联苗第三次免疫（饮水）。二联苗的免疫持续期为4个月。肾病变型传染性支气管炎疫苗主要有：F株油乳剂灭活苗（F株为佛山肾病变型强毒株）。

目前，传染性支气管炎尚无特效的治疗药物，主要进行对症疗法。对肾病变型病例，于饮水中加入0.2%肾肿解毒药进行治疗，对于尿酸盐沉积、肾炎、肾肿有较好的疗效。对于呼吸道感染的鸡群采用中药咳喘平、禽喘康等，以减轻呼吸道症状，使用抗菌类药如环丙沙星、恩诺沙星、红霉素等防止细菌性疾病，尤其是大肠杆菌病或慢性呼吸道的继发感染。

6. 传染性喉气管炎的防治

（1）发病特点 传染性喉气管炎是由疱疹病毒引起的一种急性呼吸道传染病。其特征是呼吸困难、咳嗽和咯出含有血液的渗出物。本病一年四季均可发生，秋冬寒冷季节多发。虽然各种年龄的鸡都可感染，但是70日龄左右的鸡和产蛋期母鸡发生率较多。本病一旦传入鸡群，感染率可达90%～100%，死亡率一般在10%～20%。虽然致死率较高，但传染速度快慢不同，鸡群间的相互传播速度不等，自然病程在10～20天。

（2）防治措施 本场或本地区有传染性喉气管炎的发生和流行，就必须在育成期和产蛋前进行2次预防性免疫接种。一般45日龄首免，100日龄二免滴肛，有较好的预防作用。

发病后可紧急接种，时间越早效果越好。疫苗可选用进口或国产的弱毒疫苗，稍加量，必须点眼，不能滴鼻或饮水，除紧急接种外，还应即时隔离淘汰病鸡，改善空气质量，增加复合维生素的用量，紧急接种后两天内可用抗生素防治继发感染，并用氯化铵祛痰，用氨茶碱平喘，两天后，可用抗病毒及中药治疗。

7. 禽痘的防治

（1）发病特点 禽痘是由禽痘病毒引起的急性、高度接触性传染病。本病对雏禽和中雏的危害性较大，死亡率为5%～10%。成年鸡亦有发生，死亡率虽较低，但可使产蛋减少。禽痘多因皮肤和黏膜损伤感染引起，带毒的蚊虫叮咬更易造成传播的机会。一年四季均可发病。

（2）防治措施　目前，预防鸡痘首选鸡痘弱毒疫苗，用生理盐水稀释100倍后，用普通注射针头蘸取疫苗，在鸡翅内侧无血管处皮下刺种（具体稀释量与刺种次数见说明书），刺种后5~7天见刺种部位红肿，随后产生痂皮，则接种有效，否则须补免。免疫期雏鸡为2个月，青年鸡及成鸡为5个月。

治疗首先用2%过氧化氢或0.1%高锰酸钾清洗创面（有痂皮的，用手剥落，然后清洗）。消毒完毕后，用大蒜捣成泥状涂于患面，效果明显，但对口腔、眼结膜处不方便使用，因为大蒜刺激性大。也可用甲紫清洗创面，清除完毕后，口腔内用碘甘油涂擦，皮肤上用碘酊进行涂擦。

8. 产蛋下降综合征的防治

（1）发病特点　本病的病原是一种腺病毒，各日龄的鸡都能感染，感染后都在接近产蛋高峰期或正处于高峰期的时候发病。鸡群突然发生群体性产蛋率下降，并伴有褐色蛋、薄壳蛋、沙皮蛋，全群鸡产蛋率下降30%~50%。个别病鸡可见羽毛散落、腹泻、精神不振。

（2）防治措施　在110~120日龄每只鸡肌内注射0.5~0.7毫升减蛋综合征油苗或使用新城疫-传染性支气管炎-减蛋综合征三联油苗接种，最晚注射时间是产蛋率达50%之前15天。

发病的鸡群可以使用抗生素进行防治继发感染，同时增加复合维生素用量能够促进产蛋率的恢复。

二、细菌及真菌性传染病的防治

这类传染病的病原体为细菌或真菌，常存在于环境中，当环境条件适宜、饲料营养平衡、饲养密度适中、鸡群健康状况良好的情况下鸡能够抵御病原体，如果鸡群抗病力下降则很容易感染。因此，本类疾病常称为条件性传染病。保持良好的生产条件，合理使用药物是防治本类传染病的主要措施，部分疾病可以通过免疫接种进行预防。对于这类疾病要注意早发现，早治疗，如果病程延长则治疗效果不理想。

1. 大肠杆菌病的防治

（1）发病特点　鸡大肠杆菌病是由致病性大肠杆菌引起的各种鸡的急性、慢性细菌性传染病。临床特征是急性败血症、气囊炎、肝周炎、心包炎、卵黄性腹膜炎、输卵管炎、关节炎、肉芽肿、脐炎等症状。不分年龄，不分品种，所有鸡都感染，患病鸡是主要传染源，易感鸡经蛋和被污染的饲料、饮水，通过消化道、呼吸道、自然交配等传播。

（2）防治措施　大肠杆菌有很强的耐药性,用药时要交替使用药物品种或两种药物同时使用。用药前有条件的应通过药敏试验,选择适合的抗菌药物进行治疗,可减少用药成本,取得很好的治疗效果。参考用药方案:庆大霉素4 000～5 000单位/只,肌内注射或皮下注射每日一次,连用3天;氨苄青霉素25毫克/千克体重,肌内注射一日三次,连用3天;硫酸新霉素120～220毫克/千克混饲或60～110毫克/千克混饮;硫酸安普霉素200～500毫克/千克体重兑水混饮。

大肠杆菌苗对相同血清型的菌珠感染有较好保护作用,对不同血清型菌株感染的交叉菌株保护很低,甚至无交叉保护作用。所以在用菌苗前应做好致病性大肠杆菌血清型鉴定,确定血清型菌株,选择合适致病菌株的大肠杆菌菌苗进行免疫注射。

2. 鸡白痢的防治

（1）发病特点　本病是鸡的一种卵传性疾病,种鸡场如被本菌所污染,种鸡中就有一定比例的病鸡或带菌鸡,这些鸡所产的种蛋同样有一定比例是带菌的,在孵化过程中可造成胚胎死亡,孵出的雏鸡有弱雏、病雏。同时该病在同群鸡中又可以互相感染传播。各种年龄、品种的鸡都可感染,但以褐壳蛋鸡的易感性最高,白羽产白壳蛋的鸡种抵抗力稍强,但不注意本病的防治同样造成较大损失。在目前条件下大多数鸡群均有不同程度发生。本病一年四季均可发生,该病所造成的损失与种鸡场本病净化程度、鸡群饲养管理水平以及防治措施是否得当有着密切关系。

（2）防治措施　第一是对种鸡场进行逐只检疫净化,有条件的种鸡场必须对种鸡进行白痢病的检疫工作,连续3次,每次间隔1个月,全部淘汰阳性反应鸡。以后每隔3个月重复检疫1次。第二使用药物防治,最好先作药敏试验,一般用庆大霉素、卡那霉素、氟哌酸、磺胺类药物、氟苯尼考的效果较好。第三是在饲料中添加微生态制剂,利用生物竞争排斥的现象预防鸡白痢,具体可按照说明书使用。

3. 鸡伤寒的防治

（1）发病特点　是由禽伤寒沙门菌引起的家禽败血性传染病。该病与鸡白痢有许多相似之处,但对鸡的危害小于鸡白痢。本病发生无季节性,但以春、冬两季多发。各种年龄的鸡均可感染,主要侵害5周龄以上的鸡。雏鸡发生该病时与鸡白痢难以区别。

（2）防治措施　防治可选用磺胺二甲基嘧啶、氟哌酸、丁胺卡那霉素、庆大霉素等药物。在用抗生素治疗时,同时配给补液盐、电解多维、速补14等营养添加剂,疗效较好。

4. 鸡副伤寒的防治

(1)发病特点　本病是由沙门菌属中除鸡白痢和鸡伤寒沙门菌之外的众多血清型沙门菌所引起的沙门菌病的总称,引起禽副伤寒的沙门菌常见的有六七种,最主要的是鼠伤寒沙门菌。该病的发生常为散发或地方性流行,3周以下易发生,呈急性败血症,成年鸡则为慢性或隐性感染。以下痢、结膜炎、消瘦为特征。本病可以通过种蛋传染,沾染在蛋壳表面的病菌能够钻入蛋内,侵入卵黄部分,在孵化时也能污染孵化器和育雏器,在雏群中传播疾病。

(2)防治措施　可选用土霉素、恩诺沙星、乳酸环丙沙星、庆大霉素、氟哌酸、卡那霉素、强力霉素、磺胺类等药物进行防治。但治愈后的家禽很可能成为长期的带菌者,因此不能用治愈的鸡做种禽。

5. 传染性鼻炎的防治

(1)发病特点　由鸡副嗜血杆菌引起的一种鸡呼吸道疾病,以鼻腔发炎、流鼻涕、打喷嚏、面部肿胀,并伴发结膜炎为主要临诊表现。本病虽然通年可以发生,但夏季发生的少,以晚秋、冬季、初春及雨季多发,本病的发生与饲养环境有密切的关系,一般在通风不良的养鸡场和换气不良的鸡舍内容易发生。本病主要感染产蛋鸡群,18～40周龄产蛋鸡较常发生,且症状典型,发病严重,2～4月龄的育成鸡也时有发生,2月内的雏鸡有较强的抵抗力,临床上很少发病。该病以低死亡率、高发病率为特征。

(2)防治措施　我国鸡传染性鼻炎流行的血清型主要是A型,少数是C型,因而,疫苗应选择A、C型的二价苗。常用疫苗有油乳剂灭活苗和铝胶灭活苗两种剂型,首免在6～8周龄选用雅贝克IC(A＋C二价)铅胶苗,二免在12～16周龄雅贝克IC(A＋C二价)油剂苗。

磺胺类药物是治疗鸡传染性鼻炎的首先药物,一般用复方新诺明或磺胺增效剂与其他磺胺类药物合用,或用2～3种磺胺类药物组成的联磺制剂均能取得较明显效果。链霉素、青霉素、红霉素、土霉素也是常用治疗药物。发病严重的鸡,可用链霉素按每千克体重15万单位进行注射治疗。病程较长时,应考虑添加抗大肠杆菌的药物。

6. 鸡葡萄球菌病的防治

(1)发病特点　鸡葡萄球菌病的致病菌是金黄色葡萄球菌。任何年龄的鸡,甚至鸡胚都可以感染。虽然4～6周龄的雏鸡极其敏感,但实际上发生在

40～90日龄的中雏和育成鸡最多。本病一年四季均可发生,但近年来的流行病学调查显示,在雨季和潮湿季节发病较多,尤以每年8～11月为高发期,笼养鸡比平养鸡多见。本病的发生主要是细菌通过损伤的皮肤感染。

(2)防治措施　目前治疗该病可选择的药物很多,如庆大霉素、红霉素、青霉素、卡那霉素、氧氟沙星、多黏菌素等。由于金黄色葡萄球菌的耐药菌株日趋增加,所以在使用药物之前须经药敏试验后,选择最敏感的药物全群防治,同时还应注意定期轮换用药,以获得最佳疗效。

7. 禽霍乱的防治

(1)发病特点　禽霍乱是由多杀性巴氏杆菌引起的禽类急性败血性传染病,又名禽巴氏杆菌病、禽出血性败血症。该病常呈现败血性症状,发病率和死亡率很高,但也常出现慢性或良性经过。禽霍乱可侵害所有的家禽及野禽,鸡鸭最易感染,鹅不太易感染。患禽及带菌禽是该病的主要传染源,主要通过消化道及呼吸道感染。该病发生没有明显的季节性,在夏末、秋季比较容易发生该病。16周龄以下的鸡一般具有较强的抵抗力,育成后期和产蛋期的鸡群发病率较高。

(2)防治措施　鸡群发病应立即采取治疗措施,有条件的地方应通过药敏试验选择有效药物全群给药。磺胺类药物、红霉素、庆大霉素、环丙沙星、恩诺沙星、喹乙醇均有较好的疗效。在治疗过程中,剂量要足,疗程合理,当鸡死亡明显减少后,再继续投药2～3天以巩固疗效,防止复发。

接种疫苗也是预防本病的重要措施。禽巴氏杆菌病活疫苗是用禽多杀性巴氏杆菌弱毒株制成的,可用于预防3月龄以上的鸡巴氏杆菌病,疫苗保存在2～8℃冰箱中,疫苗稀释后应在8小时内用完,病禽、弱禽不宜免疫接种该疫苗;禽巴氏杆菌病灭活苗是用免疫原性好的多杀性巴氏杆菌经接种培养、甲醛溶液灭活后加氢氧化铝胶而制成的,可用于2月龄以上的鸡群,疫苗保存在2～8℃冰箱中。

8. 慢性呼吸道病的防治

(1)发病特点　是由鸡败血支原体引起的一种接触性慢性呼吸道传染性疾病。本病一年四季都能容易感染,并在冬、春季节鸡舍通风不良、过于密集饲养、突然改变饲料、卫生不良时最容易发生。尤其是1～2个月龄的鸡最容易感染本病。在春、秋、冬季节,昼夜温差比较大或受寒流的袭击,由于没有及时做好防寒工作,鸡群因受寒而易发本病;鸡舍通风不良,舍内有毒有害气体浓度过高,如氨气、二氧化碳、硫化氢浓度高时,会诱发鸡群发病;某些疾病

（如鸡新城疫、传染性支气管炎、传染性喉气管炎、传染性鼻炎等）发生时,可继发慢性呼吸道疾病;当鸡龄过小时即便是正常的气雾免疫也可激发该病。发病主要的表现:发病急,传播慢,病程长。

（2）防治措施　疫苗免疫可在2～4周肌内注射鸡败血支原体油苗,开产前再注射一次。治疗可用链霉素,每只成年鸡20万单位/天,分2次注射;或用庆大霉素肌内注射每千克体重3毫克,每天1～2次,连续注射2～3天。全群给药可用红霉素、泰乐菌素、强力霉素(治疗量)、恩诺沙星、支原净等,用饮水方法,连用3～4天。如与大肠杆菌病混合感染,则以治疗大肠杆菌病的药物为主。

9. 曲霉菌病的防治

（1）发病特点　又称为真菌性肺炎,是由烟曲霉菌和黄曲霉菌引起雏鸡的以侵害呼吸器官为主的真菌病。其特征为肺和气囊发生炎症并形成真菌小结节。1～4周龄幼雏多呈急性暴发,发病率和病死率高,而成年鸡多为散发,呈慢性经过。

（2）防治措施　禁止使用储存时间过长、发霉变质的垫料,使用前需在太阳下暴晒,要及时清除粪便和污染的垫草,防止垫料发霉、发酵。

目前对本病尚无有效治疗药物,下列药物对控制病情发展有一定效果:制霉菌素片3片/千克饲料,拌料;硫酸铜0.5克/升饮水,两药并用5～7天,再单用硫酸铜5～7天,可较快制止病雏死亡。克霉唑每100只鸡1克/次,拌料,每天2次,连用3～5天;利高霉素30毫克/升饮水,连用2～3天,有一定的疗效。

三、寄生虫病防治

寄生虫病的病原体是不同的寄生虫,在蛋鸡生产中常见的寄生虫病不多。防治本病主要使用相应的药物,而且要注意早发现、早治疗。

1. 鸡球虫病的防治

（1）发病特点　鸡球虫病是养鸡业中危害最严重的疾病之一,特别是在气温高、湿度大的地区,有利于球虫卵囊的生长发育,常常是暴发性流行。球虫病常引起15～50日龄的雏鸡发病,死亡率高达80%,病愈的雏鸡生长严重滞后,抵抗力降低,易患其他疫病。比较常见的球虫有以下几种:堆型艾美尔球虫,大体病变轻度感染局限于十二指肠祥,病变可从浆膜面上观察到,有横纹状的白斑,外观呈梯形;巨型艾美尔球虫,该虫种一般寄生在小肠中段,从十二指肠袢一直到卵黄蒂附近,但在严重感染时可扩至整个小肠;毒害艾美尔球虫其病变部位与巨型相似,由于其繁殖力低,故大多见于较大的鸡;柔嫩艾美尔球虫又称盲肠球虫,它是鸡球虫中致病力最强的一种球虫。死亡发生快,一般在感染的 5~6 天死亡。

（2）防治措施　国内当前使用的主要抗鸡球虫药有三类,一类是聚醚类离子载体抗生素(如莫能菌素、拉沙里菌素、盐霉素、马杜拉霉素、海南霉素等),另一类是化学合成药(如磺胺类包括磺胺喹恶啉、磺胺吡嗪等),球痢灵、氯苯胍、氨丙啉、尼卡巴嗪、地克珠利、百球消、二甲硫胺、喹啉类等),第三类是中草药制剂。一般从 7 日龄开始在饲料中添加抗球虫药物,使用 5 天,间隔 1 周后再使用 5 天。球虫容易产生耐药性,注意药物的选择和交替使用。

2. 鸡白冠病的防治

（1）发病特点　是鸡的一种季节流行性疾病,又叫住白细胞原虫病,多发生在夏末秋初。其病原为卡氏住白细胞原虫,这种原虫通常寄生在鸡的红细胞和单核细胞内,因此造成鸡的贫血。吸血昆虫库蠓和蚋则通过叮咬鸡传播病原,为主要的传播媒介。各年龄的鸡均可感染本病,育成后期和产蛋期鸡尤为显著,其引起产蛋率下降甚至死亡,造成严重的经济损失。

（2）防治措施　切断传播途径是关键,建议在流行季节,养鸡户可在鸡舍内外、纱窗上喷洒对鸡毒性较小的药,如溴氢菊酯或马拉硫磷等药物,用以杀灭蚊虫;清除鸡舍周围杂草,垫平臭污水沟,将粪场远离鸡场,以减少蚊虫滋生,切断传播途径。

发病鸡群用磺胺二甲氧嘧啶或磺胺六甲氧饮水,连用 4~5 天,停 2 天,再用 4~5 天,或 6 天一疗程,第 1、2 天加倍量使用,第 3、4 天正常量使用,第 5、6 天预防量使用。也可以使用泰灭净和敌菌净防治,使用泰灭净其用量为 1 克拌料 2.5 千克,连喂 5~7 天;如果泰灭净是水溶剂可以将泰灭净 25~30 克兑水 50 千克饮用,同时拌料用敌菌净 100 克拌料 50 千克,并适当添加维生素 K_3。

3. 鸡蛔虫的防治

（1）发病特点　鸡蛔虫病是鸡常见的一种线虫病,虫体寄生于鸡的小肠,影响雏鸡的生长发育和母鸡的产蛋性能。4 月龄以内的雏鸡、青年鸡易遭受侵害,病情严重,成鸡多为带虫者,散布病原。饲料、管理条件与感染鸡蛔虫有极大关系。地面平养的鸡群容易感染,温暖潮湿的环境容易感染。

（2）防治措施　治疗可选用丙氧咪唑、左旋咪唑、丙硫咪唑、甲苯咪唑等药物混于饲料中喂服。左旋咪唑片按每次每千克体重25毫克,早上空腹投服或混入饲料让鸡采食,效果显著;丙硫咪唑片以每次20毫克/千克体重的剂量饲喂,间隔12小时再用1次,效果较好,但影响产蛋。

4. 鸡虱的防治

(1)发病特点   是家禽的一种最普通的体外寄生虫,大约芝麻粒大小,约有20多种,主要寄生在鸡的羽毛和皮肤上。秋季和冬季是鸡虱高发时期。它们主要咬噬鸡的羽毛、皮屑,也有的刺咬皮肤吸取血液,影响鸡的休息、生长发育和产蛋性能。

(2)防治措施   地面平养的鸡群可采用沙浴法,在鸡舍附近设沙地,内放0.05%蝇毒磷,或5%硫黄粉、3%除虫菊粉供鸡自由沙浴。笼养鸡群可采用喷雾法,按照每1 000只成年蛋鸡用敌百虫片250片(规格为0.3克)、灭毒威粉75克,将敌百虫片研细后同灭毒威粉一同混入15千克温水中完全溶解,搅匀后全方位喷雾,间隔5~7天再进行一次,会完全彻底灭净;或仅取兽用敌百虫片1片,碾粉后加水100毫升,搅拌配成0.05%浓度的药液。在晚上用小喷雾器把药液喷洒在鸡的羽毛上,次日早晨再喷一次,隔10天左右再复喷一次;也可以使用鸡虱净,将本品摇匀后按每瓶(200毫升/瓶)兑水1~2千克稀释,喷洒于200只鸡体表即可。

四、其他疾病的防治

1. 啄癖的防治

(1)病因   引起鸡群发生啄癖的原因很复杂,环境因素包括饲养密度过大,温度过高,采食及饮水不足,限饲或饥饿,光照强度过高,通风不良下的氨气浓度过高、潮湿等;饲料与营养方面的因素有蛋白质不足,钙、盐不够,植物蛋白尤其豆粕过多,动物蛋白不够,含硫氨基酸、维生素、矿物质不够,粗纤维不足等;其他因素还有外寄生虫、泄殖腔炎症等。

(2)防治措施   针对发病诱因及早采用预防性措施能够减少本病发生,但是发生后大多数情况下治疗效果不理想。断喙是预防本病的主要措施。

2. 脱肛的防治

(1)病因   本病的主要表现是泄殖腔翻出于肛门之外,多发生于产蛋盛期,多见于高产鸡,尤其是当年的新母鸡。蛋重过大、输卵管或肛门的慢性炎症,都会引起本病。

(2)防治措施   发现后立即隔离病鸡,单独饲养以免引起啄肛癖。病初可先用饱和盐溶液热敷,以减轻充血和水肿,再用0.1%高锰酸钾水或生理盐水洗净,小心地推回原处。若再度脱出,可重新整复,每天处理2～3次,如果处理几天仍不见效则淘汰。接近性成熟的鸡群光照时间和喂料量不要增加过快有助于减少本病的发生。

3. 笼养鸡产蛋疲劳综合征的防治

(1)病因 本病主要是笼养产蛋鸡发生,多在炎热的夏季发生,高产蛋鸡在产蛋上升期至高峰期(20～30周龄)发病较多,产蛋高峰过后不再出现,产蛋上升快的鸡群多发。病鸡瘫在笼子里,若发现早,将病鸡放在舍外,能够正常采食饮水,几小时后恢复走动。各种原因造成的机体缺钙及体质发育不良是导致该病的直接原因。性成熟过早、饲料中钙不足或钙磷比例不当、维生素D_3缺乏是常见原因。

(2)防治措施 针对病因采取预防措施是解决本病的关键。发现病鸡应及时从笼中取出,放在地面单独饲养,补充骨粒或粗颗粒碳酸钙让鸡自由采食,病鸡1周内即可康复。对于血钙低的同群鸡,在饲料中多添加2%的粗颗粒碳酸钙,每千克饲料中添加2 000国际单位的维生素D_3,经过2～3周,鸡群的血钙就可以上升到正常水平。

4. 脂肪肝综合征的防治

(1)病因 鸡脂肪肝综合征常发于产蛋母鸡,尤其是笼养蛋鸡群,多数情况是鸡体况良好,突然死亡。死亡鸡以腹腔及皮下大量脂肪蓄积,肝被膜下有血凝块为特征。鸡饲料中蛋白质含量偏低或必需氨基酸不足,胆碱、肌醇、维生素E和维生素B_{12}不足,都会使肝脏内的脂肪积存量过高,使肝内脂肪蓄积,使肝脏呈淡黄色或淡粉红色,质地变脆。使用发霉变质的饲料或饲料原料也会造成本病的发生。

(2)防治措施 根据发病原因采取预防措施。发病后,可采用以下方法减缓病情:每吨饲料中添加硫酸铜63克、胆碱55克、维生素B_{12} 3.3毫克、维生素E 5 500国际单位、DL-蛋氨酸500克。或每只鸡喂服氯化胆碱0.1～0.2克,连续喂10天,将日粮中的粗蛋白质水平提高1%～2%。

第十章 蛋鸡标准化安全生产的经营与管理

随着养鸡技术水平的不断提高,养殖规模的不断扩大,管理的地位越来越凸现出来,养鸡场的效益与管理水平的相关度也越来越高,因此,制定养鸡场经营管理制度和方案是必要的选择。

第一节 合理组织生产

一、合理组织生产过程的基本要求

1. 保证生产过程的连续性

蛋鸡生产过程的连续性是指规模化蛋鸡场内能够提供蛋品的产蛋鸡群和后备的雏鸡群、青年鸡群以及为鸡群生活和生产提供保证,使生产过程中各个环节自始至终处于连续状态,不产生或少产生不必要的中断、停顿和等待现象。这是一个规模化蛋鸡场均衡提供产品、有效利用人力资源和设施条件的重要基础。

2. 保证生产过程的平行性

所谓生产过程的平行性是蛋鸡生产在生产过程的各工艺阶段上平行交叉地进行,如在一个企业内在组织产蛋鸡群生产的同时根据生产计划适时饲养雏鸡、青年鸡,为鸡群的更新提供条件。它是生产过程连续性的重要要求。

3. 生产过程的比例性

生产过程的比例性是指生产过程中基本生产过程和辅助生产过程之间,以及各阶段、各工序之间在生产能力上保持适合产品生产数量和质量要求的比例关系。如在一个蛋鸡场内同时期不同饲养阶段的鸡群各自应该占有的比例。

4. 生产过程的适应性

生产过程的适应性,就是指当企业产品改型或品种发生变化时,生产过程应具有较强的应变能力。也就是生产过程应具备在较短的时间内,可以由一种产品的生产,迅速转换为另一种产品生产的能力,以适应市场需求的变化。如一个饲养鸡场当前养殖的是白壳蛋鸡,而在近期需要调整为养殖粉壳蛋鸡,所需要的鸡笼等设备应该能够满足新的养殖类型的要求。

二、编制生产管理计划

规模化蛋鸡场在管理方面需要编制好各项计划,制定出各项指标和布置好各项任务,以减少生产的盲目性,保证鸡场工作正常进行。

1. 制订年度生产计划

本年度末要根据公司本年度的生产状况和对下一年度蛋品市场的预测编

制下一年度的生产计划。在计划中应该包括饲养蛋鸡的品种、各个批次育雏的时间和数量、各项生产指标,所需的劳动力、饲料品种和数量,卫生防疫用药物的使用类型和数量,年内预期的经济指标(投入与产出)及种蛋、种雏、商品鸡苗等的预计产量等。

2. 编制鸡群周转计划

对于大多数蛋鸡场在没有实行"全进全出"管理制度的情况下,一个场内需要饲养不同日龄鸡,这种类型的蛋鸡场还要根据各阶段的生产安排,制订鸡群周转计划。鸡群一般分为种公鸡、种母鸡、育成鸡(后备鸡)、雏鸡、产蛋鸡等。

制订鸡群更新周转计划时,要确定鸡群的饲养期。鸡群的饲养期一般划分为:雏鸡0~6周龄;后备鸡7~17周龄;种鸡18~64周龄,产蛋鸡18~72周龄。鸡群周转计划要包含某一个鸡舍在什么时间饲养多大周龄的鸡群或处于清理空闲阶段,某个育雏室在某一时期育雏数量以及育雏结束后要转往的鸡舍、育成鸡群要转往的成年鸡舍以及数量等。

3. 育雏计划

按鸡群周转计划,选择适宜的进雏时期,培育后备鸡。进雏数量应根据成年母鸡饲养量和淘汰量来确定。正常情况下,雏鸡雌雄鉴别准确率95%以上,育雏率95%以上,育成率90%以上,转群淘汰率为2%。因此有:

$$入舍母鸡数 = 进雏数量 \times 95\% \times 95\% \times 90\% \times 98\%$$

$$即进雏数量 = 入舍母鸡数 \div 0.95 \div 0.95 \div 0.90 \div 0.98$$

根据成年鸡群(包括种鸡和商品蛋鸡)更新计划,制订全年育雏计划。年度育雏计划应包括:育雏批次、育雏日期、品种代次、育雏数量、转群日期、育雏成活数(只)等。

4. 鸡蛋生产计划

应根据产蛋鸡舍数量、每个鸡舍笼位数量、平均产蛋率、平均蛋重、鸡群成活率、鸡舍条件等确定。

5. 资金投入计划

作为一个蛋鸡场正常运行需要有一定数量的资金做保障,尤其是在当前鸡蛋价格波动大、市场不稳定、生产投入高的情况下,没有资金做后盾就无法维持企业的运转,也就无法获取效益。对于一个蛋鸡场,资金投入主要集中在以下几方面:

(1)鸡苗的投入 根据本场鸡群周转计划可以确定本年度需要购买的雏

鸡数量,而根据本年度蛋鸡生产的行情可以预测下一年度的鸡苗价格,通常每只商品代母雏的价格在3元左右。

(2)饲料投入计划 这是鸡场运行过程中投入比例最大的项目,可以根据各类鸡耗料标准和鸡群周转计划,计算出各种饲料的需要量。如一只雏鸡饲养到18周龄需要消耗7.5千克的配合饲料,每千克饲料价格约2.7元,每只后备鸡的饲料成本约20元;一只产蛋鸡每天的饲料消耗约115克,从18～72周龄约需消耗饲料44千克,饲料投入约123元。

(3)工资福利投入计划 在一个规模化蛋鸡场,一个饲养员可以承担3 000只雏鸡的饲养任务、可以承担3 000只育成鸡的饲养任务、可以承担4 000只产蛋鸡的饲养任务。根据本场各类鸡群的存栏量可以推测出所需要的饲养员人数。管理与后勤人员是饲养员数量的60%左右。如一个存栏5万只产蛋鸡的鸡场需要饲养员约15个,其他人员9个,共约24人,一个人每年的工资福利平均需要4万元左右,全场全年这方面的投入约96万元。

第二节 适时更新鸡群

鸡群的更新是蛋鸡场落实鸡群周转的基本措施,也是蛋鸡场合理安排鸡群生产周期以获取最大利润的重要手段。

正常情况下商品蛋鸡一般饲养到72周龄前后进行淘汰,这是因为鸡群饲养至72周龄前后其产蛋率一般要下降到70%左右,在当前的生产成本和市场鸡蛋价格的对比下基本没有利润,就需要将产蛋率低的老龄鸡群淘汰,用新的鸡群替代。

但是,在实际生产中鸡群的淘汰周龄并不固定,有的时候可能提前到55周龄,也有的会推迟到80周龄,甚至经过强制换羽后饲养至90周龄以上。

鸡群淘汰时间主要是根据当时的鸡群销售价格与生产成本的对比。如果饲料价格偏高或鸡群由于各种原因出现产蛋率偏低,同时鸡蛋的销售价格偏低时,每千克鲜蛋的售价低于成本价,就可能会提前淘汰鸡群。相反,即便是在产蛋后期鸡群的产蛋率不高,但是鸡蛋售价高,仍然有利润的情况下就可以将淘汰周龄适当延迟。总体而言,鸡群淘汰时间主要受当时鸡群饲养效益而定。

第三节　强化产品质量安全意识

蛋品质量安全是食品安全的重要组成部分,因为在国内,鸡蛋已经成为人们饮食中的常见品,人均年消费鸡蛋数量达到290多个。然而,鸡蛋的质量安全并不能让消费者乐观,有机构通过对20多个鸡场提供的鲜蛋样品检测,发现蛋内有抗病毒药物残留的占60%以上。这可能是个偶然现象,但是也能够说明在蛋鸡生产中提高产品质量安全意识的重要性。这方面的工作需要从以下几方面开展。

一、提高蛋鸡场内质量安全的全员意识

在很多中小型蛋鸡场内,老板的主要目标是提高鸡群的成活率和产蛋率,其他方面则关心得不多;技术员为了达到老板的要求就可能会多用甚至滥用药物,或使用违禁药物以降低鸡群的发病率和死淘率。正是养殖场人员这种片面追求鸡群生产性能而忽视蛋品质量安全的思想意识才造成当前蛋品质量安全问题较多的现象。

要提高蛋品质量的安全水平首先要提高蛋鸡养殖场各级人员,尤其是管理人员的质量意识。只有他们能够把产品质量的重要性认识到位才可能在蛋鸡生产过程中从每个环节把好质量关。

二、强化卫生监督管理

蛋品质量问题在很大程度上与鸡场的卫生防疫管理有关,也与饲料添加剂的使用有关。作为兽医监督管理部门,应该定期对蛋鸡场的药物购买与使用、饲料添加剂的购买与使用进行检查,防止违禁药品和添加剂的使用以及药物的滥用。

三、落实产品质量安全追溯制度

为了保证蛋品的质量安全,必须建立完善的质量安全追溯制度。

第一,建立与企业生产经营规模相适当的质量监督(检测)机构,配备专职质量监督人员,层层落实责任制。

第二,建立投入品(疫苗、药物、饲料、添加剂等)购进、储存、使用等可追溯制度,保证投入品符合国家的相关要求。完善采购制度,严把原料购入关,

每批次取样检测合格后方可入库,入库前应标明原料名称、批号等内容,避免误提误用。同时,实现原料采购和加工、使用的全过程记录,确保蛋鸡饲养场使用的每一种投入品及原料都可追溯到所使用的原料生产厂家、生产时间、生产班组。在投入品、原料加工和存储时,要避免交叉污染。

第三,严格执行索票、索证制度。详细登记鸡进厂(场)时间、数量、产地、供货者等信息。

第四,建立蛋品销售台账,如实记录销售信息。销售的鸡蛋产品按照要求加盖检疫、检验合格印章,并附具检疫、检验合格证明。

第五,有效利用电子监控设施、蛋品质量安全信息可追溯系统,实行蛋品质量安全信息的跟踪和溯源。

第六,建立缺陷产品召回制度,发现其生产的产品不安全时,应当立即停止生产,向社会公布相关信息,告知消费者停止使用并及时召回上市销售的蛋品。

第七,对召回的不合格蛋品一律按规定进行无害化处理。

第八,如实记录蛋品质量安全追溯信息,记录保存不得少于2年。

第四节　建立规范的生产管理档案

一、蛋鸡场生产档案记录内容

蛋鸡养殖场养殖档案应载明的内容应当包括以下方面:①蛋鸡的品种、数量、繁殖(引种)记录、标识情况、来源和进出场日期。②饲料、饲料添加剂、疫苗、生物试剂和兽药等投入品来源、名称、使用对象、时间和用量等有关情况。③检疫、免疫、监测、消毒情况。④鸡群发病、诊疗、死亡和无害化处理情况。⑤养殖代码。⑥农业部规定的其他内容。

二、养殖档案管理制度

第一,养殖场必须建立健全统一的养殖档案,并按档案要求对生产各环节及时、准确、如实记录。

第二,设置养殖档案专柜,并由专人管理,养殖档案管理人员要及时记录、搜集、汇总并对档案记录结果负责。

第三,养殖场应当建立健全养殖档案,包括:引种、转群、死淘、饲料、饲料添加剂、兽药等投入品采购和使用、检疫、免疫、消毒、诊疗、检测、无害化处理、繁殖、饲料消耗、畜禽产品销售等记录以及有关工作计划、总结、报告等文件。

第四，档案的保管期限分永久、长期、短期三种。技术资料档案一般设为长期保管，种畜禽场应有《种畜禽生产经营许可证》、种畜禽合格证和系谱证，"三证"齐全，归档长期保存。

第五，档案管理应制度化和标志化，各项管理制度应张贴或悬挂上墙，生产管理的各个环节布局应设有标志牌，生产记录能正确反映企业的实际生产水平。

第六，严格实行责任制管理，所有档案不得外借，单位职工因工作需要借阅档案材料须填写借阅手续后，方可查阅，并按期归还，借阅者不得擅自拆卷、复制，严禁在档案文件上随意涂画和丢失档案，对档案保密负责。

三、建立信息报告制度

第一，设立专职兽医工作信息、养殖生产信息和产品销售信息统计员，负责信息收集整理和上报工作。

第二，信息统计员必须将每月的鸡群变动情况、死淘数量与原因、投入品购入与使用、产品销售去向等生产信息统计清楚。

第三，信息统计员必须将本场免疫、检疫、消毒、发病、死亡、治疗、无害化处理、灭鼠、灭蝇等防疫情况统计清楚。

第四，各类信息每天向分管场长报告，每周向场长报告，每月向上级主管部门报告一次。

第五，各类生产信息必须及时、准确，不得瞒报、谎报。

第六，每年底必须对当年的各类信息进行汇总，并上报一份防疫生产信息分析报告。

第五节　提高劳动生产效率

近年来，由于各类工商业的迅速发展和城镇化的不断推进，大量的劳动力从农业方面转向其他领域，在养殖行业不仅面临劳动力缺乏的局面，而且还必须承担劳动力成本不断增高的压力。因此，提高劳动生产效率已经成为缓解招工压力和降低生产成本的重要措施。

设施机械化、自动化是现代蛋鸡业的重要标志。尤其是对于一些劳动量大、劳动条件差的环节，实现自动化的意义更大。

1. 机械化自动化的应用

（1）供料喂料的机械化自动化　一些大型蛋鸡生产企业有自己的配合饲料厂或与其他大型专业化饲料厂合作，用散装物料车直接将散装饲料从饲料厂运往养殖场，不需要对饲料进行包装处理，降低了饲料成本。在养殖场鸡舍的一端外面有一个饲料塔（一般的容量3~5吨，大容量鸡舍的料塔容量达10吨左右），散装物料车将饲料从饲料厂运来后直接输入料塔内。通过传动系统可以将料塔内的饲料输送到鸡舍内喂料车的料斗内。喂料时启动行走开关，料斗内的饲料会按照设定的下料量进入料槽供鸡群采食。饲料进入养殖场的料塔后至进入料槽的各个环节仅需要操作开关，更现代化的养殖场会通过自动控制系统的设定，依照顺序按时启闭开关。

（2）饮水的自动化　目前，绝大多数的蛋鸡场都使用乳头式饮水器，能够保证全程的自动化供水。

（3）清粪机械化自动化　目前，大多数蛋鸡场清粪使用刮粪板，工作人员按照设定的时间打开或关闭控制开关即可；有的使用传送带式清粪系统，可以定时开关，也可以通过控制系统设定，自动启闭。

（4）集蛋自动化　该系统包括置于鸡笼底网前方托网上的传送带、笼组前端的鸡蛋收集器、蛋托板等。工人坐在凳子上将蛋托板上的鸡蛋装入蛋筐内。有的将传送系统直接连接到蛋库内，工人在蛋库内操作，不需要进入鸡舍。

（5）消毒自动化控制　在鸡场大门口、生产区门口等车辆出入的地方有自动喷雾消毒装置，一旦有车辆经过就会引发光电控制开关打开喷雾系统，将消毒药物喷洒到车辆的表面进行消毒，经过30~50秒自动停止。人员消毒间的末端也装备有自动喷雾系统，当人员淋浴更衣后经过这个地方的时候也会自动喷雾消毒。鸡舍内可以在横梁上安装喷雾消毒装置，需要消毒的时候启动开关，雾化的消毒药水就会在鸡舍内喷散开。

（6）鸡舍环境控制自动化　光照时间已经能够使用可编程计算机实现自动控制，设定开灯和关灯时间后开关就会按时工作。纵向通风与湿帘降温系统控制的自动化管理主要是通过舍内的感温探头所感知的实际温度，当温度升高到设定的阈值时风机开关就会自动打开,必要时湿帘的淋水开关也会打开,使舍温下降。加热用的热风炉也可以通过感温探头和设定舍温范围,通过调控火炉的进风量、出风量控制舍温。

2. 机械化和自动化提高了劳动效率

传统的蛋鸡养殖生产中一个饲养员能够管理 2 000～3 000 只商品蛋鸡,而在实现机械化、自动化以后,当前一些先进的蛋鸡场一个饲养 10 万只蛋鸡的鸡舍只需要两个饲养员管理即可,劳动效率提高 20 倍。即便是在一些实现了机械化和半自动化控制的鸡场,一个饲养员也能够管理 1 万只商品蛋鸡,比传统方式的劳动效率提高 4 倍左右。

劳动效率的提高减少了蛋鸡场的用工数量,在一定程度上缓解了用工压力,同时也提升了技术工人(熟练工人)的待遇水平。

3. 机械化和自动化改善了劳动环境

在蛋鸡场的工作中,劳动量大的工作主要有喂料、清粪、收捡鸡蛋、饮水管理、接种疫苗等,前 4 项已经实现了自动化管理就可以大大减轻工人的劳动强度。

清粪是一个又脏又累的工作,实现机械化和自动化清粪以后就将工人从繁重和肮脏的工作环境中解脱出来了。

鸡舍内环境管理自动化能够按照鸡群的需要自动控制鸡舍内的温度、通风和光照管理,使鸡舍内的环境更舒适,饲养员在鸡舍内工作条件也更好。

4. 机械化和自动化提高了企业效益

由于企业机械化和自动化水平的提高,减少了很多中间环节、节约了大量成本,使各环节操作更为精准,企业的生产经营效益也得到提高。

(1)饲料包装运输环节成本的下降　可以节省饲料包装成本(可节省 20 元/吨),降低人工装、搬、拆的劳动工时成本(节省 4 元/吨)。

(2)减少饲养人员,降低人力成本　10 万只蛋鸡场可以减少饲养员 20 人,每年减少开支约 48 万元。

(3)减少饲料浪费　自动化控制可以节省饲料微损耗,降低饲料受潮之污染,避免人工加料的抛洒等。

(4)提高生产水平　各个环节控制更加精准,饲料、环境、消毒管理更符合蛋鸡的需要,鸡群更健康,产蛋率提高,死淘率降低。

(5)人员更稳定　机械化和自动化水平提高了,人员的工作和生活环境得到改善、待遇水平得到提高,专业技术人员和熟练工人能够稳定,其专长得到充分发挥,减少因为人员更新造成的生产脱节问题,使企业生产更加稳定。

二、提高员工劳动积极性

1. 做好员工的选聘

对于一个蛋鸡场需要选聘各级管理人员、技术人员、后勤人员和一线工人。选人首先要会识人,以德为先,德才兼备,不任人唯顺,不任人唯亲。选人要适任、适己、适群。

(1)管理人员的选聘 最重要的是场长的选任,要求场长一定是内行,不是内行的也要通过不断的学习、实践变成内行,外行管理内行往往会一团糟。场长还应具备以下能力:管理能力、用人能力、决策能力、明辨是非能力、接受新鲜事物的能力、把握市场的能力、学习能力、创新能力以及高尚的品德等。高尚的品德十分重要,品德能使管理者具有个人魅力,有影响力、感召力、凝聚力,这样才能得人心。

(2)车间主任的选聘 车间主任(栋长)是基层管理人员,不仅要有过硬的技术水平,还要有管人用人的能力和指导饲养员搞好生产的能力,选拔也应慎重。

(3)饲养员的选聘 现代化蛋鸡场要求饲养员要有一定的文化水平,能够学习和操作现代生产设备;要热爱本职工作,具有高度的责任心。

2. 做好聘用人员的培养

现在的养鸡多是规模化、现代化、集约化生产,是一项系统工程,涉及的学科范围很广,尤其是养鸡市场风险、疾病风险加大,利润微薄,加之现代知识更新又很快,所以要支持员工参加不同类型的学习和培训,以适应养鸡业不断发展、变化的需要。

对员工的培训是管理的重要内容及基础工作,也是人性化管理的重要体现。有的企业家也说,"给员工最好的福利就是培训"。通过大量的培训可代替控制式的管理,让员工知道不仅按要求去做,还要知道为什么按要求去做,进而实现自我控制、自我管理。通过培训,不仅可以使员工综合素质不断提高,生产成绩不断上升,管理人员也比较省心,还可以形成合力和凝聚力。

3. 合理使用人员

用人是一门有技巧的学问,用人原则:一是量才施用,知人善用;二是用人之长,克己之短;三是任人唯贤,不任人唯亲,不任人唯顺;四是对员工给予信任,疑人不用,用人不疑;五是要合理配置岗位及岗位人员,明确岗位责任。

4. 激发员工献身企业

对于一个蛋鸡场，要想留住人不外乎 3 个因素：有好的薪水和福利；有和谐的环境能实现自我价值；企业有发展前景，个人有发展空间、发展前途。作为企业老板应该从多方面考虑。

(1) 制定合理的工资和福利待遇标准　不断改进鸡场人员计酬方法。工人的工资是月工资加指标奖罚及加班补助，年终有奖金。对技术型人才，还要制定专门的工资方案，以吸引人才。

(2) 改善生活条件，完善娱乐设施　尽力改善员工居住和生活条件，丰富员工的业余生活，让员工能留得住，工作愉快。

(3) 正确对待员工，对员工关心和尊重　鸡场的每位员工都应受到尊重，对员工提出的建议进行研究落实，好的建议予以奖励。场长应把员工看成是朋友、伙伴，平等相待，形成和谐、友善、融洽的人际关系，创造令人舒心愉快的工作条件和环境。企业管理者希望员工努力为企业创效益，把工作做好，就必须把员工当成自己的孩子来对待，给予足够的关爱，并给他们相对平等的待遇，减少敌对心理，形成一股发展合力。

(4) 让员工参与管理　要让员工认真执行工作指令，遵守各项规章，一个比较成功的办法便是让员工参与这些制度的制定，而不仅仅是执行。只有这样才能充分发挥员工的工作热情，让他们真正感觉到自己是主人，体会成就感、归属感，执行起来就像是为自己做事一样，效率自然会很高。

(5) 建立员工激励机制　激励方式有表扬、奖励、光荣榜、分享，其中又可以分为口头、书面、单独、群体。如果需要让员工保持长期旺盛的工作斗志，激励频率不能少于每周 1 次。坚持物质和精神鼓励兼顾的原则。精神鼓励的方式是多种多样的，而且可以通过在企业经营的某个阶段实施挑战目标，对于挑战成功人员给予特殊精神激励。鼓励更多的员工给自己下挑战书。自己给自己的挑战比别人硬加给的挑战更加具有吸引力，因此，挑战目标的设置是个关键环节。

(6) 丰富员工文化生活　由于行业的特殊性，大多数养鸡场都地处偏僻，和外界的交流太少，为了活跃员工的工作与生活气氛，一般都应在场内设置电视机、运动场等简易娱乐设施。要加强员工之间的沟通与交流，要定期举行员工之间的沟通交流活动，可以举办工作心得讨论会、对养鸡场目前各项制度的执行意见讨论会等。要定期举办各种群众性活动，如体育比赛、郊外旅游、文艺表演、合作特色风味聚餐等，以增进员工之间的交流，继而达成长期合作、共同发展的主观意愿,对于员工队伍的稳定和增强团队抵抗风险能力都将举足轻重。

三、合理分工,提高效率

对于一个蛋鸡场要理清岗位的设置,明确每个岗位的职责和工作目标。结合每个岗位的劳动量确定每个岗位的人员数量,使得每个人都能够发挥最佳的作用。在实际生产中,常常会出现人浮于事的情况,本来仅需要一个人就可以胜任的工作岗位却有多个人员,不仅造成人力资源浪费还会影响其他岗位人员工作的积极性。也有的岗位需要 3 个人却只安排 2 个人,劳动量显著增大,时间稍长就可能造成人员的离职。

核定每个岗位的劳动量和确定人员数量需要参考其他规模和自动化程度相似的蛋鸡场的情况,并结合本场的具体情况进行适当调整。而且,管理者要深入各个岗位了解工作开展情况,在工作运行一段时间后进行适当地调整,使岗位分配更趋合理。

第六节　蛋鸡场的增收节支

增收节支是任何一个企业在经营管理方面都需要做的事,但是要做好增收节支工作必须要了解企业的收入来源和支出项目。

一、蛋鸡场的收入来源

蛋鸡场主要的收入来源包括:鸡蛋销售收入、淘汰鸡销售收入、鸡粪销售收入、政府相关的资金补贴或奖励等。对于种鸡场还有种蛋或雏鸡销售收入。

鸡蛋销售收入是蛋鸡场最主要的收入来源,正常情况下,一只蛋鸡在一个产蛋年内可以生产约 260 个鸡蛋,重量约 16.5 千克,按照正常的批发价(8 元/千克),每只鸡在一个产蛋年中的毛收入就有 132 元。但是,在不同年度或季节鸡蛋的批发价格差异较大,而这种差异所带来的销售额基本都是属于利润方面的。

淘汰鸡销售收入也是重要的收入来源之一,如果按照淘汰鸡的售价为 14 元/千克计,每只鸡淘汰时的重量约为 1.8 千克,可以售出 25.2 元/只。

鸡粪销售收入在蛋鸡场收入中所占比例很小。

政府相关的资金补贴或奖励是各级政府为了鼓励蛋鸡场上规模、提水平而进行的激励性扶持,对于一个规模化蛋鸡场每次的扶持金额多少不等,少者10多万元,多者可达近百万元。蛋鸡场要想获得政府补贴就需要及时了解相关信息(可以从所在省、市、县畜牧局网站中了解)并提出申请,同时要符合补贴或奖励的相关条件要求。

二、蛋鸡场的支出项目

蛋鸡场的主要支出项目包括:固定投资的折旧、人员工资和福利,购买鸡苗、饲料、药物、燃料的费用,水电费用,销售费用,办公费用、工作人员伙食费、接待费用、公益性支出、贷款利息、设施维修费、差旅费、培训费等。

三、鸡蛋生产成本核算

蛋鸡的生产成本主要由以下几方面构成:饲料成本、雏鸡成本、劳务工资、疫病防治费、水电燃料费、固定资产折旧费、销售费等。

1. 饲料费

指鸡场各类鸡群在生产过程中实际耗用的自产和外购的各种饲料原料、预混料、饲料添加剂和全价配合饲料等的费用,自产饲料一般按生产成本(含种植成本和加工成本)进行计算,外购的按买价加运费计算。饲料费用占鸡蛋75%,鸡蛋成本上涨主要来源于饲料原料上涨,特别是玉米和豆粕,占饲料组成的80%。玉米和豆粕价格是影响饲料价格的主要因素。目前情况下每斤鸡蛋的饲料成本约为3.2元。

2. 鸡苗成本

鸡苗在蛋鸡成本中比重占13%,当前平均价格每只3.2元。

3. 工资和福利费

指直接从事养鸡生产人员的工资、津贴、奖金、福利等。每斤鸡蛋的人工成本0.15元。

4. 疫病防治费

指用于鸡病防治的疫苗、药品、消毒剂和检疫费、专家咨询费等。消毒防疫用药成本:每只鸡3元,占蛋鸡成本的10%。

5. 燃料及动力费

指直接用于养鸡生产的燃料、动力和水电费等,这些费用按实际支出的数额计算。水电煤及其他物料消耗每斤鸡蛋大约为0.05元。

6. 固定资产折旧费

指鸡舍和专用机械设备的折旧费。房屋等建筑物一般按 10~15 年折旧，鸡场专用设备一般按 5~8 年折旧。固定资产修理费是为保持鸡舍和专用设备的完好所发生的一切维修费用，一般占年折旧费的 5%~10%。鸡舍建筑成本：每只鸡最低 30 元，每斤鸡蛋 0.15 元。

7. 蛋鸡自身的折旧

每只蛋鸡淘汰时的残值一般在 20 元，而育成成本一般在 35 元，按每只鸡每年产 30 斤鸡蛋来算，加上日常死亡摊销，每斤鸡蛋的蛋鸡成本摊销为 0.3 元。

综上所述，目前水平下，每千克鸡蛋的成本 8.0 元左右。如果按照饲料成本占鸡蛋生产总成本的 75% 计算，当前每千克饲料 2.8 元，每生产 1 千克鸡蛋消耗 2.2 千克饲料，饲料成本为 6.16 元，每千克鸡蛋的生产成本为 8.2 元。由此可见，降低饲料成本、提高饲料效率、降低其他费用占生产成本的比例是提高蛋鸡生产效益的主要途径。

四、鸡蛋的销售

当前，很多蛋鸡场的鸡蛋都是以鲜蛋的形式向批发商提供，批发商再提供给零售商，零售商则向消费者出售鲜蛋。从整个销售环节来看，鸡蛋基本属于"三无"产品，因为在最终消费者购买时无法确认鸡蛋的生产企业名称、企业地址、生产日期、许可证号、产品标志等，鸡蛋作为一种商品，在流通过程中这种情况也许在将来会受到限制。因此，一些大中型蛋鸡企业已经开始对鸡蛋进行处理、包装，并注册有商标，使之成为真正意义上的商品。这对于产品质量追溯体系建设也是非常重要的前提条件。

尽管目前鸡蛋销售仍然是以鲜蛋零售的方式为主，但是通过包装后进入流通渠道的越来越多，这样的鸡蛋销售价格也相对较高。因此，包装后销售已经成为今后鸡蛋销售的主流趋势。鸡蛋的包装分大包装和小包装，大包装一般使用专用蛋箱，每个蛋箱可以放 300 个鸡蛋，多数是向幼儿园、学校或单位食堂提供；小包装一般是各鸡场自己设计的，每个箱子内放 36~60 个鸡蛋，一般作为家庭消费或探亲访友的礼品。外包装设计要方便携带，图案和色调能够让人赏心悦目，文字能够反映产品特色以及生产单位、场址、联系电话、生产日期、保质期、注册商标等内容；内包装要能够起到防止鸡蛋相互碰撞和减轻震动的影响，以保证运输过程中鸡蛋的安全。